ライブラリ基本例解テキスト＝1

基本例解テキスト
線形代数

寺田文行・坂田　泩　共著

サイエンス社

サイエンス社のホームページのご案内
http://www.saiensu.co.jp
ご意見・ご要望は　rikei@saiensu.co.jp　まで.

まえがき

線形代数学　数学は，かつては，物理学をはじめとする理系分野，工学分野への基礎となる学問として，大学初年級の学習で，重要視されてきました．さらに21世紀になると，情報理学・情報工学では不可欠な基礎と見られるのをはじめ，経済学の学習にも欠くことのできないものといわれるようになりました．とくに線形代数学についていえば，20世紀のなかば，数理経済学の分野において，線形計画法という手法が開発され，それが更に広がりを見せて，OR（オペレーションズ・リサーチ）にまで発展しました．経済学に関わりのある人々は，その学習・研究において線形代数学のもつ重要性に注目したものでした．それ以来，大学の初年級において，理系ばかりでなく，文系の，特に経済学にかかわる課程では，微分積分と並んで，線形代数学が組みこまれるようになりました．いま諸君は，本書の内容で武装しておかねば経済を語ることができないようになるでしょう．

本書の特色　(1)　**高校数学との連携**　約30年以前から，高校数学に，平面と空間のベクトル・行列の考えが組み込まれるようになりました．これも上に述べたような時代の要請もあったからです．

こういえば，読者の中には

「高校で空間ベクトルや行列のある数学B・Cを学ばなかった．どうしよう.」

と心配する方もおられるかも知れません．本書の著者である私達は，これに対して

「本書においては，予備知識は数学I・IIで足りるように配慮しています.」

と答えるでしょう．

そもそも高校数学I・IIは大学の初年級における微分積分学と線形代数学の学習を目標にしながら，設計されたものです．これに数学Aなどが高校数学の多様化を図るために付加されたものでした．ただし，数学I・IIだけを基本とする場合には，このあとに述べる学習法を実行して下さい．

(2) 基礎を厳選する 大学の初年級において，学生諸君は，将来の専門分野において使いこなせるような数学を身につけねばなりません．それには

「各項目ごとに，どのようなことに使われるか．何のために学ばせるのか」

をよく吟味して展開しなければなりません．数学のテクニカルな問題や解答は，学習を楽しくさせてくれますが，それは余裕ができてからのことです．記号 ◆ と●とで区別してあるのはそのためです．まず ◆ の部分をしっかり学習して下さい．

学習法 数学は「理解すること」と「考えること」が重要といわれますが，それを行うにはどんな学習法をとればよいのでしょうか．

① 書いて学習する 目だけで行を追い，それに音声を加味して音読する学習ではいけません．また「数学は計算なり」と承知して，計算問題のテクニックだけを覚えて例題解きをする学習も実を結びません．どうするかといえば，基本的な概念，基本的な例題を書きながら学習することが大切です．清書して本を写すのではなく，集中するために，という目的で，書いて学習することが大切です．

② 覚えること 基本的な概念は具体例を伴いつつ覚えることで，はじめて使えるものになるのです．

③ まねること 先人の切り開いた道には汲みつくせないほど多くの真理があります．学ぶはまねるから来るともいわれています．

本書の効果的な学習法 「より理解を深めるために」のページには左側のページで正しく身につけた考え方を使って解ける「例題」があります．その下欄の「問」は基本的な問題です．上記の書くこと，覚えること，まねることを基本として，必ず自分でやってください．

次に各章の終わりに，理解を確実にするために，少し程度の高い「演習問題」を集めました．その下欄にある「演習」に挑戦してみてください．

また，演習問題の次の「研究」に興味を覚えた方々は，指導の先生にもっと詳しい数学書を紹介してもらうとか，次のホームページを参照することを薦めます．

http://www.saiensu.co.jp

謝辞　最後に，第 7 章の執筆にあたって，岡山大学工学部教授 古賀隆治氏に多くの教示をうけました．厚く御礼を申し上げます．

また，本書の作成にあたり，終始ご尽力いただいたサイエンス社編集部の田島伸彦氏，渡辺はるか女史に心からの感謝を捧げます．

2008 年 4 月

寺田　文行
坂田　　泩

目　　次

3　行 列 式 — 48

4　平面および空間のベクトル — 74

5　ベクトル空間と線形写像 — 92

基本例解テキスト
線 形 代 数

1 行　　列

1.1 行列の定義

◆ **行列**　$m \times n$ 個の数 a_{ij} $(i = 1, 2, \cdots m;\ j = 1, 2, \cdots, n)$ を次のように長方形に並べて [ ] でくくったものを $\boldsymbol{m}$ **行** $\boldsymbol{n}$ **列の行列**，$\boldsymbol{m \times n}$ **型の行列**，$\boldsymbol{m \times n}$ **行列**，$(\boldsymbol{m}, \boldsymbol{n})$ **行列**などという．

$$A = \begin{bmatrix} a_{11} & a_{12} & \cdots & a_{1j} & \cdots & a_{1n} \\ a_{21} & a_{22} & \cdots & a_{2j} & \cdots & a_{2n} \\ \vdots & \vdots & \ddots & \vdots & \ddots & \vdots \\ a_{i1} & a_{i2} & \cdots & a_{ij} & \cdots & a_{in} \\ \vdots & \vdots & \ddots & \vdots & \ddots & \vdots \\ a_{m1} & a_{m2} & \cdots & a_{mj} & \cdots & a_{mn} \end{bmatrix} \begin{matrix} \leftarrow (\text{第 } 1 \text{ 行}) \\ \leftarrow (\text{第 } 2 \text{ 行}) \\ \\ \leftarrow (\text{第 } i \text{ 行}) \\ \\ \leftarrow (\text{第 } m \text{ 行}) \end{matrix}$$

↑(第 1 列)　↑(第 2 列)　↑(第 j 列)　↑(第 n 列)

この a_{ij} を行列 A の $(\boldsymbol{i}, \boldsymbol{j})$ **成分**という．行列 A の成分の横の並び

$$\begin{bmatrix} a_{i1} & a_{i2} & \cdots & a_{in} \end{bmatrix} \quad (i = 1, 2, \cdots, m)$$

を A の**行**といい，上から第 1 行，第 2 行，$\cdots$，第 m 行と呼ぶ．また A の成分の縦の並び

$$\begin{bmatrix} a_{1j} \\ a_{2j} \\ \vdots \\ a_{mj} \end{bmatrix} \quad (j = 1, 2, \cdots, n)$$

を A の**列**といい，左から第 1 列，第 2 列，$\cdots$，第 n 列という．

◆ **行列の記法**　A が a_{ij} を (i, j) 成分とする $m \times n$ 行列のとき，$A = \begin{bmatrix} a_{ij} \end{bmatrix}$ と略記することがある．

◆ **正方行列**　行と列の数が等しい行列，すなわち $n \times n$ 行列を，$\boldsymbol{n}$ **次正方行列**という．右のような正方行列 A が与えられたとき，A の成分のうち，左上から右下への対角線上に並ぶ成分 $a_{11}, a_{22}, \cdots, a_{ii}, \cdots, a_{nn}$ を A の**対角成分**という．

$$A = \begin{bmatrix} a_{11} & a_{12} & \cdots & a_{1n} \\ a_{21} & a_{22} & \cdots & a_{2n} \\ \vdots & \vdots & \ddots & \vdots \\ \vdots & \vdots & a_{ii} & \vdots \\ \vdots & \vdots & \cdots \ddots & \vdots \\ a_{n1} & a_{n2} & \cdots & a_{nn} \end{bmatrix}$$

より理解を深めるために

例題 1.1　　**行列の型，成分**

(1)　右の行列において，次の問に答えよ．

$$\begin{bmatrix} -1 & 3 & -3 & 0 \\ 2 & -1 & 2 & 3 \\ 2 & 4 & -1 & 1 \end{bmatrix}$$

(i)　何型の行列か．

(ii)　第 2 行の成分は何か．

(iii)　第 3 列の成分は何か．

(iv)　(2, 3) 成分，(3, 1) 成分をあげよ．

(2)　(i, j) 成分が，$(-1)^{i+j}$ の 4 次の正方行列を書け．

【解】　(1)　(i)　3 個の行と 4 個の列からできているので，3×4 型の行列である．

(ii)　$\begin{bmatrix} 2 & -1 & 2 & 3 \end{bmatrix}$ である．

(iii)　$\begin{bmatrix} -3 \\ 2 \\ -1 \end{bmatrix}$ である．

(iv)　(2, 3) 成分は第 2 行と第 3 列の交差点にある数だから 2．同様に (3, 1) 成分は 2．

(2)　$a_{11} = (-1)^{1+1} = (-1)^2 = 1$，$a_{12} = (-1)^{1+2} = (-1)^3 = -1$．このようにして $a_{ij} = (-1)^{i+j}$ を求めると 4 次の行列は次のようになる．

$$\begin{bmatrix} 1 & -1 & 1 & -1 \\ -1 & 1 & -1 & 1 \\ 1 & -1 & 1 & -1 \\ -1 & 1 & -1 & 1 \end{bmatrix}$$

注意 1.1　高校の教科書では，行列を表すのに右の前者のように丸いカッコを使用する場合が多いが，本書ではこれを後者のように，角カッコを使用することにする．

$$\begin{pmatrix} a_{11} & a_{12} \\ a_{21} & a_{22} \end{pmatrix},\quad \begin{bmatrix} a_{11} & a_{12} \\ a_{21} & a_{22} \end{bmatrix}$$

(解答は章末の p.22 以降に掲載されています.)

問 1.1　(i, j) 成分が，$j - i$ である 3×4 行列を書け．

問 1.2　4 次の正方行列 $A = \begin{bmatrix} a_{ij} \end{bmatrix}$ で，次のものを書け．

$a_{ij} = 1 - \delta_{ij}$ ただし

$$\delta_{ij} = \begin{cases} 1 & (i = j) \\ 0 & (i \neq j) \end{cases}$$

(この δ_{ij} をクロネッカーのデルタ記号という)

◆ **対角行列**　正方行列のうち，特に対角成分以外はすべて 0 である行列を**対角行列**という (➪ 下の (1)).

◆ **単位行列**　対角成分がすべて 1 で，それ以外の成分がすべて 0 であるような正方行列を**単位行列**といい，E と書く (➪ 下の (2)).

◆ **スカラー行列**　対角成分がすべて 1 以外の同じスカラー λ (実数) で，他の成分がすべて 0 であるような正方行列を**スカラー行列**という (➪ 下の (3)).

◆ **三角行列**　正方行列のうち，特に対角成分より下または上の成分がすべて 0 である行列を**上三角行列**または**下三角行列**という (➪ 下の (4), (5)).

◆ **零行列**　すべての成分が 0 であるような行列を，**零**(れい)**行列**といい，O と書く．零行列は一般には文中ではその型が明らかなことが多いが，特にその型を明示したいときは $m\times n$ 型の零行列を $O_{m,n}$ などと書く (➪ 下の (6)).

◆ **行ベクトル，列ベクトル，数ベクトル**　行列の中で特に $1\times n$ 行列を $\boldsymbol{n}$ **次元行ベクトル**，$m\times 1$ 行列を $\boldsymbol{m}$ **次元列ベクトル**という (➪ 下の (7), (8))．この，行ベクトルと列ベクトルをあわせて**数ベクトル**という．また成分がすべて 0 である数ベクトルを**零ベクトル**という．また 1×1 行列 $\begin{bmatrix} a \end{bmatrix}$ は数 a と同一視される．

◆ **転置行列**　行列 A の行と列を入れ替えた行列を，行列 A の**転置行列** (➪ 下の (9)) といい，${}^tA$ と書く．A が $m\times n$ 行列ならば，${}^tA$ は $n\times m$ 行列である．

$$\begin{bmatrix} a_{11} & & & O \\ & a_{22} & & \\ & & \ddots & \\ O & & & a_{nn} \end{bmatrix}$$
(1)　対角行列

$$E=\begin{bmatrix} 1 & & & O \\ & 1 & & \\ & & \ddots & \\ O & & & 1 \end{bmatrix}$$
(2)　単位行列

$$\begin{bmatrix} \lambda & & & O \\ & \lambda & & \\ & & \ddots & \\ O & & & \lambda \end{bmatrix}$$
(3)　スカラー行列

$$\begin{bmatrix} a_{11} & \cdots & a_{1n} \\ & \ddots & \vdots \\ O & & a_{nn} \end{bmatrix}$$
(4)　上三角行列

$$\begin{bmatrix} a_{11} & & O \\ \vdots & \ddots & \\ a_{n1} & \cdots & a_{nn} \end{bmatrix}$$
(5)　下三角行列

$$O=\underbrace{\begin{bmatrix} 0 & \cdots & 0 \\ \vdots & \ddots & \vdots \\ 0 & \cdots & 0 \end{bmatrix}}_{n\text{ 個}}\Bigg\} m\text{ 個}$$
(6)　$m\times n$ の零行列

$$\begin{bmatrix} a_1 & a_2 & \cdots & a_n \end{bmatrix}$$
(7)　n 次元行ベクトル

$$\begin{bmatrix} b_1 \\ b_2 \\ \vdots \\ b_m \end{bmatrix}$$
(8)　m 次元列ベクトル

$$A=\begin{bmatrix} a_{11} & a_{12} & \cdots & a_{1n} \\ a_{21} & a_{22} & \cdots & a_{2n} \\ \vdots & \vdots & \ddots & \vdots \\ a_{m1} & a_{m2} & \cdots & a_{mn} \end{bmatrix}$$
($m\times n$ 行列)

ならば

$${}^tA=\begin{bmatrix} a_{11} & a_{21} & \cdots & a_{m1} \\ a_{12} & a_{22} & \cdots & a_{m2} \\ \vdots & \vdots & \ddots & \vdots \\ a_{1n} & a_{2n} & \cdots & a_{mn} \end{bmatrix}$$
(9)　行列 A の転置行列 ($n\times m$ 行列)

より理解を深めるために

例 1.1 次の (1) は対角行列，(2) は上三角行列，(3) は下三角行列である．

$$(1)\quad \begin{bmatrix} 2 & 0 & 0 \\ 0 & 3 & 0 \\ 0 & 0 & 4 \end{bmatrix} \qquad (2)\quad \begin{bmatrix} 1 & 1 & 1 \\ 0 & -1 & 2 \\ 0 & 0 & 3 \end{bmatrix} \qquad (3)\quad \begin{bmatrix} 1 & 0 & 0 \\ 2 & -1 & 0 \\ 3 & 2 & 5 \end{bmatrix}$$

例 1.2 δ_{ij} をクロネッカーのデルタ記号 (⇨ P.3) とすると，3 次の正方行列 $\begin{bmatrix} \delta_{ij} \end{bmatrix}$ は次のような単位行列になる．

$$E = \begin{bmatrix} 1 & 0 & 0 \\ 0 & 1 & 0 \\ 0 & 0 & 1 \end{bmatrix}$$

例 1.3 次の行列は 3 次のスカラー行列である．

$$\begin{bmatrix} 2 & 0 & 0 \\ 0 & 2 & 0 \\ 0 & 0 & 2 \end{bmatrix}, \quad \begin{bmatrix} -1 & 0 & 0 \\ 0 & -1 & 0 \\ 0 & 0 & -1 \end{bmatrix}$$

例 1.4 $\begin{bmatrix} 5 \\ 6 \\ 7 \end{bmatrix}$ は 3 次元列ベクトル，$\begin{bmatrix} 1 & 2 & 3 & 4 \end{bmatrix}$ は 4 次元行ベクトルである．

例 1.5 (1) $A = \begin{bmatrix} -1 & 2 & 5 \\ 3 & 0 & 1 \end{bmatrix}$ の転置行列は ${}^tA = \begin{bmatrix} -1 & 3 \\ 2 & 0 \\ 5 & 1 \end{bmatrix}$ である．さらに ${}^tA$ の転置行列を求めると，${}^t({}^tA) = \begin{bmatrix} -1 & 2 & 5 \\ 3 & 0 & 1 \end{bmatrix}$ となりもとの行列 A になる．

(2) $\boldsymbol{x} = \begin{bmatrix} 7 \\ 2 \\ 1 \\ -1 \end{bmatrix}$ のとき，${}^t\boldsymbol{x} = \begin{bmatrix} 7 & 2 & 1 & -1 \end{bmatrix}$

問 1.3 (1) (i, j) 成分が，$i + j$ である 3×2 行列を書け．

(2) 3 次の正方行列 $A = \begin{bmatrix} a_{ij} \end{bmatrix}$，$a_{ij} = 2i - 3j$ を書け．

問 1.4 4 次の正方行列 $A = \begin{bmatrix} a_{ij} \end{bmatrix}$ で次のものを書け．

$$a_{ij} = \begin{cases} 1 & (j = 1 \text{ のとき}) \\ {}_{i-1}\mathrm{C}_{j-1} & (2 \leqq j \leqq i \text{ のとき}) \\ 0 & (i < j \text{ のとき}) \end{cases}$$

1.2 行列の演算

◆ **行列の相等** 2つの行列 $A = \left[a_{ij}\right]$, $B = \left[b_{ij}\right]$ があり,

(i) A, B は同じ $m \times n$ 行列であり,

(ii) 対応する (i, j) 成分がすべて等しいとき，すなわち

$$a_{11} = b_{11}, \quad a_{12} = b_{12}, \quad \cdots, \quad a_{mn} = b_{mn}$$

が成立するとき，A と B は**等しい**といい，$A = B$ で表す.

また，A と B が等しくないとき，$A \neq B$ と書く.

◆ **行列の和** 和は同じ型の行列の間のみで定義される.

$A = \left[a_{ij}\right]$, $B = \left[b_{ij}\right]$ をともに $m \times n$ 行列とするとき,

$$c_{ij} = a_{ij} + b_{ij} \quad (i = 1, 2, \cdots, m;\ j = 1, 2, \cdots, n)$$

を (i, j) 成分とする $m \times n$ 行列 $\left[c_{ij}\right]$ を A と B の**和**といい，$A + B$ と書く．すなわち,

$$A + B = \left[a_{ij}\right] + \left[b_{ij}\right] = \left[a_{ij} + b_{ij}\right].$$

◆ **行列の差** 差も同じ型の行列の間のみで定義される.

$B = \left[b_{ij}\right]$ に対して，$-b_{ij}$ を (i, j) 成分とする行列 $\left[-b_{ij}\right]$ を $-B$ と書き，A と B との**差**を $A + (-B)$ で定義し，$A - B$ と書く．すなわち,

$$A - B = A + (-B) = \left[a_{ij}\right] + \left[-b_{ij}\right] = \left[a_{ij} - b_{ij}\right]$$

◆ **行列のスカラー倍** 行列 $A = \left[a_{ij}\right]$ とスカラー λ (実数) に対して，λa_{ij} を (i, j) 成分とする行列を λA と書き，A の**スカラー倍** (実数倍) という．すなわち,

$$\lambda A = \lambda\left[a_{ij}\right] = \left[\lambda a_{ij}\right]$$

A と λA の型は等しい．この定義において，$\lambda = -1$ とおけば，$(-1)\left[a_{ij}\right] = \left[-a_{ij}\right]$ となるから，$(-1)A = -A$ である.

以上の定義から，数の場合と同様に次の演算法則が成り立つ.

① $A + B = B + A$ (交換法則)

② $(A + B) + C = A + (B + C)$ (結合法則)

③ $A + O = O + A = A$ (O は零行列)

④ $A + X = X + A = O$ を満たす X が存在する：$X = -A$

⑤ $(\lambda\mu)A = \lambda(\mu A)$ (結合法則)

⑥ $1 \cdot A = A$

⑦ $(\lambda + \mu)A = \lambda A + \mu A$ (分配法則)

⑧ $\lambda(A + B) = \lambda A + \lambda B$ (分配法則)

より理解を深めるために

例題 1.2 行列の相等，和，スカラー倍

(1) 次を満たす行列を求めよ．

$$\begin{bmatrix} x & y & z \\ u & v & w \end{bmatrix} = \begin{bmatrix} 2z & -1 & 2 \\ -2y & -x & 3y \end{bmatrix}$$

(2) $E = \begin{bmatrix} 1 & 0 \\ 0 & 1 \end{bmatrix}$, $I = \begin{bmatrix} 0 & -1 \\ 1 & 0 \end{bmatrix}$ のとき，行列 $A = \begin{bmatrix} a & -b \\ b & a \end{bmatrix}$ を $xE + yI$ の形に表せ．

【解】 (1) 2 つの行列が等しいということは，対応する成分がそれぞれ等しいことだから，次の 6 つの等式を得る．

$$x = 2z, \quad y = -1, \quad z = 2, \quad u = -2y, \quad v = -x, \quad w = 3y$$

これらから

$$x = 4, \quad y = -1, \quad z = 2, \quad u = 2, \quad v = -4, \quad w = -3$$

よって求める行列は $\begin{bmatrix} 4 & -1 & 2 \\ 2 & -4 & -3 \end{bmatrix}$

(2) $A = xE + yI$ と表されたとすると，

$$\begin{bmatrix} a & -b \\ b & a \end{bmatrix} = x\begin{bmatrix} 1 & 0 \\ 0 & 1 \end{bmatrix} + y\begin{bmatrix} 0 & -1 \\ 1 & 0 \end{bmatrix} = \begin{bmatrix} x & 0 \\ 0 & x \end{bmatrix} + \begin{bmatrix} 0 & -y \\ y & 0 \end{bmatrix} = \begin{bmatrix} x & -y \\ y & x \end{bmatrix}$$

だから，$x = a$, $y = b$ にとればよい．よって，$A = aE + bI$.

問 1.5 $X = \begin{bmatrix} 1 & 0 & 0 \\ 0 & 1 & 0 \\ 0 & 0 & 0 \end{bmatrix}$, $Y = \begin{bmatrix} 0 & 1 & 0 \\ 0 & 1 & 0 \\ 0 & 0 & 0 \end{bmatrix}$, $Z = \begin{bmatrix} 0 & 0 & 0 \\ 0 & 0 & 0 \\ 0 & 0 & 1 \end{bmatrix}$ のとき，

$\begin{bmatrix} a & b & 0 \\ 0 & a+b & 0 \\ 0 & 0 & c \end{bmatrix}$ を $xX + yY + zZ$ の形に表せ．

問 1.6 次の等式が成り立つように x, y, z を定めよ．

(1) $2\begin{bmatrix} x & y & z \end{bmatrix} + \begin{bmatrix} 3-z & 1-x & 2-y \end{bmatrix} = \begin{bmatrix} 1 & y & 1 \end{bmatrix}$

(2) $\begin{bmatrix} 2 & -1 \\ 3 & 2 \end{bmatrix} + \begin{bmatrix} x & y \\ z & 2 \end{bmatrix} = \begin{bmatrix} 3 & 2 \\ -1 & z \end{bmatrix}$

問 1.7 $A = \begin{bmatrix} -2 & 1 \\ 5 & -2 \end{bmatrix}$, $B = \begin{bmatrix} -1 & 0 \\ 2 & 1 \end{bmatrix}$ のとき，$3(2A - B) + 2(B - 2A)$ を計算せよ．

1.3 行列の積

◆ **積の定義** 2つの行列 $A = \begin{bmatrix} a_{ij} \end{bmatrix}$ と $B = \begin{bmatrix} b_{ij} \end{bmatrix}$ の積は，A の列の数と B の行の数が等しいときだけ定義される．いま A, B をそれぞれ $m \times n$, $n \times l$ 行列とするとき，A の第 i 行，B の第 j 列はともに n 個の成分からなっているので，その対応する成分の積の和

$$c_{ij} = a_{i1}b_{1j} + a_{i2}b_{2j} + \cdots + a_{in}b_{nj}$$
$$(i = 1, 2, \cdots, m;\ j = 1, 2, \cdots, l)$$

をつくり，これを (i, j) 成分とする行列 $C = \begin{bmatrix} c_{ij} \end{bmatrix}$ を A と B の**積**と定義する．A と B の積を AB と書く．この行列の積を成分を用いて書くと次のようになる．

$$i \to \begin{bmatrix} a_{11} & a_{12} & \cdots & a_{1n} \\ \vdots & \vdots & & \vdots \\ a_{i1} & a_{i2} & \cdots & a_{in} \\ \vdots & \vdots & & \vdots \\ a_{m1} & a_{m2} & \cdots & a_{mn} \end{bmatrix} \begin{bmatrix} b_{11} & \cdots & b_{1j} & \cdots & b_{1l} \\ b_{21} & \cdots & b_{2j} & \cdots & b_{2l} \\ \vdots & & \vdots & & \vdots \\ b_{n1} & \cdots & b_{nj} & \cdots & b_{nl} \end{bmatrix} = \begin{bmatrix} c_{11} & \cdots & c_{1j} & \cdots & c_{1l} \\ \vdots & & \vdots & & \vdots \\ c_{i1} & \cdots & c_{ij} & \cdots & c_{il} \\ \vdots & & \vdots & & \vdots \\ c_{m1} & \cdots & c_{mj} & \cdots & c_{ml} \end{bmatrix} \leftarrow i$$

行列 A ／ 行列 B ／ 行列 C

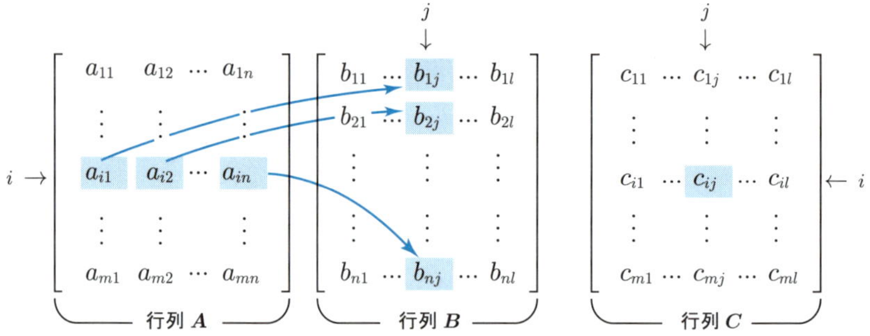

$m \times n$ 行列と $n \times l$ 行列の積 AB は $m \times l$ 行列になる．なお，A の列の数と B の行の数が一致しないときは，積 AB は定義できない．

数の世界では，2つの数の a, b に対して常に交換法則 $ab = ba$ が成り立つが，次頁の例題1.3 (1) からもわかるように，行列の積に関しては必ずしも交換法則は成り立たない．すなわち一般には $AB \neq BA$ である．

しかし，行列の積は結合法則および分配法則を満たすので，次が成り立つ．

⑨ $(AB)C = A(BC)$ （結合法則）
⑩ $A(B + C) = AB + AC$
　　$(A + B)C = AC + BC$ （分配法則）
⑪ $\lambda(AB) = (\lambda A)B = A(\lambda B)$ （結合法則）
⑫ $AE = A,\ EA = A$ （E は単位行列）

|注意 1.2| p.6 や p.8 で述べた演算の法則が成立するということは，行列を含んだ式においても，移項，同類項をまとめる等の普通の文字式と同様の計算ができるということである．しかし積の交換法則は一般には成り立たないので，普通の文字式における，展開，因数分解の公式は一般には用いることができない．

より理解を深めるために

例題 1.3 行列の積，$AB \neq BA$ の例

(1) $A = \begin{bmatrix} 1 & 2 \\ 3 & 4 \\ -2 & 1 \end{bmatrix}$, $B = \begin{bmatrix} -1 & 0 & 3 \\ 2 & 1 & 1 \end{bmatrix}$ のとき AB, BA を計算せよ.

(2) $A = \begin{bmatrix} -1 & 3 \\ 1 & 5 \\ 3 & -2 \end{bmatrix}$ のとき，次の行列の中で AB が定義されるものを選び，各場合にその結果を答えよ．B として

$$B_1 = \begin{bmatrix} 2 & 1 \\ -3 & 4 \end{bmatrix}, \quad B_2 = \begin{bmatrix} 2 & -3 \\ -4 & 1 \\ 5 & 1 \end{bmatrix}, \quad B_3 = \begin{bmatrix} 1 \\ 2 \\ -1 \end{bmatrix}, \quad B_4 = \begin{bmatrix} 2 \\ 1 \end{bmatrix}$$

【解】 (1) $AB = \begin{bmatrix} 1 & 2 \\ 3 & 4 \\ -2 & 1 \end{bmatrix} \begin{bmatrix} -1 & 0 & 3 \\ 2 & 1 & 1 \end{bmatrix} = \begin{bmatrix} 3 & 2 & 5 \\ 5 & 4 & 13 \\ 4 & 1 & -5 \end{bmatrix}$

$$BA = \begin{bmatrix} -1 & 0 & 3 \\ 2 & 1 & 1 \end{bmatrix} \begin{bmatrix} 1 & 2 \\ 3 & 4 \\ -2 & 1 \end{bmatrix} = \begin{bmatrix} -7 & 1 \\ 3 & 9 \end{bmatrix} \qquad \therefore \quad AB \neq BA.$$

(2) A の列の数と B の行の数が一致するとき，AB の積が定義できるので，AB_1 と AB_4 が計算できる．

$$AB_1 = \begin{bmatrix} -1 & 3 \\ 1 & 5 \\ 3 & -2 \end{bmatrix} \begin{bmatrix} 2 & 1 \\ -3 & 4 \end{bmatrix} = \begin{bmatrix} -11 & 11 \\ -13 & 21 \\ 12 & -5 \end{bmatrix}$$

$$AB_4 = \begin{bmatrix} -1 & 3 \\ 1 & 5 \\ 3 & -2 \end{bmatrix} \begin{bmatrix} 2 \\ 1 \end{bmatrix} = \begin{bmatrix} 1 \\ 7 \\ 4 \end{bmatrix}$$

問 1.8 $A = \begin{bmatrix} 2 & -5 \\ 3 & 1 \\ -1 & 3 \end{bmatrix}$, $B = \begin{bmatrix} -1 & 0 \\ 2 & -1 \end{bmatrix}$, $C = \begin{bmatrix} 5 & 6 \\ -2 & 3 \end{bmatrix}$ のとき，

(1) 積の結合法則 $A(BC) = (AB)C$ を確かめよ.

(2) 分配法則 $A(B + C) = AB + AC$ を確かめよ.

(3) $2AB - 3AC$ を計算せよ.

(4) $A(B + C) - A(B - C)$ を計算せよ.

(5) $(B + C)(B - C)$ を計算せよ ($B^2 - C^2$ とならないことに注意).

1.4 数の演算との相異点

n 次正方行列全体を考えるとき，そこでは和も積も定義されていて，p.6 の ① ～ ⑧ および p.8 の ⑨ ～ ⑫ が成り立つ．このことは実数も同様である．ところが行列の場合には，次に述べるような数とは同じにならないいくつかの性質がある．

◆ **乗法は非可換である**　$n \geqq 2$ で A, B がともに n 次正方行列のとき，AB も BA も定義されるが，両者は一致するとは限らない (⇨ 次頁の例 1.6).

いま $AB = BA$ が成り立つとき，A と B は**可換**であるといい，$AB \fallingdotseq BA$ のとき**非可換**であるという．また $AB = BA$ が一般には成り立たないことを指して行列の乗法は非可換であるという．

◆ **$AB = O$ であっても $A = O$ または $B = O$ とは限らない**　数の場合には，$ab = 0$ ならば $a = 0$ または $b = 0$ である．しかし n 次 ($n \geqq 2$) 正方行列 A, B に対して，$AB = O$ であっても $A = O$ または $B = O$ とは限らない (⇨ 次頁の例 1.7). $A \fallingdotseq O, B \fallingdotseq O$ でかつ $AB = O$ となる A, B を**零因子**という．

◆ **$A \fallingdotseq O$ であっても逆行列 A^{-1} が存在するとは限らない**　数 a に対しては，$a \fallingdotseq 0$ であれば $ax = 1$ となる x を求めることができる．それが a の逆数 a^{-1} である．行列の場合にも a^{-1} に相当するものを考えてみよう．

◆ **正則行列，逆行列**　n ($\geqq 2$) 次正方行列 A に対して，

$$AX = XA = E \quad (E \text{ は単位行列}) \qquad \cdots ①$$

を満たす正方行列 X が存在するとき，A は**正則行列**であるという．このような行列 X はいつでも存在するとは限らないが，存在するとすればただ 1 つである．なぜならば，X, Y と 2 つあるとすれば，$AX = XA = E$ と $AY = YA = E$ より，

$$Y = EY = (XA)Y = X(AY) = XE = X$$

となるからである．したがって，A が正則行列ならば，① を満足する行列 X は一意的に定まる．この行列 X を A の**逆行列**といい，記号

$$X = A^{-1}$$

で表す．すなわち，

$$AA^{-1} = A^{-1}A = E \qquad \cdots ②$$

である．しかし次頁の例 1.8 のように，$A \fallingdotseq O$ であっても，逆行列 A^{-1} が存在するとは限らない．

追記 1.1　n 次正方行列全体の集合を M_n とすると，M_n では，p.6 の ① ～ ④ および p.8 の ⑨, ⑩ が成り立つ．このことを M_n は**環**であるという．また特に積の交換の法則が成り立たないことを強調して M_n は**非可換環**であるという．

より理解を深めるために

例 1.6 $A=\begin{bmatrix} a_{11} & a_{12} \\ a_{21} & a_{22} \end{bmatrix}$, $B=\begin{bmatrix} b_{11} & b_{12} \\ b_{21} & b_{22} \end{bmatrix}$ のとき $AB=BA$ であるためには，少くとも AB, BA の $(1,1)$ 成分が一致しなくてはならない．それは

$$a_{11}b_{11}+a_{12}b_{21}=b_{11}a_{11}+b_{12}a_{21} \quad \text{すなわち，} \quad a_{12}b_{21}=a_{21}b_{12}$$

のときである．よって，$a_{12}b_{21}\neq a_{21}b_{12}$ であるように A, B をつくれば $AB\neq BA$ となる．

例 1.7 $A=\begin{bmatrix} 1 & 0 \\ 0 & 0 \end{bmatrix}$, $B=\begin{bmatrix} 0 & 0 \\ 1 & 1 \end{bmatrix}$ とすると，$AB=O$ であってかつ $A\neq O$, $B\neq O$ である．よって A, B は零因子である．

例 1.8 $A=\begin{bmatrix} 1 & 0 \\ 0 & 0 \end{bmatrix}$ のとき，p.10 の ① を満たす $X=\begin{bmatrix} x_{11} & x_{12} \\ x_{21} & x_{22} \end{bmatrix}$ があったとすると，$\begin{bmatrix} x_{11} & x_{12} \\ x_{21} & x_{22} \end{bmatrix}\begin{bmatrix} 1 & 0 \\ 0 & 0 \end{bmatrix}=\begin{bmatrix} 1 & 0 \\ 0 & 1 \end{bmatrix}$ から $(2,2)$ 成分をとって，$0=1$ という矛盾を生じる．このように $A\neq O$ であっても p.10 の ① を満たす X が存在するとは限らない．

例 1.9 $X=\begin{bmatrix} x_{11} & x_{12} \\ x_{21} & x_{22} \end{bmatrix}$ が $A=\begin{bmatrix} 1 & 1 \\ 0 & 1 \end{bmatrix}$ に対して，$AX=E$ を満たすような X を求めると次のようになる．

$$AX=\begin{bmatrix} 1 & 1 \\ 0 & 1 \end{bmatrix}\begin{bmatrix} x_{11} & x_{12} \\ x_{21} & x_{22} \end{bmatrix}=\begin{bmatrix} x_{11}+x_{21} & x_{12}+x_{22} \\ x_{21} & x_{22} \end{bmatrix}=\begin{bmatrix} 1 & 0 \\ 0 & 1 \end{bmatrix}$$

よって，$\begin{cases} x_{11}+x_{21}=1, & x_{12}+x_{22}=0 \\ x_{21}=0, & x_{22}=1 \end{cases}$ が成り立つ． $\therefore \quad X=\begin{bmatrix} 1 & -1 \\ 0 & 1 \end{bmatrix}$

次に $XA=\begin{bmatrix} 1 & -1 \\ 0 & 1 \end{bmatrix}\begin{bmatrix} 1 & 1 \\ 0 & 1 \end{bmatrix}=\begin{bmatrix} 1 & 0 \\ 0 & 1 \end{bmatrix}$ となる．ゆえに，$AX=XA=E$ となるので，A は正則行列である．

問 1.9 対角行列 $A=\begin{bmatrix} a_{11} & & & O \\ & a_{22} & & \\ & & \ddots & \\ O & & & a_{nn} \end{bmatrix}$ の逆行列は $\begin{bmatrix} a_{11}^{-1} & & & O \\ & a_{22}^{-1} & & \\ & & \ddots & \\ O & & & a_{nn}^{-1} \end{bmatrix}$

であることを，直接

$$AA^{-1}=E, \quad A^{-1}A=E$$

を確めることによって示せ．

1.5 転置行列・逆行列の性質，2 次の正方行列の逆行列，いろいろな正方行列

定理 1.1 (転置行列の性質)　転置行列 (⇨ p.4) に関して次が成り立つ.

(1) ${}^t({}^tA) = A$　　(2) ${}^t(A+B) = {}^tA + {}^tB$

(3) ${}^t(AB) = {}^tB\,{}^tA$　(順序に注意)　　(4) ${}^t(\lambda A) = \lambda\,{}^tA$

定理 1.2 (逆行列の性質)　A, B を正則行列 (⇨ p.10) とするとき，$A^{-1}, AB, {}^tA$ はいずれも正則で，次が成り立つ.

(1) $(A^{-1})^{-1} = A$　　(2) $(AB)^{-1} = B^{-1}A^{-1}$　(順序に注意)

(3) $({}^tA)^{-1} = {}^t(A^{-1})$

定理 1.3 (2 次の正方行列の逆行列)　$A = \begin{bmatrix} a_{11} & a_{12} \\ a_{21} & a_{22} \end{bmatrix}$ のとき，A が逆行列をもつための必要十分条件は $\Delta = a_{11}a_{22} - a_{12}a_{21} \neq 0$ となることであり，逆行列は

$$A^{-1} = \frac{1}{\Delta}\begin{bmatrix} a_{22} & -a_{12} \\ -a_{21} & a_{11} \end{bmatrix}$$ で与えられる.

注意 1.3　n 次正方行列の逆行列は，p.32 の定理 2.5 および p.60 の定理 3.9 で述べる.

◆ **指数の定義**　正方行列 A と負でない整数 r に対して，A の**指数** (べき) を次のように定義する.

$$A^0 = E, \quad A^1 = A, \quad \cdots, \quad A^r = AA\cdots A \quad (r \text{ 個の積})$$

◆ **指数法則**　負でない整数 k, l に対して，次の指数法則が成り立つ.

$$A^kA^l = A^{k+l} \quad \cdots ① \qquad (A^k)^l = A^{kl} \quad \cdots ②$$

$(AB)^k = A^kB^k$ は A, B が可換のとき成り立つが，一般には正しくない (⇨ p.15 の例題 1.6 (1)). さらに A が逆行列 A^{-1} をもつとき，$A^{-k} = (A^{-1})^k$ と定めると，負の整数べきも定義され，k, l が負の整数のときも上の 2 つの指数法則 ①, ② は成り立つ.

◆ **いろいろな正方行列**　A を正方行列とするとき次のような名前の行列を考える. $A = A^{-1}$ を満たす A を**直交行列**，$A^2 = A$ を満たす A を**べき等**(とう)**行列**，$A^n = O$ となる自然数 n があるとき，A を**べき零**(れい)**行列**，${}^tA = A$ を満たす A を**対称行列**，${}^tA = -A$ を満たす A を**交代行列**という.

より理解を深めるために

例題 1.4　　**正則行列，転置行列**

(1)　$A = \begin{bmatrix} -1 & 2 & 4 \\ 3 & 1 & 2 \end{bmatrix}$，$B = \begin{bmatrix} 1 & 1 & 0 \\ 0 & -1 & 1 \\ 1 & 0 & -1 \end{bmatrix}$ のとき，${}^t(AB) = {}^tB\,{}^tA$ を確かめよ．

(2)　次を証明せよ．

①　A が正則ならば，${}^tA$ も正則で，$({}^tA)^{-1} = {}^t(A^{-1})$．

②　A, B が正則ならば，AB も正則で $(AB)^{-1} = B^{-1}A^{-1}$．

③　A が正則ならば，A は零因子ではない．

【解】　(1)　$AB = \begin{bmatrix} -1 & 2 & 4 \\ 3 & 1 & 2 \end{bmatrix} \begin{bmatrix} 1 & 1 & 0 \\ 0 & -1 & 1 \\ 1 & 0 & -1 \end{bmatrix} = \begin{bmatrix} 3 & -3 & -2 \\ 5 & 2 & -1 \end{bmatrix}$

$\therefore {}^t(AB) = \begin{bmatrix} 3 & 5 \\ -3 & 2 \\ -2 & -1 \end{bmatrix}$，一方 ${}^tB\,{}^tA = \begin{bmatrix} 1 & 0 & 1 \\ 1 & -1 & 0 \\ 0 & 1 & -1 \end{bmatrix} \begin{bmatrix} -1 & 3 \\ 2 & 1 \\ 4 & 2 \end{bmatrix} = \begin{bmatrix} 3 & 5 \\ -3 & 2 \\ -2 & -1 \end{bmatrix}$

よって，${}^t(AB) = {}^tB{}^tA$ が確かめられた．

(2)　①　p.12 の定理 1.1 (3) より，

$${}^tA\,{}^t(A^{-1}) = {}^t(A^{-1}A) = {}^tE = E, \quad {}^t(A^{-1})\,{}^tA = {}^t(AA^{-1}) = {}^tE = E$$

よって，${}^tA$ は正則で，$({}^tA)^{-1} = {}^t(A^{-1})$ である．

②　$(AB)(B^{-1}A^{-1}) = A(BB^{-1})A^{-1} = AEA^{-1} = (AE)A^{-1} = AA^{-1} = E$

$(B^{-1}A^{-1})(AB) = B^{-1}(A^{-1}A)B = B^{-1}EB = (B^{-1}E)B = B^{-1}B = E$

だから，定義より AB は正則で，$(AB)^{-1} = B^{-1}A^{-1}$ である．

③　もし A が零因子だとして，例えば，$AB = O, B \neq O$ とする．A の逆行列 A^{-1} を両辺に左からかければ

$$A^{-1}AB = A^{-1}O = O$$

よって $B = O$．これは矛盾である (⇨ p.10 の零因子)．

問 1.10　(1)　$AB = AC$ で A が正則行列ならば，$B = C$ であることを証明せよ．

(2)　A, B が正方行列で，A, AB が正則ならば，B も正則であることを示せ．

(3)　行列 A, B が可換であるとする．次を証明せよ．

①　A が正則のとき，A^{-1}, B は可換である．

②　A, B が正則のとき，A^{-1}, B^{-1} は可換である．

③　${}^tA, {}^tB$ は可換である．

より理解を深めるために

例題 1.5 **逆行列**

(1) $X = \begin{bmatrix} x_{11} & x_{12} & x_{13} \\ x_{21} & x_{22} & x_{23} \\ x_{31} & x_{32} & x_{33} \end{bmatrix}$ が $A = \begin{bmatrix} 1 & -1 & 2 \\ 0 & 1 & 3 \\ 0 & 0 & 1 \end{bmatrix}$ に対して $AX = E$ を満たすように X を定め，次にこれが $XA = E$ を満たすことを確かめよ．

(2) $\begin{bmatrix} x-4 & 2 \\ 2 & x-1 \end{bmatrix}$ が正則，$\begin{bmatrix} x-5 & 5 \\ -3 & x+3 \end{bmatrix}$ が正則でないように x を定めよ．

【解】 (1) $AX = \begin{bmatrix} 1 & -1 & 2 \\ 0 & 1 & 3 \\ 0 & 0 & 1 \end{bmatrix} \begin{bmatrix} x_{11} & x_{12} & x_{13} \\ x_{21} & x_{22} & x_{23} \\ x_{31} & x_{32} & x_{33} \end{bmatrix}$

$$= \begin{bmatrix} x_{11} - x_{21} + 2x_{31} & x_{12} - x_{22} + 2x_{32} & x_{13} - x_{23} + 2x_{33} \\ x_{21} + 3x_{31} & x_{22} + 3x_{32} & x_{23} + 3x_{33} \\ x_{31} & x_{32} & x_{33} \end{bmatrix} = \begin{bmatrix} 1 & 0 & 0 \\ 0 & 1 & 0 \\ 0 & 0 & 1 \end{bmatrix}$$

$$\begin{cases} x_{11} - x_{21} + 2x_{31} = 1, \ x_{21} + 3x_{31} = 0, \ x_{31} = 0 \\ x_{12} - x_{22} + 2x_{32} = 0, \ x_{22} + 3x_{32} = 1, \ x_{32} = 0 \\ x_{13} - x_{23} + 2x_{33} = 0, \ x_{23} + 3x_{33} = 0, \ x_{33} = 1 \end{cases} \quad \therefore \begin{cases} x_{11} = 1, \ x_{12} = 1, \ x_{13} = -5 \\ x_{21} = 0, \ x_{22} = 1, \ x_{23} = -3 \\ x_{31} = 0, \ x_{32} = 0, \ x_{33} = 1 \end{cases}$$

ゆえに $X = \begin{bmatrix} 1 & 1 & -5 \\ 0 & 1 & -3 \\ 0 & 0 & 1 \end{bmatrix}$．次に $XA = \begin{bmatrix} 1 & 1 & -5 \\ 0 & 1 & -3 \\ 0 & 0 & 1 \end{bmatrix} \begin{bmatrix} 1 & -1 & 2 \\ 0 & 1 & 3 \\ 0 & 0 & 1 \end{bmatrix} = \begin{bmatrix} 1 & 0 & 0 \\ 0 & 1 & 0 \\ 0 & 0 & 1 \end{bmatrix}$

(2) 2 次の正方行列であるので，p.12 の定理 1.3 を用いる．

$\begin{bmatrix} x-4 & 2 \\ 2 & x-1 \end{bmatrix}$ が正則だから，$\Delta = (x-4)(x-1) - 4 \fallingdotseq 0$． $\therefore \ x \fallingdotseq 0, 5$．

$\begin{bmatrix} x-5 & 5 \\ -3 & x+3 \end{bmatrix}$ が正則でないから，$\Delta = (x-5)(x+3) + 15 = x^2 - 2x = 0$．

$$\therefore \ x = 0, 2. \text{ ゆえに } x = 2.$$

問 1.11 $A = \begin{bmatrix} 2 & -3 \\ 4 & -5 \end{bmatrix}$ のとき，$A + 2A^{-1}$ を求めよ．

問 1.12 次の行列 A の逆行列 A^{-1} を定義にしたがって求めよ．

$$A = \begin{bmatrix} 1 & 2 & -1 \\ -2 & -3 & 4 \\ 0 & 0 & 1 \end{bmatrix}$$

より理解を深めるために

追記 1.2　正則な n 次正方行列全体の集合を L_n とすると，L_n は次の性質をもつ．L_n がこれらを満たすことを L_n は乗法に関して**群**であるという．

(1)　$A, B \in L_n$ ならば $AB = L_n$

(2)　$A, B, C \in L_n$ のとき，$(AB)C = A(BC)$

(3)　単位行列 E は L_n の要素である．

(4)　$A \in L_n$ ならば $A^{-1} \in L_n$

例題 1.6　**$(AB)^2 \fallingdotseq A^2B^2$ の例，べき等（とう），べき零，スカラー行列**

(1)　$(AB)^2 \fallingdotseq A^2B^2$ となる例を 2 次の行列でつくれ．

(2)　次の各行列の A^2 を求めよ．またべき等，べき零，スカラー行列を判別せよ．

① $A=\begin{bmatrix} 2 & -3 \\ 1 & 2 \end{bmatrix}$　② $A=\begin{bmatrix} 3 & -2 \\ 3 & -2 \end{bmatrix}$　③ $A=\begin{bmatrix} 1 & -1 \\ 1 & -1 \end{bmatrix}$　④ $A=\begin{bmatrix} -2 & -4 \\ 1 & 2 \end{bmatrix}$

⑤ $A=\begin{bmatrix} -2 & -6 \\ 1 & 3 \end{bmatrix}$　⑥ $A=\begin{bmatrix} 1 & -2 \\ -1 & -1 \end{bmatrix}$　⑦ $A=\begin{bmatrix} -1 & 3 \\ 0 & 1 \end{bmatrix}$

【解】　(1)　例えば $A = \begin{bmatrix} 0 & -1 \\ -1 & 0 \end{bmatrix}$，$B = \begin{bmatrix} 0 & 1 \\ 0 & 0 \end{bmatrix}$ とすると，

$$(AB)^2 = \begin{bmatrix} 0 & 0 \\ 0 & 1 \end{bmatrix},\quad A^2B^2 = \begin{bmatrix} 0 & 0 \\ 0 & 0 \end{bmatrix}\qquad \therefore\quad (AB)^2 \fallingdotseq A^2B^2$$

(2)　① $A^2 = \begin{bmatrix} 1 & -12 \\ 4 & 1 \end{bmatrix}$，② $A^2 = A$ べき等，③ $A^2 = O$ べき零，④ $A^2 = O$ べき零，⑤ $A^2 = A$ べき等，⑥ $A^2 = \begin{bmatrix} 3 & 0 \\ 0 & 3 \end{bmatrix}$ スカラー行列，⑦ $A^2 = \begin{bmatrix} 1 & 0 \\ 0 & 1 \end{bmatrix}$ 単位行列．

問 1.13　(1) 任意の正方行列 A に対して，$A + {}^tA, A\,{}^tA$ は対称行列であることを示せ．

(2)　任意の正方行列 A に対して，$A - {}^tA$ は交代行列であることを示せ．

（$A = (A + {}^tA)/2 + (A - {}^tA)/2$ と表せるので，上記 (1), (2) より，任意の正方行列は対称行列と交代行列の和として表すことができる．）

問 1.14　A, B を直交行列とすると，AB も直交行列であることを示せ．

問 1.15　次の各行列に対して，A^2, A^3 をつくれ．また n を正の整数として A^n はどうなるか推定せよ．

(1)　$A = \begin{bmatrix} 2 & 0 \\ 0 & 3 \end{bmatrix}$　　(2)　$A = \begin{bmatrix} a & b \\ 0 & a \end{bmatrix}$

1.6 行列のブロック分割

◆ **行列のブロック分割** 1つの行列を次のように2つ以上の行列に分割して表すと便利なことが多い.

$$A=\left[\begin{array}{cc|cc} a_{11} & a_{12} & a_{13} & a_{14} \\ a_{21} & a_{22} & a_{23} & a_{24} \\ a_{31} & a_{32} & a_{33} & a_{34} \\ \hline a_{41} & a_{42} & a_{43} & a_{44} \end{array}\right]=\begin{bmatrix} P & Q \\ R & S \end{bmatrix} \qquad \cdots ①$$

$$P=\begin{bmatrix} a_{11} & a_{12} \\ a_{21} & a_{22} \\ a_{31} & a_{32} \end{bmatrix},\ Q=\begin{bmatrix} a_{13} & a_{14} \\ a_{23} & a_{24} \\ a_{33} & a_{34} \end{bmatrix},\ R=\begin{bmatrix} a_{41} & a_{42} \end{bmatrix},\ S=\begin{bmatrix} a_{43} & a_{44} \end{bmatrix}$$

このように行列を分割して表すことを**ブロック分割**するという. また P,Q,R,S などの行列を**小行列**という. ここで, P と Q, R と S はそれぞれの行の数が, P と R, Q と S はそれぞれの列の数が等しくなければならない.

以下においては簡単のため, 上記①のような分割に限定して, 議論を進める. 2つのブロック分割された行列を

$$A=\begin{bmatrix} P & Q \\ R & S \end{bmatrix},\quad B=\begin{bmatrix} E & F \\ G & H \end{bmatrix}$$

とするとき, その和およびスカラー倍は次のようになる.

$$A+B=\begin{bmatrix} P+E & Q+F \\ R+G & S+H \end{bmatrix} \qquad \cdots ②$$

$$\lambda A=\begin{bmatrix} \lambda P & \lambda Q \\ \lambda R & \lambda S \end{bmatrix} \qquad \cdots ③$$

また, 分割行列の転置行列は, 転置の定義より

$${}^t A=\begin{bmatrix} {}^t P & {}^t R \\ {}^t Q & {}^t S \end{bmatrix} \qquad \cdots ④$$

となることがわかる.

次に, 2つの分割行列の積は, 小行列 P,Q などを行列の成分のように扱い, 行かける列という普通の行列の積を適用できる. すなわち,

$$AB=\begin{bmatrix} P & Q \\ R & S \end{bmatrix}\begin{bmatrix} E & F \\ G & H \end{bmatrix}=\begin{bmatrix} PE+QG & PE+QH \\ RE+SG & RF+SH \end{bmatrix} \qquad \cdots ⑤$$

ただし, $PE, QG, \cdots$ などの積が定義されているものとする.

より理解を深めるために

例題 1.7 行列のブロック分割

行列 A を次のように分割した.

$$A = \left[\begin{array}{cc|cc} 1 & 2 & 0 & 0 \\ 1 & -1 & 0 & 0 \\ \hline 0 & 0 & -1 & 5 \\ 0 & 0 & 3 & 1 \end{array}\right] \quad \text{このとき} \quad B = \begin{bmatrix} -1 & 1 & 0 & 0 \\ 1 & -2 & 0 & 0 \\ 0 & 0 & 0 & -1 \\ 0 & 0 & 4 & 2 \end{bmatrix}$$

を分割して, AB を計算せよ.

【解】 B を次のように分割する.

$$B = \left[\begin{array}{cc|cc} -1 & 1 & 0 & 0 \\ 1 & -2 & 0 & 0 \\ \hline 0 & 0 & 0 & -1 \\ 0 & 0 & 4 & 2 \end{array}\right] = \begin{bmatrix} E & F \\ G & H \end{bmatrix}$$

$A = \begin{bmatrix} P & Q \\ R & S \end{bmatrix}$ とおくと, $AB = \begin{bmatrix} PE+QG & PF+QH \\ RE+SG & RF+SH \end{bmatrix}$ である.

$$PE+QG$$
$$= \begin{bmatrix} 1 & 2 \\ 1 & -1 \end{bmatrix}\begin{bmatrix} -1 & 1 \\ 1 & -2 \end{bmatrix} + \begin{bmatrix} 0 & 0 \\ 0 & 0 \end{bmatrix}\begin{bmatrix} 0 & 0 \\ 0 & 0 \end{bmatrix} = \begin{bmatrix} 1 & -3 \\ -2 & 3 \end{bmatrix} + O$$

$$PF+QH = \begin{bmatrix} 1 & 2 \\ 1 & -1 \end{bmatrix}\begin{bmatrix} 0 & 0 \\ 0 & 0 \end{bmatrix} + \begin{bmatrix} 0 & 0 \\ 0 & 0 \end{bmatrix}\begin{bmatrix} 0 & -1 \\ 4 & 2 \end{bmatrix} = O$$

$$RE+SG = \begin{bmatrix} 0 & 0 \\ 0 & 0 \end{bmatrix}\begin{bmatrix} -1 & 1 \\ 1 & -2 \end{bmatrix} + \begin{bmatrix} -1 & 5 \\ 3 & 1 \end{bmatrix}\begin{bmatrix} 0 & 0 \\ 0 & 0 \end{bmatrix} = O$$

$$RF+SH$$
$$= \begin{bmatrix} 0 & 0 \\ 0 & 0 \end{bmatrix}\begin{bmatrix} 0 & 0 \\ 0 & 0 \end{bmatrix} + \begin{bmatrix} -1 & 5 \\ 3 & 1 \end{bmatrix}\begin{bmatrix} 0 & -1 \\ 4 & 2 \end{bmatrix} = O + \begin{bmatrix} 20 & 11 \\ 4 & -1 \end{bmatrix}$$

$$\therefore \quad AB = \begin{bmatrix} 1 & -3 & 0 & 0 \\ -2 & 3 & 0 & 0 \\ 0 & 0 & 20 & 11 \\ 0 & 0 & 4 & -1 \end{bmatrix}$$

問 1.16 次の分割行列 A, B に対して, 分割行列の積の公式 (⇨ p.16 の ⑤) が成立することを証明せよ.

$$A = \left[\begin{array}{cc|c} a_{11} & a_{12} & a_{13} \\ a_{21} & a_{22} & a_{23} \\ \hline a_{31} & a_{32} & a_{33} \end{array}\right] = \begin{bmatrix} P & Q \\ R & S \end{bmatrix}, \quad B = \left[\begin{array}{cc|c} b_{11} & b_{12} & b_{13} \\ b_{21} & b_{22} & b_{23} \\ \hline b_{31} & b_{32} & b_{33} \end{array}\right] = \begin{bmatrix} E & F \\ G & H \end{bmatrix}$$

演 習 問 題

問題 1.1 行列の 2 乗

次を満たす 2 次の正方行列 $A = \begin{bmatrix} a & 0 \\ c & d \end{bmatrix}$ を求めよ．

(1) $A^2 = A$ (べき等(とう)) (2) $A^2 = O$ (べき零) (3) $A^2 = E$

【解】 $A^2 = \begin{bmatrix} a & 0 \\ c & d \end{bmatrix}\begin{bmatrix} a & 0 \\ c & d \end{bmatrix} = \begin{bmatrix} a^2 & 0 \\ ca+dc & d^2 \end{bmatrix}$

(1) $A^2 = A$ より $a^2 = a \quad \cdots①, \quad c(a+d) = c \quad \cdots②, \quad d^2 = d \quad \cdots③$
となる．① より $a(a-1) = 0$．$a = 0, 1$，同様にして ③ より $d = 0, 1$．

ゆえに，

$$\begin{aligned} &a = 0, d = 0 \quad \text{のとき②より} \quad c = 0 \\ &a = 1, d = 1 \quad \text{のとき②より} \quad c = 0 \\ &a = 1, d = 0 \quad \text{のとき②より} \quad c \text{は任意} \\ &a = 0, d = 1 \quad \text{のとき②より} \quad c \text{は任意} \end{aligned}$$

$$\therefore \quad \begin{bmatrix} 0 & 0 \\ 0 & 0 \end{bmatrix}, \quad \begin{bmatrix} 0 & 0 \\ c & 1 \end{bmatrix}, \quad \begin{bmatrix} 1 & 0 \\ c & 0 \end{bmatrix}, \quad \begin{bmatrix} 1 & 0 \\ 0 & 1 \end{bmatrix}, \quad (c \text{は任意})$$

このことからべき等行列 A は O, E だけではないことがわかる．

(2) (1) と同様にして，$a^2 = 0$，$c(a+d) = 0$，$d^2 = 0$．ゆえに求める行列は $a = d = 0$ では c は任意，つまり $\begin{bmatrix} 0 & 0 \\ c & 0 \end{bmatrix}$ である．べき零行列 A は O ($c = 0$ のとき) だけではないことがわかる．

(3) 同様にして， $a^2 = 1 \quad \cdots④, \quad c(a+d) = 0 \quad \cdots⑤, \quad d^2 = 1 \quad \cdots⑥$
となる．④より $a = \pm 1$，⑥より $d = \pm 1$．

$a = 1, d = 1$ のとき⑤より $c = 0$， $a = -1, d = -1$ のとき⑤より $c = 0$．
$a = 1, d = -1$ のとき⑤より c は任意，$a = -1, d = 1$ のとき⑤より c は任意．

$$\therefore \quad \begin{bmatrix} 1 & 0 \\ 0 & 1 \end{bmatrix}, \quad \begin{bmatrix} -1 & 0 \\ 0 & -1 \end{bmatrix}, \quad \begin{bmatrix} 1 & 0 \\ c & -1 \end{bmatrix}, \quad \begin{bmatrix} -1 & 0 \\ c & 1 \end{bmatrix}$$

このように $A^2 = E$ の解は $A = \pm E$ だけではないことがわかる．

(解答は章末の p.24 以降に掲載されています．)

演習 1.1 A を n 次正方行列とするとき，次を証明せよ．

(1) $A^2 = A$ ならば $(E-A)^2 = E - A$

(2) $A^2 = E$ ならば $(E-A)^2 = 2(E-A)$

問題 1.2 交代行列，直交行列

A を n 次正方行列をし，$E+A$ を正則行列とする．このとき次を示せ．

(1) $(E-A)(E+A)^{-1}=(E+A)^{-1}(E-A)$ (2) $E+{}^tA$ は正則

(3) A が交代行列ならば $(E-A)(E+A)^{-1}$ は直交行列

【解】 (1) $(E+A)(E-A)=E-A^2$, $(E-A)(E+A)=E-A^2$

$$\therefore\quad (E+A)(E-A)=(E-A)(E+A) \qquad \cdots ①$$

① に左から $(E+A)^{-1}$ をかけると，

$$(E+A)^{-1}(E+A)(E-A)=(E+A)^{-1}(E-A)(E+A)$$

$$\therefore\quad E-A=(E+A)^{-1}(E-A)(E+A) \qquad \cdots ②$$

② に右から $(E+A)^{-1}$ をかけると，次のような結論を得る．

$$(E-A)(E+A)^{-1}=(E+A)^{-1}(E-A) \qquad \cdots ③$$

(2) p.12 の定理 1.1 (2) より ${}^t(E+A)=E+{}^tA$．また $E+A$ が正則であるから，p.12 の定理 1.2 より，${}^t(E+A)$ も正則．ゆえに $E+{}^tA$ は正則．

(3) A が交代行列であるから，${}^tA=-A$．(2) より $E+{}^tA=E-A$ も正則であり (1) と同様に，

$$(E+A)(E-A)^{-1}=(E-A)^{-1}(E+A) \qquad \cdots ④$$

が成り立つ．さて，p.12 の定理 1.1 (3) より

$$
\begin{aligned}
&{}^t\left((E-A)(E+A)^{-1}\right)={}^t\left((E+A)^{-1}\right){}^t(E-A)\\
&=(E+{}^tA)^{-1}(E-{}^tA) && \text{(定理 1.2 (3)，定理 1.1 (2))}\\
&=(E-A)^{-1}(E+A) && ({}^tA=-A)\\
&=(E+A)(E-A)^{-1} && \text{(④ より)}\\
&=\left((E-A)(E+A)^{-1}\right)^{-1} && \text{(定理 1.2 (2))}
\end{aligned}
$$

したがって，$(E-A)(E+A)^{-1}$ は直交行列である．

演習 1.2 A を交代行列とすると，A^k (k は自然数) は交代行列となるか．

演習 1.3 A, B を対称行列とする．A, B が可換ならば AB は対称行列といえるか．

演習 1.4 A を正方行列とする．(1) A が直交行列，(2) A が対称行列，(3) $A^2=E$ のうち任意の 2 条件が満たされれば，残りの 1 つの条件も満たされることを示せ．

演習 1.5 べき零行列は正則でないことを証明せよ．

演習 1.6 単位行列でないべき等(とう)行列は正則でないことを示せ．

演習 1.7 n 次正方行列 A に対して，$A^k=E$ となる k があれば A は正則で，$A^{-1}=A^{k-1}$ であることを示せ．

問題 1.3 行列の負のべき

$A = \begin{bmatrix} 2 & -1 & 1 \\ -1 & 2 & -1 \\ 1 & -1 & 2 \end{bmatrix}$ のとき，

(1) $A^2 - 5A + 4 = O$ を示せ．　(2) (1) を利用して，A^{-1}, A^{-2} を求めよ．

【解】 (1) $A^2 - 5A + 4E = (A - E)(A - 4E)$

$$= \begin{bmatrix} 1 & -1 & 1 \\ -1 & 1 & -1 \\ 1 & -1 & 1 \end{bmatrix} \begin{bmatrix} -2 & -1 & 1 \\ -1 & -2 & -1 \\ 1 & -1 & -2 \end{bmatrix} = O$$

(2) A は正則行列である (⇨ 演習 1.9) ので，A^{-1} を (1) の両辺に左からかけて，

$$A^{-1}(A^2 - 5A + 4E) = O \qquad \therefore\ A - 5E + 4A^{-1} = O \qquad \therefore\ A^{-1} = \frac{1}{4}(5E - A)$$

$$\therefore\ A^{-1} = \frac{1}{4}\left\{5\begin{bmatrix} 1 & 0 & 0 \\ 0 & 1 & 0 \\ 0 & 0 & 1 \end{bmatrix} - \begin{bmatrix} 2 & -1 & 1 \\ -1 & 2 & -1 \\ 1 & -1 & 2 \end{bmatrix}\right\} = \frac{1}{4}\begin{bmatrix} 3 & 1 & -1 \\ 1 & 3 & 1 \\ -1 & 1 & 3 \end{bmatrix}$$

同様に (1) において左から A^{-2} をかけて，

$$A^{-2} = \frac{1}{4}(5A^{-1} - E)$$

$$= \frac{1}{16}\left\{5\begin{bmatrix} 3 & 1 & -1 \\ 1 & 3 & 1 \\ -1 & 1 & 3 \end{bmatrix} - 4\begin{bmatrix} 1 & 0 & 0 \\ 0 & 1 & 0 \\ 0 & 0 & 1 \end{bmatrix}\right\} = \frac{1}{16}\begin{bmatrix} 11 & 5 & -5 \\ 5 & 11 & 5 \\ -5 & 5 & 11 \end{bmatrix}$$

または，$A^{-2} = (A^{-1})^2$

$$= \frac{1}{16}\begin{bmatrix} 3 & 1 & -1 \\ 1 & 3 & 1 \\ -1 & 1 & 3 \end{bmatrix}\begin{bmatrix} 3 & 1 & -1 \\ 1 & 3 & 1 \\ -1 & 1 & 3 \end{bmatrix} = \frac{1}{16}\begin{bmatrix} 11 & 5 & -5 \\ 5 & 11 & 5 \\ -5 & 5 & 11 \end{bmatrix}$$

演習 1.8 $A = \begin{bmatrix} 2 & 1 \\ 2 & 3 \end{bmatrix}$ のとき，

(1) $A^2 - 5A + 4E = O$ を示せ．　(2) (1) を利用して，A^{-1}, A^{-2} を求めよ．

演習 1.9 $X = \begin{bmatrix} x_{11} & x_{12} & x_{13} \\ x_{21} & x_{22} & x_{23} \\ x_{31} & x_{32} & x_{33} \end{bmatrix}$ が $A = \begin{bmatrix} 2 & -1 & 1 \\ -1 & 2 & -1 \\ 1 & -1 & 2 \end{bmatrix}$ に対して，

$XA = E$ を満たすように X を定め，次にこれが $AX = E$ を満たすことを確かめ，X は正則行列であることを示せ．

研究 複素数と行列

$E=\begin{bmatrix}1&0\\0&1\end{bmatrix}$, $I=\begin{bmatrix}0&-1\\1&0\end{bmatrix}$ のとき,

(1) $aE+bI=\begin{bmatrix}a&0\\0&a\end{bmatrix}+\begin{bmatrix}0&-b\\b&0\end{bmatrix}=\begin{bmatrix}a&-b\\b&a\end{bmatrix}=A$ とおく.

(2) $I^2=\begin{bmatrix}-1&0\\0&-1\end{bmatrix}=-E$.

$A^2=(aE+bI)^2=a^2E+2abI+b^2I^2=(a^2-b^2)E+2abI$

(3) 複素数 $z=a+bi \iff$ 行列 $A=\begin{bmatrix}a&-b\\b&a\end{bmatrix}$

複素数 $w=c+di \iff$ 行列 $B=\begin{bmatrix}c&-d\\d&c\end{bmatrix}$ とすると,

複素数 $z\pm w$, zw, z/w $(w\neq 0)$ にはそれぞれ $A\pm B$, AB, AB^{-1} が対応する.

① $z+w=(a+c)+(b+d)i \iff A+B=\begin{bmatrix}a+c&-(b+d)\\b+d&a+c\end{bmatrix}$

② $z-w=(a-c)+(b-d)i \iff A-B=\begin{bmatrix}a-c&-(b-d)\\b-d&a-c\end{bmatrix}$

③ $zw=(ac-bd)+(ad+bc)i \iff AB=\begin{bmatrix}ac-bd&-(ad+bc)\\ad+bc&ac-bd\end{bmatrix}$

④ $w\neq 0$ のときは，$c^2+d^2\neq 0$ であり，$B^{-1}=\dfrac{1}{c^2+d^2}\begin{bmatrix}c&d\\-d&c\end{bmatrix}$

$$\frac{z}{w}=\frac{ac+bd}{c^2+d^2}+\frac{-ad+bc}{c^2+d^2}i \iff AB^{-1}=\frac{1}{c^2+d^2}\begin{bmatrix}ac+bd&-(bc-ad)\\bc-ad&ac+bd\end{bmatrix}$$

(4) 特に $a=\cos\theta$, $b=\sin\theta$ とするとき，$A=A(\theta)$ とおくと,

$$\begin{aligned}A(\theta_1)A(\theta_2)&=\begin{bmatrix}\cos\theta_1&-\sin\theta_1\\\sin\theta_1&\cos\theta_1\end{bmatrix}\begin{bmatrix}\cos\theta_2&-\sin\theta_2\\\sin\theta_2&\cos\theta_2\end{bmatrix}\\&=\begin{bmatrix}\cos\theta_1\cos\theta_2-\sin\theta_1\sin\theta_2&-\cos\theta_1\sin\theta_2-\sin\theta_1\cos\theta_2\\\sin\theta_1\cos\theta_2+\cos\theta_1\sin\theta_2&-\sin\theta_1\sin\theta_2+\cos\theta_1\cos\theta_2\end{bmatrix}\\&=\begin{bmatrix}\cos(\theta_1+\theta_2)&-\sin(\theta_1+\theta_2)\\\sin(\theta_1+\theta_2)&\cos(\theta_1+\theta_2)\end{bmatrix}=A(\theta_1+\theta_2)\end{aligned}$$

よって，$\{A(\theta)\}^n=A(n\theta)$ である．いま,

$$A(\theta)=\cos\theta+i\sin\theta,\quad A(n\theta)=\cos n\theta+i\sin n\theta$$

と考えると，ド・モアブルの定理 $(\cos\theta+i\sin\theta)^n=\cos n\theta+i\sin n\theta$ が得られる.

問の解答（第 1 章）

問 1.1 $\begin{bmatrix} 0 & 1 & 2 & 3 \\ -1 & 0 & 1 & 2 \\ -2 & -1 & 0 & 1 \end{bmatrix}$

問 1.2 $\begin{bmatrix} 0 & 1 & 1 & 1 \\ 1 & 0 & 1 & 1 \\ 1 & 1 & 0 & 1 \\ 1 & 1 & 1 & 0 \end{bmatrix}$

問 1.3 (1) $\begin{bmatrix} 2 & 3 \\ 3 & 4 \\ 4 & 5 \end{bmatrix}$ (2) $\begin{bmatrix} -1 & -4 & -7 \\ 1 & -2 & -5 \\ 3 & 0 & -3 \end{bmatrix}$

問 1.4 $\begin{bmatrix} 1 & 0 & 0 & 0 \\ 1 & {}_1\mathrm{C}_1 & 0 & 0 \\ 1 & {}_2\mathrm{C}_1 & {}_2\mathrm{C}_2 & 0 \\ 1 & {}_3\mathrm{C}_1 & {}_3\mathrm{C}_2 & {}_3\mathrm{C}_3 \end{bmatrix} = \begin{bmatrix} 1 & 0 & 0 & 0 \\ 1 & 1 & 0 & 0 \\ 1 & 2 & 1 & 0 \\ 1 & 3 & 3 & 1 \end{bmatrix}$

問 1.5 与えられた行列と $xX + yY + zZ$ をくらべて，$x = a, y = b, z = c$ を得るから $aX + bY + cZ$

問 1.6 (1) $x = z = -2, y = -3$
(2) x, y, z は存在しない．

問 1.7 $\begin{bmatrix} -3 & 2 \\ 8 & -5 \end{bmatrix}$

問 1.8 (1)

$$\begin{aligned} A(BC) &= \begin{bmatrix} 2 & -5 \\ 3 & 1 \\ -1 & 3 \end{bmatrix} \left\{ \begin{bmatrix} -1 & 0 \\ 2 & -1 \end{bmatrix} \begin{bmatrix} 5 & 6 \\ -2 & 3 \end{bmatrix} \right\} \\ &= \begin{bmatrix} 2 & -5 \\ 3 & 1 \\ -1 & 3 \end{bmatrix} \begin{bmatrix} -5 & -6 \\ 12 & 9 \end{bmatrix} \\ &= \begin{bmatrix} -70 & -57 \\ -3 & -9 \\ 41 & 33 \end{bmatrix} \end{aligned}$$

$$(AB)C = \left\{ \begin{bmatrix} 2 & -5 \\ 3 & 1 \\ -1 & 3 \end{bmatrix} \begin{bmatrix} -1 & 0 \\ 2 & -1 \end{bmatrix} \right\} \begin{bmatrix} 5 & 6 \\ -2 & 3 \end{bmatrix} = \begin{bmatrix} -12 & 5 \\ -1 & -1 \\ 7 & -3 \end{bmatrix} \begin{bmatrix} 5 & 6 \\ -2 & 3 \end{bmatrix}$$

$$= \begin{bmatrix} -70 & -57 \\ -3 & -9 \\ 41 & 33 \end{bmatrix}$$

$$\therefore \quad A(BC) = (AB)C$$

(2)
$$A(B+C) = \begin{bmatrix} 2 & -5 \\ 3 & 1 \\ -1 & 3 \end{bmatrix} \left\{ \begin{bmatrix} -1 & 0 \\ 2 & -1 \end{bmatrix} + \begin{bmatrix} 5 & 6 \\ -2 & 3 \end{bmatrix} \right\}$$
$$= \begin{bmatrix} 2 & -5 \\ 3 & 1 \\ -1 & 3 \end{bmatrix} \begin{bmatrix} 4 & 6 \\ 0 & 2 \end{bmatrix} = \begin{bmatrix} 8 & 2 \\ 12 & 20 \\ -4 & 0 \end{bmatrix}$$
$$AB + AC = \begin{bmatrix} 2 & -5 \\ 3 & 1 \\ -1 & 3 \end{bmatrix} \begin{bmatrix} -1 & 0 \\ 2 & -1 \end{bmatrix} + \begin{bmatrix} 2 & -5 \\ 3 & 1 \\ -1 & 3 \end{bmatrix} \begin{bmatrix} 5 & 6 \\ -2 & 3 \end{bmatrix}$$
$$= \begin{bmatrix} -12 & 5 \\ -1 & -1 \\ 7 & -3 \end{bmatrix} + \begin{bmatrix} 20 & -3 \\ 13 & 21 \\ -11 & 3 \end{bmatrix} = \begin{bmatrix} 8 & 2 \\ 12 & 20 \\ -4 & 0 \end{bmatrix}$$

(3) $\begin{bmatrix} -84 & 19 \\ -41 & -65 \\ 47 & -15 \end{bmatrix}$ (4) $\begin{bmatrix} 40 & -6 \\ 26 & 42 \\ -22 & 6 \end{bmatrix}$ (5) $\begin{bmatrix} 0 & -48 \\ 8 & -8 \end{bmatrix}$

問 1.9 省略

問 1.10 (1) $AB = AC$ の両辺に左から A^{-1} をかけて，$A^{-1}AB = A^{-1}AC$．$A^{-1}A = E$ だから，$EB = EC$． $\therefore$ $B = C$

(2) X を AB の逆行列とすると，$ABX = E$ で，A, X は正則だから，A^{-1} を左から，X^{-1} を右からかけて，$A^{-1}ABXX^{-1} = A^{-1}EX^{-1}$． $\therefore$ $B = A^{-1}X^{-1}$．これより B は A^{-1}, X^{-1} が正則なので正則である．

(3) ① $AB = BA$ に A^{-1} を左からかけて $B = A^{-1}BA$．さらに A^{-1} を右からかけて $BA^{-1} = A^{-1}B$.

② ①で得られた式 $BA^{-1} = A^{-1}B$ に B^{-1} を左右からかけると，

$$B^{-1}BA^{-1}B^{-1} = B^{-1}A^{-1}BB^{-1}$$
$$\therefore \quad A^{-1}B^{-1} = B^{-1}A^{-1}$$

③ $AB = BA$ の両辺を転置すると，${}^t(AB) = {}^t(BA)$．p.12 の定理 1.1 (3) より，${}^tB\,{}^tA = {}^tA\,{}^tB$.

問 1.11
$$A + 2A^{-1} = \begin{bmatrix} 2 & -3 \\ 4 & -5 \end{bmatrix} + \begin{bmatrix} -5 & 3 \\ -4 & 2 \end{bmatrix}$$
$$= \begin{bmatrix} -3 & 0 \\ 0 & -3 \end{bmatrix} = -3E$$

問 1.12 与えられた行列を A とするとき，$AX = E$ をみたす行列を定義にしたがって求める．

$$A^{-1} = \begin{bmatrix} -3 & 2 & 5 \\ 2 & 1 & -2 \\ 0 & 0 & 1 \end{bmatrix}$$

問 1.13 (1) ${}^t(A+{}^tA)={}^tA+{}^t({}^tA)={}^tA+A, {}^t(A\,{}^tA)={}^t({}^tA){}^tA=A\,{}^tA.$
ゆえに対称行列である.
(2) ${}^t(A-{}^tA)={}^tA-{}^t({}^tA)={}^tA-A=-(A-{}^tA).$
ゆえに交代行列である.

問 1.14 ${}^tA=A^{-1}$, ${}^tB=B^{-1}$ とすると, ${}^t(AB)={}^tB\,{}^tA=B^{-1}A^{-1}=(AB)^{-1}$.
ゆえに AB も直交行列である.

問 1.15 (1)
$$A^2=\begin{bmatrix}2&0\\0&3\end{bmatrix}\begin{bmatrix}2&0\\0&3\end{bmatrix}=\begin{bmatrix}2^2&0\\0&3^2\end{bmatrix}$$
$$A^3=\begin{bmatrix}2^2&0\\0&3^2\end{bmatrix}\begin{bmatrix}2&0\\0&3\end{bmatrix}=\begin{bmatrix}2^3&0\\0&3^3\end{bmatrix}$$
$$\cdots$$
$$A^n=\begin{bmatrix}2^n&0\\0&3^n\end{bmatrix}.$$
(2) $A^2=\begin{bmatrix}a^2&2ab\\0&a^2\end{bmatrix}$, $A^3=\begin{bmatrix}a^3&3a^2b\\0&a^3\end{bmatrix}$, $\cdots$, $A^n=\begin{bmatrix}a^n&na^{n-1}b\\0&a^n\end{bmatrix}$

問 1.16
$$A=\left[\begin{array}{cc:c}a_{11}&a_{12}&a_{13}\\a_{21}&a_{22}&a_{23}\\\hdashline a_{31}&a_{32}&a_{33}\end{array}\right]=\begin{bmatrix}P&Q\\R&S\end{bmatrix}$$
$$B=\left[\begin{array}{cc:c}b_{11}&b_{12}&b_{13}\\b_{21}&b_{22}&b_{23}\\\hdashline b_{31}&b_{32}&b_{33}\end{array}\right]=\begin{bmatrix}E&F\\G&H\end{bmatrix}$$
$$AB=\begin{bmatrix}a_{11}b_{11}+a_{12}b_{21}+a_{13}b_{31}&a_{11}b_{12}+a_{12}b_{22}+a_{13}b_{32}&a_{11}b_{13}+a_{12}b_{23}+a_{13}b_{33}\\a_{21}b_{11}+a_{22}b_{21}+a_{23}b_{31}&a_{21}b_{12}+a_{22}b_{22}+a_{23}b_{32}&a_{21}b_{13}+a_{22}b_{23}+a_{23}b_{33}\\a_{31}b_{11}+a_{32}b_{21}+a_{33}b_{31}&a_{31}b_{12}+a_{32}b_{22}+a_{33}b_{32}&a_{31}b_{13}+a_{32}b_{23}+a_{33}b_{33}\end{bmatrix}$$
$$AB=\begin{bmatrix}PE+QG&PF+QH\\RE+SG&RF+SH\end{bmatrix}$$

演習問題解答（第 1 章）

演習 1.1 (1) $(E-A)^2=(E-A)(E-A)=E-A-A+A^2=E-A \quad (A^2=A)$
(2) $(E-A)^2=E-A-A+A^2=E-A-A+E=2(E-A)$

演習 1.2 ${}^t(A^k)=({}^tA)^k=(-A)^k=(-1)^kA^k$. よって k が偶数ならば A^k は対称行列であり, k が奇数ならば A^k は交代行列.

演習 1.3 $AB=BA$ ならば ${}^t(AB)={}^tB\,{}^tA=BA=AB$ より AB は対称行列である.

演習 1.4 (1), (2) ならば A は直交行列だから, ${}^tA=A^{-1}$. また A は対称行列だから, ${}^tA=A$. よって, $A^{-1}=A$. 両辺に左から A をかけて $E=A^2$ で (3) を得る. (2), (3) ならば (3) より $A^{-1}=A$. (2) より $A={}^tA$. $\quad\therefore\quad A^{-1}={}^tA$. よって (1) を得る. (3), (1) ならば, (1) より ${}^tA=A^{-1}$. (3) より $A^{-1}=A$ だから, ${}^tA=A$ となるので A は対称行列である.

演習 1.5 $A^k = O,\ A^{k-1} \neq O$ として，A が正則とすると，$A^{-1}A^k = A^{-1}O = O$ よって，$A^{k-1} = O$ となって矛盾である．ゆえに A は正則でない．

演習 1.6 $A^2 = A, A \neq E$ が正則とするとこの両辺に左から A^{-1} をかけると，
$A^{-1}A^2 = A^{-1}A$. ゆえに $A = E$ となり矛盾する．よって A は正則でない．

演習 1.7 $k = 1$ ならば，$A = E$ で A は正則であり，$A^{-1} = E = A^0$. $k > 1$ ならば，$A^k = E$ は $AA^{k-1} = A^{k-1}A = E$ と同じであり，これは A が正則で，$A^{-1} = A^{k-1}$ であることを意味する．

演習 1.8 (1) $A^2 - 5A + 4E = (A - E)(A - 4E)$

$$= \begin{bmatrix} 1 & 1 \\ 2 & 2 \end{bmatrix} \begin{bmatrix} -2 & 1 \\ 2 & -1 \end{bmatrix} = \begin{bmatrix} 0 & 0 \\ 0 & 0 \end{bmatrix}$$

(2) p.12 の定理 1.3 において $\Delta = 6 - 2 = 4 \neq 0$ であるので A は正則である．(1) において左から A^{-1} をかけて，

$$A^{-1}(A^2 - 5A + 4E) = A - 5E + 4A^{-1} = O$$

$$\therefore \quad A^{-1} = \frac{1}{4}(5E - A)$$

$$\therefore \quad A^{-1} = \frac{1}{4}\left\{5\begin{bmatrix} 1 & 0 \\ 0 & 1 \end{bmatrix} - \begin{bmatrix} 2 & 1 \\ 2 & 3 \end{bmatrix}\right\} = \frac{1}{4}\begin{bmatrix} 3 & -1 \\ -2 & 2 \end{bmatrix}$$

同様に (1) において，左から A^{-2} をかけて，

$$A^{-2}(A^2 - 5A + 4E) = E - 5A^{-1} + 4A^{-2} = O$$

$$\begin{aligned} \therefore \quad A^{-2} = \frac{1}{4}(5A^{-1} - E) &= \frac{1}{4}\left\{\frac{5}{4}\begin{bmatrix} 3 & -1 \\ -2 & 2 \end{bmatrix} - \begin{bmatrix} 1 & 0 \\ 0 & 1 \end{bmatrix}\right\} \\ &= \frac{1}{16}\left\{5\begin{bmatrix} 3 & -1 \\ -2 & 2 \end{bmatrix} - 4\begin{bmatrix} 1 & 0 \\ 0 & 1 \end{bmatrix}\right\} \\ &= \frac{1}{16}\begin{bmatrix} 11 & -5 \\ -10 & 6 \end{bmatrix} \end{aligned}$$

演習 1.9 $XA = E, \begin{bmatrix} x_{11} & x_{12} & x_{13} \\ x_{21} & x_{22} & x_{23} \\ x_{31} & x_{32} & x_{33} \end{bmatrix} \begin{bmatrix} 2 & -1 & 1 \\ -1 & 2 & -1 \\ 1 & -1 & 2 \end{bmatrix} = \begin{bmatrix} 1 & 0 & 0 \\ 0 & 1 & 0 \\ 0 & 0 & 1 \end{bmatrix}$ を満たす X を求めると次のようになる．$X = \dfrac{1}{4}\begin{bmatrix} 3 & 1 & -1 \\ 1 & 3 & 1 \\ -1 & 1 & 3 \end{bmatrix}$.

これを用いて，

$$AX = \frac{1}{4}\begin{bmatrix} 2 & -1 & 1 \\ -1 & 2 & -1 \\ 1 & -1 & 2 \end{bmatrix}\begin{bmatrix} 3 & 1 & -1 \\ 1 & 3 & 1 \\ -1 & 1 & 3 \end{bmatrix} = \begin{bmatrix} 1 & 0 & 0 \\ 0 & 1 & 0 \\ 0 & 0 & 1 \end{bmatrix} = E$$

となる．ゆえに X は正則行列である．

2 行基本操作とその応用

2.1 行基本操作，基本行列

◆ **行基本操作**　行列に対する次の 3 つの操作を**行基本操作**または**行基本変形**という．

行基本操作
- (I)　2 つの行を入れかえる．
- (II)　1 つの行に他の行の定数倍を加える．
- (III)　1 つの行に 0 でない数をかける．

行列 A が行基本操作によって行列 B に変形されることを $A \to B$ で表す．

◆ **基本行列**　n 次単位行列にそれぞれ行基本操作 (I), (II), (III) を行って得られる次の 3 種類の行列を**基本行列**という．

(I)

$$P_{ij}=\begin{bmatrix} 1 & & & \vdots & & & \vdots & & \\ & \ddots & & \vdots & & & \vdots & & O \\ & & 1 & \vdots & & & \vdots & & \\ \cdots & \cdots & \cdots & 0 & \cdots & \cdots & 1 & \cdots & \cdots \\ & & & \vdots & 1 & & \vdots & & \\ & & & \vdots & & \ddots\;1 & \vdots & & \\ \cdots & \cdots & \cdots & 1 & \cdots & \cdots & 0 & \cdots & \cdots \\ & O & & \vdots & & & \vdots & 1 & \\ & & & \vdots & & & \vdots & \ddots & 1 \end{bmatrix}\begin{matrix} \\ \\ \\ \leftarrow \text{第 } i \text{ 行} \\ \\ \\ \leftarrow \text{第 } j \text{ 行} \\ \\ \\ \end{matrix}$$

（↓第 i 列，↓第 j 列）

- $P_{ij} \cdots$ 単位行列の i 行と j 行を入れかえた行列．
- $P_{ij}A \cdots$ 行列 A の i 行と j 列を入れかえた行列 (行基本操作 (I))．

(II)

$$Q_{ij}(c)=\begin{bmatrix} 1 & & \vdots & & \vdots & O \\ & \ddots & \vdots & & \vdots & \\ \cdots & \cdots & 1 & \cdots\;\cdots & c & \cdots\;\cdots \\ & & \vdots & \ddots & \vdots & \\ \cdots & \cdots & 0 & \cdots\;\cdots & 1 & \cdots\;\cdots \\ & O & \vdots & & \vdots & \ddots \\ & & \vdots & & \vdots & \quad 1 \end{bmatrix}\begin{matrix} \\ \\ \leftarrow \text{第 } i \text{ 行} \\ \\ \leftarrow \text{第 } j \text{ 行} \\ \\ \\ \end{matrix}$$

（↓第 i 列，↓第 j 列）

- $Q_{ij}(c) \cdots i < j$ のとき，単位行列の i 行に j 行の c $(\fallingdotseq 0)$ 倍を加えた行列．
- $Q_{ij}(c)A \cdots$ 行列 A の i 行に j 行の c 倍を加えた行列 (行基本操作 (II))．

(III)

$$R_i(c)=\begin{bmatrix} 1 & & & \vdots & & \\ & \ddots & & \vdots & & O \\ & & 1 & \vdots & & \\ \cdots & \cdots & \cdots & c & \cdots & \cdots \\ & & & \vdots & 1 & \\ & O & & \vdots & & \ddots \\ & & & \vdots & & \quad 1 \end{bmatrix}\begin{matrix} \\ \\ \\ \leftarrow \text{第 } i \text{ 行} \\ \\ \\ \\ \end{matrix}$$

（↓第 i 列）

- $R_i(c) \cdots$ 単位行列の i 行を c $(\fallingdotseq 0)$ 倍した行列．
- $R_i(c)A \cdots$ 行列 A の i 行を c 倍した行列 (行基本操作 (III))．

より理解を深めるために

行基本操作を消去法の言葉になおすと次のようになる．

(I)′　2つの方程式を入れかえる．

(II)′　1つの方程式に他の方程式を何倍かしたものを加える．

(III)′　1つの方程式に0でない数をかける．

例 2.1　**連立1次方程式の消去法による解法と行列を用いた解法**

次のように左側の欄に連立1次方程式を消去法で解き，右側の欄には x, y, z や等号を省略し係数だけに着目して，与えられた方程式に対応した行列をつくり，その行列に対して，行基本操作(I), (II), (III) を行って，最後に到達した行列を式にもどして表せば同じ解が得られる (左側では①, ②, ③はそれぞれすぐ前の連立1次方程式の第1行，第2行，第3行を表すものとし，右側ではすぐ前の行列の第1行，第2行，第3行を表すものとする).

$\begin{cases} x-2y+3z=1 \\ 3x+y-5z=-4 \\ -2x+6y-9z=-2 \end{cases}$	$\begin{bmatrix} 1 & -2 & 3 & 1 \\ 3 & 1 & -5 & -4 \\ -2 & 6 & -9 & -2 \end{bmatrix}$
$\begin{cases} x-2y+3z=1 & \\ 7y-14z=-7 & \text{②}+\text{①}\times(-3) \\ 2y-3z=0 & \text{③}+\text{①}\times 2 \end{cases}$	$\begin{bmatrix} 1 & -2 & 3 & 1 \\ 0 & 7 & -14 & -7 \\ 0 & 2 & -3 & 0 \end{bmatrix}\begin{matrix} \\ \text{②}+\text{①}\times(-3) \\ \text{③}+\text{①}\times 2 \end{matrix}$
$\begin{cases} x-2y+3z=1 & \\ y-2z=-1 & \text{②}\times 1/7 \\ 2y-3z=0 & \end{cases}$	$\begin{bmatrix} 1 & -2 & 3 & 1 \\ 0 & 1 & -2 & -1 \\ 0 & 2 & -3 & 0 \end{bmatrix}\begin{matrix} \\ \text{②}\times 1/7 \\ \\ \end{matrix}$
$\begin{cases} x-2y+3z=1 & \\ y-2z=-1 & \\ z=2 & \text{③}+\text{②}\times(-2) \end{cases}$	$\begin{bmatrix} 1 & -2 & 3 & 1 \\ 0 & 1 & -2 & -1 \\ 0 & 0 & 1 & 2 \end{bmatrix}\begin{matrix} \\ \\ \text{③}+\text{②}\times(-2) \end{matrix}$
$\begin{cases} x-2y=-5 & \text{①}+\text{③}\times(-3) \\ y=3 & \text{②}+\text{③}\times 2 \\ z=2 & \end{cases}$	$\begin{bmatrix} 1 & -2 & 0 & -5 \\ 0 & 1 & 0 & 3 \\ 0 & 0 & 1 & 2 \end{bmatrix}\begin{matrix} \text{①}+\text{③}\times(-3) \\ \text{②}+\text{③}\times 2 \\ \\ \end{matrix}$
$\begin{cases} x=1 & \text{①}+\text{②}\times 2 \\ y=3 & \\ z=2 & \end{cases}$	$\begin{bmatrix} 1 & 0 & 0 & 1 \\ 0 & 1 & 0 & 3 \\ 0 & 0 & 1 & 2 \end{bmatrix}\begin{matrix} \text{①}+\text{②}\times 2 \\ \\ \\ \end{matrix}$
$\therefore\quad x=1,\ y=3,\ z=2$	$\therefore\quad x=1,\ y=3,\ z=2$

ここで見たことを一般化し連立1次方程式の消去法による解法は，行列の言葉でおきかえることによって，より理論的に構成されることを見ていこう．

より理解を深めるために

例題 2.1　　**基本行列**

4×3 行列 A に 4 次の 3 つの基本行列 $P_{23}, Q_{23}(c), R_3(c)$ $(c\neq 0)$ を左からかけると，A の行基本操作が得られることを示せ．

【解】

(1)　$$P_{23}A=\begin{bmatrix}1&0&0&0\\0&0&1&0\\0&1&0&0\\0&0&0&1\end{bmatrix}\begin{bmatrix}a_{11}&a_{12}&a_{13}\\a_{21}&a_{22}&a_{23}\\a_{31}&a_{32}&a_{33}\\a_{41}&a_{42}&a_{43}\end{bmatrix}=\begin{bmatrix}a_{11}&a_{12}&a_{13}\\a_{31}&a_{32}&a_{33}\\a_{21}&a_{22}&a_{23}\\a_{41}&a_{42}&a_{43}\end{bmatrix}$$

(第 2 行と第 3 行を入れかえる)

(2)　$$Q_{23}(c)A=\begin{bmatrix}1&0&0&0\\0&1&c&0\\0&0&1&0\\0&0&0&1\end{bmatrix}\begin{bmatrix}a_{11}&a_{12}&a_{13}\\a_{21}&a_{22}&a_{23}\\a_{31}&a_{32}&a_{33}\\a_{41}&a_{42}&a_{43}\end{bmatrix}$$

$$=\begin{bmatrix}a_{11}&a_{12}&a_{13}\\a_{21}+ca_{31}&a_{22}+ca_{32}&a_{23}+ca_{33}\\a_{31}&a_{32}&a_{33}\\a_{41}&a_{42}&a_{43}\end{bmatrix}$$

(第 2 行に第 3 行を c $(c\neq 0)$ 倍したものを加える)

(3)　$$R_3(c)A=\begin{bmatrix}1&0&0&0\\0&1&0&0\\0&0&c&0\\0&0&0&1\end{bmatrix}\begin{bmatrix}a_{11}&a_{12}&a_{13}\\a_{21}&a_{22}&a_{23}\\a_{31}&a_{32}&a_{33}\\a_{41}&a_{42}&a_{43}\end{bmatrix}=\begin{bmatrix}a_{11}&a_{12}&a_{13}\\a_{21}&a_{22}&a_{23}\\ca_{31}&ca_{32}&ca_{33}\\a_{41}&a_{42}&a_{43}\end{bmatrix}$$

(第 3 行を c 倍 $(c\neq 0)$ する)

注意 2.1
- 直前の行列の第 i 行と第 j 行を入れかえる操作を ⓘ ↔ ⓙ
- 直前の行列の第 i 行に第 j 行の c $(\neq 0)$ 倍を加える操作を ⓘ + ⓙ × c
- 直前の行列の第 i 行を c $(\neq 0)$ 倍する操作を ⓘ × c と書くことにする．

(解答は章末の p.44 以降に掲載されています.)

問 2.1　行列 $A=\begin{bmatrix}2&2&7\\4&6&9\\3&3&6\end{bmatrix}$ に次の行基本操作を順に行え．

(1)　① ↔ ③　　(2)　① × 1/3　　(3)　② + ① × (−4)
(4)　③ + ① × (−2)

● **より理解を深めるために**

例 2.2 p.26 の各基本行列を行ベクトルに分割して, 行列 A の左からかけると次のことがわかる.

$$R_i(c)A = \begin{bmatrix} \boldsymbol{e}_1 \\ \vdots \\ c\boldsymbol{e}_i \\ \vdots \\ \boldsymbol{e}_n \end{bmatrix} A = \begin{bmatrix} \boldsymbol{e}_1 A \\ \vdots \\ c\boldsymbol{e}_i A \\ \vdots \\ \boldsymbol{e}_n A \end{bmatrix} \quad : A \text{ の第 } i \text{ 行を } c \text{ 倍した行列.}$$

$$Q_{ij}(c)A = \begin{bmatrix} \boldsymbol{e}_1 \\ \vdots \\ \boldsymbol{e}_i + c\boldsymbol{e}_j \\ \vdots \\ \boldsymbol{e}_j \\ \vdots \\ \boldsymbol{e}_n \end{bmatrix} A = \begin{bmatrix} \boldsymbol{e}_1 A \\ \vdots \\ \boldsymbol{e}_i A + c\boldsymbol{e}_j A \\ \vdots \\ \boldsymbol{e}_j A \\ \vdots \\ \boldsymbol{e}_n A \end{bmatrix} \quad : \begin{array}{l} A \text{ の第 } i \text{ 行に, 第 } j \text{ 行} \\ \text{ の } c \text{ 倍を加えた行列.} \end{array}$$

$$P_{ij}A = \begin{bmatrix} \boldsymbol{e}_1 \\ \vdots \\ \boldsymbol{e}_j \\ \vdots \\ \boldsymbol{e}_i \\ \vdots \\ \boldsymbol{e}_n \end{bmatrix} A = \begin{bmatrix} \boldsymbol{e}_1 A \\ \vdots \\ \boldsymbol{e}_j A \\ \vdots \\ \boldsymbol{e}_i A \\ \vdots \\ \boldsymbol{e}_n A \end{bmatrix} \quad : A \text{ の第 } i \text{ 行と第 } j \text{ 行を入れかえた行列.}$$

例 2.3 $i > j$ のとき, 基本行列 $Q_{ij}(c)$ は次のように表される.

第 j 列 第 i 列
↓   ↓

$$Q_{ij}(c) = \begin{bmatrix} 1 & & & & & O \\ & \ddots & & & & \\ \cdots & \cdots & 1 & \cdots & 0 & \cdots \\ & & & \ddots & & \\ \cdots & \cdots & c & \cdots & 1 & \cdots \\ O & & & & & \ddots \\ & & & & & & 1 \end{bmatrix} \begin{array}{l} \leftarrow \text{第 } j \text{ 行} \\ \\ \leftarrow \text{第 } i \text{ 行} \end{array}$$

問 2.2 次のかけ算をせよ.

(1) $R_3\left(\dfrac{1}{3}\right) \begin{bmatrix} 1 & 4 & 7 \\ 2 & 5 & 8 \\ 3 & 6 & 9 \end{bmatrix}$ (2) $Q_{21}(-2) \begin{bmatrix} 1 & 2 & 3 \\ 2 & 5 & 8 \\ 0 & 1 & 2 \end{bmatrix}$ (3) $P_{13} \begin{bmatrix} 8 & 1 & 6 \\ 3 & 5 & 7 \\ 4 & 9 & 2 \end{bmatrix}$

2.2 基本行列の正則性，階段行列，行列の階数

定理 2.1 (基本行列の正則性，基本行列の逆行列)　すべての基本行列は正則で，その逆行列は同じ型の基本行列である．すなわち，次のようになる．

$$R_i(c)^{-1} = R_i\left(\frac{1}{c}\right), \quad Q_{ij}(c)^{-1} = Q_{ij}(-c), \quad P_{ij}^{-1} = P_{ij}$$

◆ **階段行列**　適当な行基本操作を何回か繰り返すことによって，与えられた行列は**階段行列**とよばれる特別な形の行列に変形できる．ここで $m \times n$ の階段行列とは，次の 3 条件を満たす行列をいう．

(1)　ある k $(1 \leqq k \leqq m)$ に対して，第 1 行から第 k 行まではどれも零ベクトルでなく，残りの $m-k$ 個の行はすべて零ベクトルである．

(2)　第 i 行 $(1 \leqq i \leqq k)$ の成分を左から順に見て，0 でない最初の数は 1 である．またこの 1 が第 i 行の q_i 番目にあったとすると

$$q_1 < q_2 < \cdots < q_k.$$

(3)　第 q_i 列 $(1 \leqq i \leqq k)$ は i 番目の成分が 1 で他の成分がすべて 0 の列ベクトルである．

階段行列の例

$$\begin{array}{c} \quad q_1 \qquad q_2 \qquad\quad q_3 \\ \begin{bmatrix} 0 & 1 & * & 0 & * & * & 0 & * \\ 0 & 0 & 0 & 1 & * & * & 0 & * \\ 0 & 0 & 0 & 0 & 0 & 0 & 1 & * \\ 0 & 0 & 0 & 0 & 0 & 0 & 0 & 0 \\ 0 & 0 & 0 & 0 & 0 & 0 & 0 & 0 \end{bmatrix} \end{array}$$

5×8 の階段行列で，$k = 3$，$q_1 = 2$，$q_2 = 4$，$q_3 = 7$ の場合である．
$*$ は任意の数を表す．

◆ **行列の階数**　階段行列の零ベクトルでない行の数 (すなわち，階段行列の階段の数) k を**行列 $\boldsymbol{A}$ の階数**といい，$\operatorname{rank} A$ で表す．零行列の階数は 0 と約束する．

注意 2.2　零行列でない $m \times n$ 行列 A の階数は自然数で

$$\operatorname{rank} A \leqq \min(m, n), \quad \operatorname{rank} \lambda A = \operatorname{rank} A \quad (\lambda \neq 0)$$

また，n 次単位行列 E に対しては，$\operatorname{rank} E = n$.

定理 2.2 (変形定理)　任意の行列 A は，適当な行基本操作を何回か行うことにより，階段行列 B に変形できる．特に (一連の行基本操作に対応する基本行列の積の形をした) 正則行列 P が存在して，次のように表すことができる．

$$B = PA$$ (⇨ p.31 の例題 2.3)

より理解を深めるために

例題 2.3　　　　　　　　　　　　　　　　　　　　階段行列，行列の階数

$$A = \begin{bmatrix} 2 & 3 & -1 & -3 \\ -1 & 2 & 2 & 1 \\ 1 & 1 & -1 & -2 \end{bmatrix}$$ を階段行列になおして階数を求めよ．

【解】

2	3	−1	−3		
−1	2	2	1		A
1	1	−1	−2		
0	1	1	1	① + ③ × (−2)	
0	3	1	−1	② + ③	$Q_{23}(1)Q_{13}(-2)A = A_1$
1	1	−1	−2		
1	1	−1	−2	① ↔ ③	
0	3	1	−1		$P_{13}A_1 = A_2$
0	1	1	1		
1	0	−2	−3	① + ③ × (−1)	
0	0	−2	−4	② + ③ × (−3)	$Q_{23}(-3)Q_{13}(-1)A_2 = A_3$
0	1	1	1		
1	0	−2	−3		
0	0	1	2	② × (−1/2)	$R_2(-1/2)A_3 = A_4$
0	1	1	1		
1	0	−2	−3		
0	1	1	1	② ↔ ③	$P_{23}A_4 = A_5$
0	0	1	2		
1	0	0	1	① + ③ × 2	
0	1	0	−1	② + ③ × (−1)	$Q_{23}(-1)Q_{13}(2)A_5 = A_6$
0	0	1	2		

$\therefore$　rank $A = 3$

実際の計算ではこの欄は書かない．

問 2.3　次の行列の階段行列と階数を求めよ．

(1) $\begin{bmatrix} 1 & 2 & 4 & 3 \\ 0 & 1 & 3 & 1 \\ 2 & 1 & -1 & 3 \end{bmatrix}$　　(2) $\begin{bmatrix} 2 & 1 & 0 & 4 \\ 1 & 0 & 2 & 2 \\ 3 & 2 & 1 & 9 \end{bmatrix}$

問 2.4　p.30 の定理 2.1 を証明せよ．

2.3　行列の正則性の判定，逆行列の求め方，連立1次方程式の解

◆ 行列の正則性の判定，逆行列の求め方

定理 2.3　(正則性の判定)　n 次正方行列 A に対して，次の 3 つは同値である．
(1)　A が正則　　(2)　$\mathrm{rank}\, A = n$　　(3)　A の階段行列が単位行列 E_n

定理 2.4　(正則行列と基本行列)　正則行列はいくつかの基本行列の積で表せる．

定理 2.5　(逆行列の求め方)　A を n 次正則行列とするとき，$n \times 2n$ 行列 $\left[\begin{array}{c|c} A & E \end{array}\right]$ は行基本変形を用いて，$\left[\begin{array}{c|c} E & A^{-1} \end{array}\right]$ の形に変形できる．

◆ 連立1次方程式の行列表現

$x_1, x_2, \cdots, x_n$ を未知数とする連立1次方程式

$$\begin{cases} a_{11}x_1 + a_{12}x_2 + \cdots + a_{1n}x_n = b_1 \\ a_{21}x_1 + a_{22}x_2 + \cdots + a_{2n}x_n = b_2 \\ \quad\vdots \qquad\quad \vdots \qquad\qquad\quad \vdots \qquad \vdots \\ a_{m1}x_1 + a_{m2}x_2 + \cdots + a_{mn}x_n = b_m \end{cases} \quad \begin{pmatrix} n \text{ は未知数の個数,} \\ m \text{ は方程式の個数.} \end{pmatrix} \qquad \cdots ①$$

は，$A = \begin{bmatrix} a_{11} & a_{12} & \cdots & a_{1n} \\ \vdots & \vdots & & \vdots \\ a_{m1} & a_{m2} & \cdots & a_{mn} \end{bmatrix}$，$\boldsymbol{x} = \begin{bmatrix} x_1 \\ \vdots \\ x_n \end{bmatrix}$，$\boldsymbol{b} = \begin{bmatrix} b_1 \\ \vdots \\ b_m \end{bmatrix}$ とおくと，$A\boldsymbol{x} = \boldsymbol{b}$　$\cdots ②$

の形に表される．A を①の**係数行列**といい，次の行列を**拡大係数行列**という．

$$\left[\begin{array}{c|c} A & \boldsymbol{b} \end{array}\right] = \left[\begin{array}{ccc|c} a_{11} & \cdots & a_{1n} & b_1 \\ \vdots & & \vdots & \vdots \\ a_{m1} & \cdots & a_{mn} & b_m \end{array}\right]$$

◆ 連立1次方程式の解，解の自由度

定理 2.6　(解の存在定理)
連立1次方程式 $A\boldsymbol{x} = \boldsymbol{b}$ が解をもつ $\Leftrightarrow$ $\mathrm{rank}\, A = \mathrm{rank}\left[\begin{array}{c|c} A & \boldsymbol{b} \end{array}\right]$

定理 2.7　(1組の解や無数の解をもつ条件)　未知数が n 個の連立1次方程式 $A\boldsymbol{x} = \boldsymbol{b}$ において，次が成り立つ．
(1)　$A\boldsymbol{x} = \boldsymbol{b}$ が1組の解をもつ $\Leftrightarrow$ $\mathrm{rank}\left[\begin{array}{c|c} A & \boldsymbol{b} \end{array}\right] = \mathrm{rank}\, A =$ 未知数の個数 n.
(2)　$A\boldsymbol{x} = \boldsymbol{b}$ が無数の解をもつ $\Leftrightarrow$ $\mathrm{rank}\left[\begin{array}{c|c} A & \boldsymbol{b} \end{array}\right] = \mathrm{rank}\, A <$ 未知数の個数 n.
$n - \mathrm{rank}\, A$ はすべての解を表すのに必要な任意定数の個数で**解の自由度**という．

より理解を深めるために

例題 2.4 ――――――――――――――――――――――――――――――― 正則行列

次を証明せよ．

(1) n 次正方行列 A に対して次の 3 つは同値である (定理 2.3).

① A が正則 ② $\operatorname{rank} A = n$ ③ A の階段行列が単位行列 E

(2) 正則行列はいくつかの基本行列の積で表せる (定理 2.4).

【証明】 (1) A の階段行列を $B = PA$ (P は正則) (➪ p.30 の定理 2.2) とする．

〔① ⇒ ② の証明〕 A が正則ならば $B = PA$ も正則となる．したがって，B の行ベクトルの中に零ベクトルは 1 つも含まれない．よって，$\operatorname{rank} A = n$.

〔② ⇒ ③ の証明〕 $\operatorname{rank} A = n$ のとき，階段行列の定義により，i 番目の成分が 1 で他の成分がすべて 0 のベクトルを $\boldsymbol{e}_i$ で表すと，B は $\boldsymbol{e}_1, \boldsymbol{e}_2, \cdots, \boldsymbol{e}_n$ を列ベクトルとする n 次正方行列，すなわち単位行列である．

〔③ ⇒ ① の証明〕 $B = E$ ならば，$PA = E$ より，P^{-1} を左からかけて，

$$P^{-1}PA = P^{-1}E \qquad \therefore \quad A = P^{-1}. \quad \text{ゆえに } A \text{ は正則である．}$$

(2) 上記 (1) より正則行列 A の階段行列は単位行列 E である．また，p.30 の定理 2.2 により，適当な基本行列の積で表される正則行列

$$P = P_r P_{r-1} \cdots P_2 P_1$$

が存在して，$PA = E$ と表せる．このとき $A = P^{-1} = P_1^{-1} P_2^{-1} \cdots P_r^{-1}$ で，基本行列の逆行列 P_i^{-1} もまた基本行列だから，A は基本行列の積で表される．

例題 2.5 ――――――――――――――――――――――――――――――― 階段行列

次の型の階段行列をすべて求めよ．

(1) 2 次正方行列 (2) 3×2 の行列

【解】 (1) $\begin{bmatrix} 1 & * \\ 0 & 0 \end{bmatrix}, \begin{bmatrix} 0 & 1 \\ 0 & 0 \end{bmatrix}, \begin{bmatrix} 1 & 0 \\ 0 & 1 \end{bmatrix}$ ($*$ は任意の数)

(2) $\begin{bmatrix} 1 & * \\ 0 & 0 \\ 0 & 0 \end{bmatrix}, \begin{bmatrix} 0 & 1 \\ 0 & 0 \\ 0 & 0 \end{bmatrix}, \begin{bmatrix} 1 & 0 \\ 0 & 1 \\ 0 & 0 \end{bmatrix}$

問 2.5 次の行列を基本行列の積で表せ．

(1) $\begin{bmatrix} 0 & -1 \\ 1 & 0 \end{bmatrix}$ (2) $\begin{bmatrix} 0 & 1 & 0 \\ 0 & 0 & 2 \\ 3 & 0 & 0 \end{bmatrix}$ (3) $\begin{bmatrix} 1 & 1 & 1 \\ 0 & 1 & 1 \\ 0 & 0 & 1 \end{bmatrix}$

より理解を深めるために

例題 2.6 正則性の判定，逆行列の求め方

次の行列が正則か否かを調べ，正則ならば逆行列を求めよ．

$$A = \begin{bmatrix} 1 & 2 & -1 \\ -1 & -1 & 2 \\ 2 & -1 & 1 \end{bmatrix}$$

【解】 p.32 の定理 2.5 を用いる．A の右側に単位行列 E をつけ加えた 3×6 行列 $\left[\, A \,\vdots\, E \,\right]$ を掃き出すことによって求める．

● **逆行列の求め方** ●

(1) n 次正方行列 A に対し，$n \times 2n$ 行列 $\left[\, A \,\vdots\, E \,\right]$ をつくる．

(2) $\left[\, A \,\vdots\, E \,\right]$ の左半分が E になるように，行基本操作を行う．

(3) このときの右半分が A の逆行列 A^{-1} である．

$$\left[\, A \,\vdots\, E \,\right] \xrightarrow{\text{行基本操作}} \left[\, E \,\vdots\, A^{-1} \,\right]$$

(4) 上の方法を用いるとき，A が正則行列でないならば，$\left[\, A \,\vdots\, E \,\right]$ の左半分は行基本操作によって，単位行列 E になおすことができない．

A			E			
1	2	−1	1	0	0	
−1	−1	2	0	1	0	
2	−1	1	0	0	1	
1	2	−1	1	0	0	
0	1	1	1	1	0	② + ①
0	−5	3	−2	0	1	③ + ① × (−2)
1	0	−3	−1	−2	0	① + ② × (−2)
0	1	1	1	1	0	
0	0	8	3	5	1	③ + ② × 5
1	0	−3	−1	−2	0	
0	1	1	1	1	0	
0	0	1	3/8	5/8	1/8	③ × 1/8
1	0	0	1/8	−1/8	3/8	① + ③ × 3
0	1	0	5/8	3/8	−1/8	② + ③ × (−1)
0	0	1	3/8	5/8	1/8	

$$\therefore \quad A^{-1} = \begin{bmatrix} 1/8 & -1/8 & 3/8 \\ 5/8 & 3/8 & -1/8 \\ 3/8 & 5/8 & 1/8 \end{bmatrix}$$

追記 2.1 右上の表の着色部分のように，1 つの列の 1 つの成分を除き (この例は (1,1) 成分)，その他の成分がすべて 0 である行列へと行基本操作により変形する方法を**掃き出し法**といい，この操作をその列を**掃き出す**ともいう．

問 2.6 次の行列が正則か否かを調べ，正則なら逆行列を求めよ．

(1) $\begin{bmatrix} 1 & -1 & -1 \\ -1 & 2 & 2 \\ 2 & 1 & 2 \end{bmatrix}$ (2) $\begin{bmatrix} 1 & 2 & 3 \\ 2 & 4 & 5 \\ 3 & 5 & 6 \end{bmatrix}$

より理解を深めるために

例題 2.7 ——— 連立 1 次方程式の解の存在

連立 1 次方程式 $\begin{cases} x_1 + x_2 + x_3 = 2 \\ 2x_1 + x_2 \quad\quad = 3 \\ 2x_1 \quad\quad + x_3 = -1 \\ x_1 \quad\quad - x_3 = a \end{cases}$ を解け．

【解】 右のように計算すると，$a \fallingdotseq 1$ のとき，$\mathrm{rank}\left[\, A \mid \boldsymbol{b} \,\right] = 4, \mathrm{rank}\, A = 3$ であるから，

$$\mathrm{rank}\left[\, A \mid \boldsymbol{b} \,\right] \fallingdotseq \mathrm{rank}\, A$$

であるので，p.32 の定理 2.6 より，与えられた連立 1 次方程式は解をもたない．

$a = 1$ のときは，

$$\mathrm{rank}\left[\, A \mid \boldsymbol{b} \,\right] = \mathrm{rank}\, A = 3$$

で，未知数の個数は 3 であるから，p.32 の定理 2.7 (1) により，1 組の解をもつ．

最後に得られた結果から，$a = 1$ のとき，

$$\begin{cases} x_1 = 0 \\ x_2 = 3 \\ x_3 = -1 \end{cases}$$

である．前にも述べたように，$a \fallingdotseq 1$ のときは解をもたない．

拡大係数行列

1	1	1	2	
2	1	0	3	
2	0	1	−1	
1	0	−1	a	
1	1	1	2	掃き出し (1, 1)
0	−1	−2	−1	
0	−2	−1	−5	
0	−1	−2	$a-2$	
1	1	1	2	
0	1	2	1	② × (−1)
0	0	3	−3	③ + ② × (−2)
0	0	0	$a-1$	④ + ② × (−1)
1	1	1	2	
0	1	2	1	
0	0	1	−1	③ × 1/3
0	0	0	0	$a = 1$ を代入
1	0	−1	1	
0	1	2	1	掃き出し (2, 2)
0	0	1	−1	
0	0	0	0	
1	0	0	0	
0	1	0	3	
0	0	1	−1	掃き出し (3, 3)
0	0	0	0	

問 2.7 次の連立 1 次方程式を解け．

(1) $\begin{cases} x_1 + x_2 - x_3 = 1 \\ 2x_1 + x_2 + 3x_3 = 4 \\ -x_1 + 2x_2 - 4x_3 = -2 \end{cases}$

(2) $\begin{cases} x_1 + 2x_2 - 8x_3 - 3x_4 = 1 \\ 2x_1 - x_2 - x_3 + 4x_4 = 7 \\ 3x_1 + 2x_2 - 12x_3 - x_4 = 6 \end{cases}$

より理解を深めるために

例題 2.8　**連立 1 次方程式の解法 (1 組の解がある場合)**

連立 1 次方程式 $\begin{cases} x_1 - 2x_2 + 5x_3 = 0 \\ -3x_1 + x_2 + 2x_3 = -3 \\ 2x_1 - x_2 + x_3 = 3 \\ 4x_1 - 2x_2 - 3x_3 = 1 \end{cases}$ を解け.

【解】

拡大係数行列 $\left[\, A \;\vdots\; \boldsymbol{b} \,\right]$

1	−2	5	0	
−3	1	2	−3	
2	−1	1	3	
4	−2	−3	1	
1	−2	5	0	掃き出し (1, 1)
0	−5	17	−3	
0	3	−9	3	
0	6	−23	1	
1	−2	5	0	
0	−5	17	−3	
0	1	−3	1	③ × 1/3
0	6	−23	1	
1	−2	5	0	
0	1	−3	1	② ↔ ③
0	−5	17	−3	
0	6	−23	1	

(左からつづく)

1	0	−1	2	
0	1	−3	1	掃き出し (2, 2)
0	0	2	2	
0	0	−5	−5	
1	0	−1	2	
0	1	−3	1	
0	0	1	1	③ × 1/2
0	0	−1	−1	④ × 1/5
1	0	0	3	
0	1	0	4	
0	0	1	1	掃き出し (3, 3)
0	0	0	0	

$\therefore\quad \operatorname{rank}\left[\, A \;\vdots\; \boldsymbol{b} \,\right] = \operatorname{rank} A = 3.$

よって，p.32 の定理 2.7 (1) により，1 組の解をもつ.

$$\begin{cases} x_1 = 3 \\ x_2 = 4 \\ x_3 = 1 \end{cases}$$

問 2.8　次の連立 1 次方程式を解け.

(1) $\begin{cases} 2x_1 + 5x_2 - x_3 = 7 \\ -2x_1 - 6x_2 + 7x_3 = -3 \\ x_1 + 3x_2 - x_3 = 4 \\ - x_2 + 6x_3 = 4 \end{cases}$　　(2) $\begin{cases} 2x_1 - 3x_2 + 5x_3 = -3 \\ x_1 + x_2 - x_3 = 0 \\ -3x_1 - 6x_2 + 2x_3 = -7 \end{cases}$

(3) $\begin{cases} x_1 + 2x_2 + 3x_3 = 4 \\ 2x_1 + 5x_2 + 3x_3 = 13 \\ x_1 + 8x_3 = -5 \end{cases}$

より理解を深めるために

例題 2.9 連立 1 次方程式の解法 (解が無数に存在する場合)

連立 1 次方程式 $\begin{cases} x_1 - 3x_2 + x_4 + 2x_5 = 3 \\ 3x_1 - 9x_2 + 2x_3 + 4x_4 + 3x_5 = 9 \\ 2x_1 - 6x_2 + x_3 + 2x_4 + 4x_5 = 8 \end{cases}$ を解け．

【解】 右のように計算をする．
rank $\left[\, A \,\vdots\, \boldsymbol{b} \,\right]$ = rank $A = 3$ だから，p.32 の定理 2.6 より解は存在する．

rank $A < 5$ (未知数の個数) であるので，p.32 の定理 2.7 より解は無数に存在する．また，

$$n - \text{rank}\, A = 2$$

より，x_1, x_2, x_3, x_4, x_5 のうち，2 個の未知数に任意の値を与え得ることがわかる．最後に得られた結果は，

$$\begin{cases} x_1 - 3x_2 + 5x_5 = 7 \\ x_3 = 2 \\ x_4 - 3x_5 = -4 \end{cases}$$

を示している．そこで各方程式で先頭にない未知数 $x_2\ (= \alpha), x_5\ (= \beta)$ を与えると，次のような解を得る．

$$\begin{cases} x_1 = 3\alpha - 5\beta + 7 \\ x_2 = \alpha \\ x_3 = 2 \\ x_4 = -4 + 3\beta \\ x_5 = \beta \end{cases}$$

拡大係数行列 $\left[\, A \,\vdots\, \boldsymbol{b} \,\right]$

1	−3	0	1	2	3	
3	−9	2	4	3	9	
2	−6	1	2	4	8	
1	−3	0	1	2	3	掃き出し (1, 1)
0	0	2	1	−3	0	
0	0	1	0	0	2	
1	−3	0	1	2	3	
0	0	1	0	0	2	② ↔ ③
0	0	2	1	−3	0	
1	−3	0	1	2	3	
0	0	1	0	0	2	掃き出し (2, 3)
0	0	0	1	−3	−4	
1	−3	0	0	5	7	
0	0	1	0	0	2	
0	0	0	1	−3	−4	掃き出し (3, 4)

問 2.9 次の連立 1 次方程式を解け．

(1) $\begin{cases} x_1 - x_2 + 2x_3 - 3x_4 = 1 \\ -2x_1 + x_2 + x_3 - 4x_4 = -6 \\ 3x_1 - 5x_2 + 16x_3 - 29x_4 = -5 \end{cases}$

(2) $\begin{cases} x_1 + x_2 - x_3 + 2x_4 + 3x_5 = 2 \\ 2x_1 - x_3 - 6x_4 + 6x_5 = 0 \\ -3x_1 - 2x_2 + 3x_3 - 5x_4 - 9x_5 = -4 \end{cases}$

2.4 同次連立 1 次方程式，一般解と基本解

◆ **同次連立 1 次方程式**　連立 1 次方程式の定数項がすべて 0 のもの：

$$\begin{cases} a_{11}x_1 + a_{12}x_2 + \cdots + a_{1n}x_n = 0 \\ a_{21}x_1 + a_{22}x_2 + \cdots + a_{2n}x_n = 0 \\ \quad \vdots \qquad\quad \vdots \qquad\qquad\quad \vdots \qquad \vdots \\ a_{m1}x_1 + a_{m2}x_2 + \cdots + a_{mn}x_n = 0 \end{cases}$$

すなわち，$A\boldsymbol{x} = \boldsymbol{0}$, $A = \begin{bmatrix} a_{11} & a_{12} & \cdots & a_{1n} \\ a_{21} & a_{22} & \cdots & a_{2n} \\ \vdots & \vdots & & \vdots \\ a_{m1} & a_{m2} & \cdots & a_{mn} \end{bmatrix}$，$\boldsymbol{x} = \begin{bmatrix} x_1 \\ x_2 \\ \vdots \\ x_n \end{bmatrix}$

明らかに $\boldsymbol{x} = \boldsymbol{0}$ はこの**同次連立 1 次方程式**の解である．この解を $A\boldsymbol{x} = \boldsymbol{0}$ の**自明解**という．一般に，関心があるのは**非自明解** x ($\neq 0$) をもつ場合である．p.32 の定理 2.7 より次の定理が成り立つ．

> **定理 2.8** (同次連立 1 次方程式の解)　未知数が n 個の同次連立 1 次方程式 $A\boldsymbol{x} = \boldsymbol{0}$ において，
>
> (1)　$A\boldsymbol{x} = \boldsymbol{0}$ が自明な解 $\boldsymbol{x} = \boldsymbol{0}$ をもつ $\Leftrightarrow$ $\mathrm{rank}\, A = n$　(未知数の個数)
>
> (2)　$A\boldsymbol{x} = \boldsymbol{0}$ が無数の解 (非自明解) をもつ $\Leftrightarrow$ $\mathrm{rank}\, A < n$　(未知数の個数)

◆ **一般解と基本解**　未知数が n 個の同次連立 1 次方程式 $A\boldsymbol{x} = \boldsymbol{0}$ の解の自由度 (⇨ p.32) を $s\,(= n - \mathrm{rank}\, A)$ とおくとき，その解は s 個の任意定数 $c_1, c_2, \cdots, c_s$ を用いて，

$$\boldsymbol{x} = c_1\boldsymbol{x}_1 + c_2\boldsymbol{x}_2 + \cdots + c_s\boldsymbol{x}_s \qquad \cdots ①$$

と表せる．これを $A\boldsymbol{x} = \boldsymbol{0}$ の**一般解**という．また，$\boldsymbol{x}_1, \boldsymbol{x}_2, \cdots, \boldsymbol{x}_s$ を**基本解**という．基本解のもつ重要な性質は次の 3 点である．

(1)　$\lambda_1\boldsymbol{x}_1 + \lambda_2\boldsymbol{x}_2 + \cdots + \lambda_s\boldsymbol{x}_s = \boldsymbol{0} \Rightarrow \lambda_1 = \lambda_2 = \cdots = \lambda_s = 0$

(2)　$A\boldsymbol{x} = \boldsymbol{0}$ の任意の解 $\boldsymbol{x}$ は，適当な $c_1, c_2, \cdots, c_s$ を選んで

$$\boldsymbol{x} = c_1\boldsymbol{x}_1 + c_2\boldsymbol{x}_2 + \cdots + c_s\boldsymbol{x}_s$$

と表される．

(3)　$A\boldsymbol{x} = \boldsymbol{0}$ の基本解の個数は解の自由度 (⇨ p.32) に等しい．

> **定理 2.9**　連立 1 次方程式 $A\boldsymbol{x} = \boldsymbol{b}$ は解をもつものとし，その 1 つの解を $\boldsymbol{x}_1$ とする．このとき，$A\boldsymbol{x} = \boldsymbol{b}$ の任意の解は，$A\boldsymbol{x} = \boldsymbol{0}$ の解と $\boldsymbol{x}_1$ との和で表される．

● より理解を深めるために

例題 2.10　　　　　　**同次連立 1 次方程式 (基本解)**

次の同次連立 1 次方程式を解け．

$$\begin{cases} x_1 + 2x_2 + 3x_3 + 4x_4 = 0 \\ 8x_1 + x_2 + 9x_3 + 2x_4 = 0 \\ 2x_1 - x_2 + x_3 - 2x_4 = 0 \end{cases}$$

【解】　同次連立 1 次方程式の場合は，式をどのように変形しても右辺の値は常に 0 で変らない．したがって，掃き出し計算では，係数行列 A の階段行列を求めれば十分である．

右の計算の表より

$$\mathrm{rank}\,A = 2 < 4 \quad (\text{未知数の個数})$$

で，この同次連立方程式は，p.38 の定理 2.8 (2) により無数の解をもち，解の自由度 (⇨ p.32) は $4 - 2 = 2$ である．表の階段行列に対応する解は，

$$\begin{cases} x_1 \qquad + x_3 \qquad\quad = 0 \\ \qquad x_2 + x_3 + 2x_4 = 0 \end{cases}$$

である．

α, β を任意定数として，

$$x_3 = \alpha, \quad x_4 = \beta$$

とおけば，次の解を得る．

$$\begin{cases} x_1 = -\alpha \\ x_2 = -\alpha - 2\beta \\ x_3 = \alpha \\ x_4 = \beta \end{cases} \quad \text{または，} \quad \boldsymbol{x} = \begin{bmatrix} x_1 \\ x_2 \\ x_3 \\ x_4 \end{bmatrix} = \alpha \begin{bmatrix} -1 \\ -1 \\ 1 \\ 0 \end{bmatrix} + \beta \begin{bmatrix} 0 \\ -2 \\ 0 \\ 1 \end{bmatrix}$$

x_1	x_2	x_3	x_4	
1	2	3	4	
8	1	9	2	
2	−1	1	−2	
1	2	3	4	掃き出し (1, 1)
0	−15	−15	−30	
0	−5	−5	−10	
1	2	3	4	
0	1	1	2	② × (−1/15)
0	1	1	2	③ × (−1/5)
1	2	3	4	
0	1	1	2	
0	0	0	0	③ − ②
1	0	1	0	
0	1	1	2	掃き出し (2, 2)
0	0	0	0	

問 2.10　次の同次連立 1 次方程式を解け．

$$\begin{cases} x_1 + 2x_2 + x_3 - 3x_4 + 2x_5 = 0 \\ 3x_1 + 6x_2 + 4x_3 + 2x_4 - x_5 = 0 \\ 5x_1 + 10x_2 + 6x_3 - 4x_4 + 3x_5 = 0 \\ 2x_1 + 4x_2 + x3 - 17x_4 + 11x_5 = 0 \end{cases}$$

演　習　問　題

問題 2.1　**連立 1 次方程式の解法 (解が無数に存在する場合)**

連立 1 次方程式 $\begin{cases} x_1 - x_2 - 6x_3 + x_4 + 2x_5 = 4 \\ 2x_1 - x_2 - x_3 - 2x_4 + 3x_5 = 5 \\ 3x_1 - x_2 + 4x_3 - 5x_4 + 4x_5 = 6 \end{cases}$ を解け.

【解】　まず掃き出し計算をする．最後に得られた結果から,

$$\mathrm{rank}\left[\ A \mid \boldsymbol{b}\ \right] = \mathrm{rank}\, A = 2$$

であるから，p.32 の定理 2.6 より解をもち，$n - \mathrm{rank}\, A = 3$ であるので，p.32 の定理 2.7 (2) より解の自由度は 3 である．つまり，x_1, x_2, x_3, x_4, x_5 のうち，3 つの未知数に任意の値を与え得ることがわかる．右の表は,

拡大係数行列 $\left[\ A \mid \boldsymbol{b}\ \right]$

1	−1	−6	1	2	4	
2	−1	−1	−2	3	5	
3	−1	4	−5	4	6	
1	−1	−6	1	2	4	掃き出し (1, 1)
0	1	11	−4	−1	−3	
0	2	22	−8	−2	−6	
1	0	5	−3	1	1	
0	1	11	−4	−1	−3	掃き出し (2, 2)
0	0	0	0	0	0	

$$\begin{cases} x_1 \quad\ + 5x_3 - 3x_4 + x_5 = 1 \\ \quad x_2 + 11x_3 - 4x_4 - x_5 = -3 \end{cases}$$

を示している．そこで各方程式の先頭にない，$x_3\,(=\alpha)$, $x_4\,(=\beta)$, $x_5\,(=\gamma)$ に任意の値を与え，次の結果となる．

$$\begin{cases} x_1 = 1 - 5\alpha + 3\beta - \gamma \\ x_2 = -3 - 11\alpha + 4\beta + \gamma \\ x_3 = \alpha, \quad x_4 = \beta, \quad x_5 = \gamma \end{cases}$$

これは次のように書いてもよい．

$$\begin{bmatrix} x_1 \\ x_2 \\ x_3 \\ x_4 \\ x_5 \end{bmatrix} = \begin{bmatrix} 1 \\ -3 \\ 0 \\ 0 \\ 0 \end{bmatrix} + \alpha \begin{bmatrix} -5 \\ -11 \\ 1 \\ 0 \\ 0 \end{bmatrix} + \beta \begin{bmatrix} 3 \\ 4 \\ 0 \\ 1 \\ 0 \end{bmatrix} + \gamma \begin{bmatrix} -1 \\ 1 \\ 0 \\ 0 \\ 1 \end{bmatrix}$$

(解答は章末の p.47 に掲載されています.)

演習 2.1　次の連立 1 次方程式を解け.

$$\begin{cases} x_1 - x_2 - 4x_3 + 6x_4 - 4x_5 = 1 \\ 2x_1 - x_2 + 3x_3 - 4x_4 + 5x_5 = 2 \\ 3x_1 - 2x_2 - x_3 + 2x_4 + x_5 = 3 \end{cases}$$

問題 2.2 　　**逆行列の連立 1 次方程式への応用**

連立 1 次方程式 $\begin{cases} x_1 + 2x_2 = -5 \\ 2x_1 + 4x_2 + 2x_3 = -4 \\ 5x_1 + 7x_2 + 3x_3 = -10 \end{cases}$ を $A = \begin{bmatrix} 1 & 2 & 0 \\ 2 & 4 & 2 \\ 5 & 7 & 3 \end{bmatrix}$ の逆行列 A^{-1} を求めて解け.

【解】 p.32 の定理 2.5 により，右の表のようにして逆行列 A^{-1} を求めると，

$$A^{-1} = \begin{bmatrix} -1/3 & -1 & 2/3 \\ 2/3 & 1/2 & -1/3 \\ -1 & 1/2 & 0 \end{bmatrix}$$

である．いま，

$$\boldsymbol{x} = \begin{bmatrix} x_1 \\ x_2 \\ x_3 \end{bmatrix}, \quad \boldsymbol{b} = \begin{bmatrix} -5 \\ -4 \\ -10 \end{bmatrix}$$

とおくと，上記連立 1 次方程式は，

$$A\boldsymbol{x} = \boldsymbol{b}$$

と表される．この両辺に A^{-1} を左からかけて，

$$\boldsymbol{x} = A^{-1}\boldsymbol{b}$$

となる．

A			E			
1	2	0	1	0	0	
2	4	2	0	1	0	
5	7	3	0	0	1	
1	2	0	1	0	0	掃き出し
0	0	2	−2	1	0	(1, 1)
0	−3	3	−5	0	1	
1	2	0	1	0	0	
0	0	2	−2	1	0	
0	1	−1	5/3	0	−1/3	③ × (−1/3)
1	2	0	1	0	0	
0	1	−1	5/3	0	−1/3	② ↔ ③
0	0	2	−2	1	0	
1	0	2	−7/3	0	2/3	
0	1	−1	5/3	0	−1/3	掃き出し
0	0	2	−2	1	0	(2, 2)
1	0	2	−7/3	0	2/3	
0	1	−1	5/3	0	−1/3	
0	0	1	−1	1/2	0	③ × 1/2
1	0	0	−1/3	−1	2/3	
0	1	0	2/3	1/2	−1/3	
0	0	1	−1	1/2	0	掃き出し (3, 3)

$$\boldsymbol{x} = \begin{bmatrix} -1/3 & -1 & 2/3 \\ 2/3 & 1/2 & -1/3 \\ -1 & 1/2 & 0 \end{bmatrix} \begin{bmatrix} -5 \\ -4 \\ -10 \end{bmatrix} = \begin{bmatrix} -1 \\ -2 \\ 3 \end{bmatrix}$$

$$\therefore \begin{cases} x_1 = -1 \\ x_2 = -2 \\ x_3 = 3 \end{cases}$$

演習 2.2 　次の連立 1 次方程式を上の問題 2.2 と同様の方法で解け．

(1) $\begin{cases} x_1 - 3x_2 + 5x_3 = 2 \\ x_1 - 2x_2 + 3x_3 = 2 \\ -3x_1 + 5x_2 - 6x_3 = -5 \end{cases}$ 　　(2) $\begin{cases} -2x_2 + x_3 = -1 \\ 3x_1 - x_2 - 2x_3 = 5 \\ -2x_1 + x_2 + x_3 = -3 \end{cases}$

研究　列基本操作，行列の標準形

◆ **列基本操作**　行列の基本操作は，行に対する場合 (⇨p.26) と同様に列に対しても定義できる．次の3つの**列基本操作** (または**列基本変形**) という．

列基本操作 $\begin{cases} \text{(IV)} & 2\text{つの列を入れかえる．} \\ \text{(V)} & 1\text{つの列に他の列の定数倍を加える．} \\ \text{(VI)} & 1\text{つの列に } 0 \text{ でない数をかける．} \end{cases}$

行列 A に列基本操作を行うことは，基本行列 (⇨p.26) P_{ij}, $Q_{ij}(c)$, $R_i(c)$ を行列 A の右側からかけることと同等である．つまり，次のようになる．

- AP_{ij} ⋯ 行列 A の i 列と j 列を入れかえた行列．
- $AQ_{ij}(c)$ ⋯ 行列 A の i 列に j 列の c 倍を加えた行列．
- $AR_i(c)$ ⋯ 行列 A の i 列を c 倍した行列．

◆ **行列の標準形**　一般に，行列 A に適当な行および列基本操作を行うと，次のような行列に変形できる．

$$\begin{bmatrix} 1 & & & & \\ & \ddots & & O & \\ & & 1 & & \\ & O & & O & \end{bmatrix} = \begin{bmatrix} E_k & O \\ O & O \end{bmatrix} \quad (k = \operatorname{rank} A)$$

（k 個）

例えば次のようにすれば，行列 A の標準形が得られる．まず行列 A に行基本操作を施し，階段行列 $PA = B$ に変形する (⇨p.30)．

この B に次の手順で列基本操作を行う．

(1) B の i 行 $(1 \leqq i \leqq k)$ の 0 でない最初の成分を軸にして i 行を掃き出す (列基本操作(V)′)．

(2) i 列と q_i 列 $(1 \leqq i \leqq k)$ を入れかえる (列基本操作(IV)′)．$*$ は任意の数を表す．

$$B = \begin{bmatrix} & q_1 & & q_2 & & & q_k & \\ 0 & 1 & * & 0 & * & * & 0 & * \\ 0 & 0 & 0 & 1 & * & * & 0 & * \\ 0 & 0 & 0 & 0 & 0 & 0 & 1 & * \\ 0 & 0 & 0 & 0 & 0 & 0 & 0 & 0 \\ 0 & 0 & 0 & 0 & 0 & 0 & 0 & 0 \end{bmatrix}$$

$$\to \begin{bmatrix} & q_1 & & q_2 & & & q_k & \\ 0 & 1 & 0 & 0 & 0 & 0 & 0 & 0 \\ 0 & 0 & 0 & 1 & 0 & 0 & 0 & 0 \\ 0 & 0 & 0 & 0 & 0 & 0 & 1 & 0 \\ 0 & 0 & 0 & 0 & 0 & 0 & 0 & 0 \\ 0 & 0 & 0 & 0 & 0 & 0 & 0 & 0 \end{bmatrix} \to \begin{bmatrix} 1 & 2 & \cdots & k & & \\ 1 & & & & O & \\ & 1 & & & & \\ & & \ddots & & & O \\ & O & & 1 & & \\ & & & & O & \end{bmatrix} = PAQ$$

例題 2.11 　　**行列の標準形**

次の行列の標準形を求めよ．

(1) $\begin{bmatrix} 2 & 2 & -1 \\ -3 & -3 & 2 \\ 1 & 1 & -1 \end{bmatrix}$ 　　(2) $\begin{bmatrix} 1 & 2 & -1 & 4 \\ 2 & 4 & 3 & 5 \\ -1 & -2 & 6 & -7 \end{bmatrix}$

【解】

(1)

2	2	−1	
−3	−3	2	
1	1	−1	

1	1	−1	1 行 ↔ 3 行
−3	−3	2	
2	2	−1	

1	1	−1	掃き出し (1, 1)
0	0	−1	(行について)
0	0	1	

1	0	0	2 列 + 1 列 × (−1)
0	0	−1	3 列 + 1 列
0	0	1	

1	0	0	
0	0	−1	3 行 + 2 行
0	0	0	

1	0	0	
0	0	1	2 行 × (−1)
0	0	0	

1	0	0	
0	1	0	2 列 ↔ 3 列
0	0	0	

ゆえに (1) の標準形は

$$\left[\begin{array}{cc|c} 1 & 0 & 0 \\ 0 & 1 & 0 \\ \hline 0 & 0 & 0 \end{array}\right]$$

(2)

1	2	−1	4	
2	4	3	5	
−1	−2	6	−7	

1	2	−1	4	掃き出し (1, 1)
0	0	5	−3	(行について)
0	0	5	−3	

1	2	−1	4	3 行 − 2 行
0	0	5	−3	
0	0	0	0	

1	0	0	0	掃き出し (1, 1)
0	0	5	−3	(列について)
0	0	0	0	

1	0	0	0	3 列 × 1/5
0	0	1	1	4 列 × (−1/3)
0	0	0	0	

1	0	0	0	
0	0	1	0	4 列 − 3 列
0	0	0	0	

1	0	0	0	
0	1	0	0	2 列 ↔ 3 列
1	0	0	0	

ゆえに (2) の標準形は

$$\left[\begin{array}{cc|cc} 1 & 0 & 0 & 0 \\ 0 & 1 & 0 & 0 \\ \hline 0 & 0 & 0 & 0 \end{array}\right]$$

問の解答（第2章）

問 2.1

$$\begin{bmatrix} 2 & 2 & 7 \\ 4 & 6 & 9 \\ 3 & 3 & 6 \end{bmatrix} \xrightarrow[①\leftrightarrow③]{} \begin{bmatrix} 3 & 3 & 6 \\ 4 & 6 & 9 \\ 2 & 2 & 7 \end{bmatrix} \xrightarrow[①\times 1/3]{} \begin{bmatrix} 1 & 1 & 2 \\ 4 & 6 & 9 \\ 2 & 2 & 7 \end{bmatrix}$$

$$\xrightarrow[②+①\times(-4)]{} \begin{bmatrix} 1 & 1 & 2 \\ 0 & 2 & 1 \\ 2 & 2 & 7 \end{bmatrix} \xrightarrow[③+①\times(-2)]{} \begin{bmatrix} 1 & 1 & 2 \\ 0 & 2 & 1 \\ 0 & 0 & 3 \end{bmatrix}$$

問 2.2　(1) $\begin{bmatrix} 1 & 4 & 7 \\ 2 & 5 & 8 \\ 1 & 2 & 3 \end{bmatrix}$　(2) $\begin{bmatrix} 1 & 2 & 3 \\ 0 & 1 & 2 \\ 0 & 1 & 2 \end{bmatrix}$　(3) $\begin{bmatrix} 4 & 9 & 2 \\ 3 & 5 & 7 \\ 8 & 1 & 6 \end{bmatrix}$

問 2.3　(1) $\begin{bmatrix} 1 & 0 & -2 & 1 \\ 0 & 1 & 3 & 1 \\ 0 & 0 & 0 & 0 \end{bmatrix}$　階数は 2.

(2) $\begin{bmatrix} 1 & 0 & 0 & 0 \\ 0 & 1 & 0 & 4 \\ 0 & 0 & 1 & 1 \end{bmatrix}$　階数は 3.

問 2.4　定理 2.1 (p.30) の証明.

- $R_i(c)E = R_i(c)$ は，単位行列 E の第 i 行を c 倍した行列
- $Q_{ij}(c)E = Q_{ij}(c)$ は，単位行列 E の第 i 行に，第 j 行の c 倍を加えた行列
- $P_{ij}E = P_{ij}$ は，単位行列 E の第 i 行と第 j 行を入れかえた行列

を表すので，

- $R_i(c)$ の第 i 行を $1/c$ 倍した行列
- $Q_{ij}(c)$ の第 i 行に，第 j 行の $-c$ 倍を加えた行列
- P_{ij} の第 i 行と第 j 行を入れかえた行列

はいずれも単位行列となる．

$$\therefore\quad R_i\left(\frac{1}{c}\right)R_i(c) = E,\quad Q_{ij}(-c)Q_{ij}(c) = E,\quad P_{ij}P_{ij} = E$$

また，第 1 式の c を $1/c$ で，第 2 式の c を $-c$ で置きかえると，

$$R_i(c)R_i\left(\frac{1}{c}\right) = E,\quad Q_{ij}(c)Q_{ij}(-c) = E$$

が成り立つ．ゆえに，次のことが成り立つ．

$$R_i(c)^{-1} = R_i\left(\frac{1}{c}\right),\quad Q_{ij}(c)^{-1} = Q_{ij}(-c),\quad P_{ij}^{-1} = P_{ij}$$

問 2.5　(1)　$R_1(-1)P_{12}$

(2)　$R_3(3)R_2(2)P_{23}P_{12}$

(3)　$Q_{12}(1)Q_{23}(1)$

問 2.6 p.32 の定理 2.5 を用いる.

(1)

1	−1	−1	1	0	0	
−1	2	2	0	1	0	
2	1	2	0	0	1	
1	−1	−1	1	0	0	掃き出し
0	1	1	1	1	0	(1, 1)
0	3	4	−2	0	1	
1	0	0	2	1	0	
0	1	1	1	1	0	掃き出し
0	0	1	−5	−3	1	(2, 2)
1	0	0	2	1	0	
0	1	0	6	4	−1	掃き出し
0	0	1	−5	−3	1	(3, 3)

(1) の逆行列 $\begin{bmatrix} 2 & 1 & 0 \\ 6 & 4 & -1 \\ -5 & -3 & 1 \end{bmatrix}$

(2)

1	2	3	1	0	0	
2	4	5	0	1	0	
3	5	6	0	0	1	
1	2	3	1	0	0	掃き出し
0	0	−1	−2	1	0	(1, 1)
0	−1	−3	−3	0	1	
1	2	3	1	0	0	
0	1	3	3	0	−1	② × (−1) ↔
0	0	1	2	−1	0	③ × (−1)
1	0	−3	−5	0	2	
0	1	3	3	0	−1	掃き出し
0	0	1	2	−1	0	(2, 2)
1	0	0	1	−3	2	
0	1	0	−3	3	−1	掃き出し
0	0	1	2	−1	0	(3, 3)

(2) の逆行列 $\begin{bmatrix} 1 & -3 & 2 \\ -3 & 3 & -1 \\ 2 & -1 & 0 \end{bmatrix}$

問 2.7 拡大係数行列をつくり，p.35 の例題 2.7 のようにして，解を求める.

(1) $\begin{cases} x_1 = 1 \\ x_2 = 1/2 \\ x_3 = 1/2 \end{cases}$

(2) $\mathrm{rank}\,A = 2 < \mathrm{rank}\left[\ A \mid \boldsymbol{b}\ \right] = 3$ より解なし.

問 2.8

(1)

2	5	−1	7	
−2	−6	7	−3	
1	3	−1	4	
0	−1	6	4	
1	3	−1	4	③ ↔ ①
−2	−6	7	−3	
2	5	−1	7	
0	−1	6	4	
1	3	−1	4	掃き出し
0	0	5	5	(1,1)
0	−1	1	−1	
0	−1	6	4	

1	3	−1	4	③ × (−1)
0	1	−1	1	↔ ② × 1/5
0	0	1	1	
0	−1	6	4	
1	0	2	1	掃き出し
0	1	−1	1	(2, 2)
0	0	1	1	
0	0	5	5	
1	0	0	−1	
0	1	0	2	
0	0	1	1	掃き出し
0	0	0	0	(3, 3)

$\therefore\quad \mathrm{rank}\left[\ A \mid \boldsymbol{b}\ \right] = \mathrm{rank}\,A = 3.$ ゆえに連立 1 次方程式に解をもつ.

$$\therefore\quad x_1 = -1, x_2 = 2, x_3 = 1$$

問 2.8

(2)

2	−3	5	−3	
1	1	−1	0	
−3	−6	2	−7	
1	1	−1	0	① ↔ ②
2	−3	5	−3	
−3	−6	2	−7	
1	1	−1	0	掃き出し (1, 1)
0	−5	7	−3	
0	−3	−1	−7	
1	1	−1	0	
0	1	−7/5	3/5	② × (−1/5)
0	1	1/3	7/3	③ × (−1/3)
1	0	2/5	−3/5	
0	1	−7/5	3/5	掃き出し (2, 2)
0	0	26/15	26/15	
1	0	0	−1	
0	1	0	2	
0	0	1	1	掃き出し (3, 3)

$$\therefore \begin{cases} x_1 = -1 \\ x_2 = 2 \\ x_3 = 1 \end{cases}$$

(3)

1	2	3	4	
2	5	3	13	
1	0	8	−5	
1	2	3	4	掃き出し (1, 1)
0	1	−3	5	
0	−2	5	−9	
1	0	9	−1	
0	1	−3	5	掃き出し (2, 2)
0	0	−1	1	
1	0	9	−6	
0	1	−3	5	
0	0	1	−1	③ × (−1)
1	0	0	3	
0	1	0	2	
0	0	1	−1	掃き出し (3, 3)

$$\therefore \begin{cases} x_1 = 3 \\ x_2 = 2 \\ x_3 = -1 \end{cases}$$

問 2.9 (1)

$$\begin{cases} x_1 = 5 + 3\alpha - 7\beta \\ x_2 = 4 + 5\alpha - 10\beta \\ x_3 = \alpha \\ x_4 = \beta \end{cases}$$

(α, βは任意)

(2)

$$\begin{cases} x_1 = 7\alpha - 3\beta \\ x_2 = 2 - \alpha \\ x_3 = 8\alpha \\ x_4 = \alpha \\ x_5 = \beta \end{cases}$$

(α, βは任意)

問 2.10

$$\begin{cases} x_1 = -2\alpha + 14\beta - 9\gamma \\ x_2 = \alpha \\ x_3 = -11\beta + 7\gamma \\ x_4 = \beta \\ x_5 = \gamma \end{cases} \qquad (\alpha, \beta, \gamma \text{は任意})$$

$$\boldsymbol{x} = \begin{bmatrix} x_1 \\ x_2 \\ x_3 \\ x_4 \\ x_5 \end{bmatrix} = \alpha \begin{bmatrix} -2 \\ 1 \\ 0 \\ 0 \\ 0 \end{bmatrix} + \beta \begin{bmatrix} 14 \\ 0 \\ -11 \\ 1 \\ 0 \end{bmatrix} + \gamma \begin{bmatrix} -9 \\ 0 \\ 7 \\ 0 \\ 1 \end{bmatrix}$$

演習問題解答（第 2 章）

演習 2.1

1	−1	−4	6	−4	1	
2	−1	3	−4	5	2	
3	−2	−1	2	1	3	
1	−1	−4	6	−4	1	掃き出し (1, 1)
0	1	11	−16	13	0	
0	1	11	−16	13	0	
1	0	7	−10	9	1	
0	1	11	−16	13	0	掃き出し (2, 2)
0	0	0	0	0	0	

$\operatorname{rank}\left[\begin{array}{c:c} A & \boldsymbol{b} \end{array}\right] = \operatorname{rank} A = 2$ だからこの連立 1 次方程式は解をもつ．

また，$n - \operatorname{rank} A = 5 - 2 = 3$ より，5 つの未知数のうち 3 つの未知数に任意の値を与え得ることがわかる．上の表は

$$\begin{cases} x_1 + \ \ 7x_3 - 10x_4 + \ \ 9x_5 = 1 \\ x_2 + 11x_3 - 16x_4 + 13x_5 = 0 \end{cases}$$

を表している．

$$\therefore \quad \begin{cases} x_1 = 1 - 7\alpha + 10\beta - 9\gamma \\ x_2 = -11\alpha + 16\beta - 13\gamma \\ x_3 = \alpha \\ x_4 = \beta \\ x_5 = \gamma \end{cases}$$

$(\alpha, \beta, \gamma$は任意$)$

演習 2.2 (1) $A^{-1} = \begin{bmatrix} -3 & 7 & 1 \\ -3 & 9 & 2 \\ -1 & 4 & 1 \end{bmatrix}$, $\boldsymbol{x} = \begin{bmatrix} 3 \\ 2 \\ 1 \end{bmatrix}$

(2) $A^{-1} = \begin{bmatrix} -1 & -3 & -5 \\ -1 & -2 & -3 \\ -1 & -4 & -6 \end{bmatrix}$, $\boldsymbol{x} = \begin{bmatrix} 1 \\ 0 \\ -1 \end{bmatrix}$

3 行 列 式

3.1 行列式の定義

◆ **順列，転倒**　自然数 $1, 2, \cdots, n$ の任意の**順列**を

$$(p_1,\ p_2,\ \cdots,\ p_n)$$

で表す．この順列において，大きい数が小さい数より左にあるとき，すなわち

$$p_i > p_j \quad (i < j)$$

を満たす $p_i,\ p_j$ があるとき，この2数の組を**転倒**という．

◆ **偶順列，奇順列，互換**　転倒の個数が偶数の順列を**偶順列**，転倒の個数が奇数の順列を**奇順列**という．また順列の2数を交換することを**互換**という．

◆ **順列の符号**　順列 $(p_1,\ \cdots,\ p_n)$ の符号 $\mathrm{sgn}(p_1,\ \cdots,\ p_n)$ を次のように定める．

$$\mathrm{sgn}(p_1,\ p_2,\ \cdots,\ p_n) = \begin{cases} +1 & (p_1,\ p_2,\ \cdots,\ p_n)\ \text{が偶順列のとき} \\ -1 & (p_1,\ p_2,\ \cdots,\ p_n)\ \text{が奇順列のとき} \end{cases}$$

行列式の定義　n 次正方行列 $A = \left[a_{ij}\right]$ の各行から順に1つずつ，しかもそれらが各列からも1つずつになるように n 個の成分をとって積をつくる．それにそれらの成分の列の番号によってできる順列の符号をつけて加えた

$$\sum \mathrm{sgn}(p_1, p_2, \cdots, p_n) a_{1p_1} a_{2p_2} \cdots a_{np_n} \qquad \cdots ①$$

を A の**行列式**という．ここに $\sum$ は $1, 2, \cdots, n$ のすべての順列 $(p_1, p_2, \cdots, p_n)$ についての和である．A の行列式を次のように表す．

$$\det A, \quad |A|, \quad |a_{ij}|, \quad \begin{vmatrix} a_{11} & a_{12} & \cdots & a_{1n} \\ a_{21} & a_{22} & \cdots & a_{2n} \\ & & \cdots & \\ a_{n1} & a_{n2} & \cdots & a_{nn} \end{vmatrix}$$

注意 3.1　(1) 行列式の記号 |　| は絶対値ではないので混同しないこと．つまり行列式の値は負になることもある．(2) 行列式は英語で determinant と書く．det A はこれからきている．(3) 行列は数が配置されたものであり，行列式は数であるから，行列と行列式は全く異なるものである．

より理解を深めるために

例題 3.1 **偶順列，奇順列，順列の符号**

(1) $(4, 1, 5, 3, 2)$ は偶順列か奇順列か．
(2) $\mathrm{sgn}(4, 1, 5, 3, 2)$ を求めよ．
(3) $1, 2, 3$ の順列を偶順列と奇順列に分け，それぞれの符号を定めよ．

【解】 (1) この順列には 4 と 1，4 と 3，4 と 2，5 と 3，5 と 2，3 と 2，の 6 つの転倒 (➪ p.48) があるので偶順列である．

(2) (1) より偶順列であるので，$\mathrm{sgn}(4, 1, 5, 3, 2) = 1$.

(3) 偶順列 $(1, 2, 3)$ の転倒数は 0 で，$\mathrm{sgn}(1, 2, 3) = 1$
$(2, 3, 1)$ の転倒数は 2 で，$\mathrm{sgn}(2, 3, 1) = 1$
$(3, 1, 2)$ の転倒数は 2 で，$\mathrm{sgn}(3, 1, 2) = 1$
奇順列 $(1, 3, 2)$ の転倒数は 1 で，$\mathrm{sgn}(1, 3, 2) = -1$
$(2, 1, 3)$ の転倒数は 1 で，$\mathrm{sgn}(2, 1, 3) = -1$
$(3, 2, 1)$ の転倒数は 3 で，$\mathrm{sgn}(3, 2, 1) = -1$

例 3.1　2 次の行列式　$(1, 2)$ の転倒数は 0 で，$\mathrm{sgn}(1, 2) = 1$，次に $(2, 1)$ の転倒数は 1 で $\mathrm{sgn}(2, 1) = -1$ である．よって，行列式の定義 ① (➪ p.48) により，

$$\begin{vmatrix} a_{11} & a_{12} \\ a_{21} & a_{22} \end{vmatrix} = \mathrm{sgn}(1, 2)a_{11}a_{22} + \mathrm{sgn}(2, 1)a_{12}a_{21} = a_{11}a_{22} - a_{12}a_{21}$$

例 3.2　3 次の行列式　1, 2, 3 の転倒数と符号は上記例題 3.1 (3) で求めた．行列式の定義 ① (➪ p.48) より，

$$\begin{vmatrix} a_{11} & a_{12} & a_{13} \\ a_{21} & a_{22} & a_{23} \\ a_{31} & a_{32} & a_{33} \end{vmatrix} = a_{11}a_{22}a_{33} + a_{12}a_{23}a_{31} + a_{13}a_{21}a_{32} - a_{11}a_{23}a_{32} - a_{12}a_{21}a_{33} - a_{13}a_{22}a_{31}$$

2 次と 3 次の行列式は，次のような**サラスの方法**で求めることができる．しかし 4 次以上の行列式には適用できない．

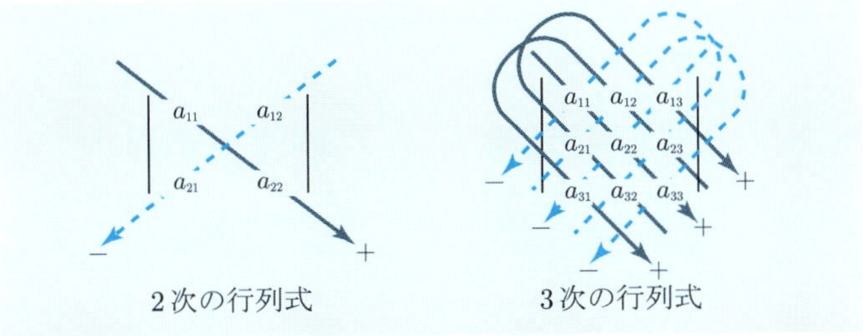

図 3.1　サラスの方法

3.2 行列式の性質

◆ 行列式の基本性質

定理 3.1 (行列式の対称性) n 次正方行列 A に対して，次が成り立つ．

$$|{}^tA| = |A|$$

この定理により，行列式の行についての諸定理は，すべて列についても成り立つ．

定理 3.2 (行列式の行 (列) に関する加法性) 行列式は 1 つの行 (または列) について加法性をもつ．

$$\begin{vmatrix} a_{11} & \cdots & a_{1n} \\ \multicolumn{3}{c}{\cdots\cdots\cdots} \\ a'_{i1}+a''_{i2} & \cdots & a'_{in}+a''_{in} \\ \multicolumn{3}{c}{\cdots\cdots\cdots} \\ a_{n1} & \cdots & a_{nn} \end{vmatrix} = \begin{vmatrix} a_{11} & \cdots & a_{1n} \\ \multicolumn{3}{c}{\cdots\cdots\cdots} \\ a'_{i1} & \cdots & a'_{in} \\ \multicolumn{3}{c}{\cdots\cdots\cdots} \\ a_{n1} & \cdots & a_{nn} \end{vmatrix} + \begin{vmatrix} a_{11} & \cdots & a_{1n} \\ \multicolumn{3}{c}{\cdots\cdots\cdots} \\ a''_{i1} & \cdots & a''_{in} \\ \multicolumn{3}{c}{\cdots\cdots\cdots} \\ a_{n1} & \cdots & a_{nn} \end{vmatrix}$$

定理 3.3 (行列式の行 (列) に関する定数倍の保存性) 行列式の 1 つの行 (または列) を c 倍すると，行列式の値も c 倍となる．

$$\begin{vmatrix} a_{11} & \cdots & a_{1n} \\ \multicolumn{3}{c}{\cdots\cdots\cdots} \\ ca_{i1} & \cdots & ca_{in} \\ \multicolumn{3}{c}{\cdots\cdots\cdots} \\ a_{n1} & \cdots & a_{nn} \end{vmatrix} = c \begin{vmatrix} a_{11} & \cdots & a_{1n} \\ \multicolumn{3}{c}{\cdots\cdots\cdots} \\ a_{i1} & \cdots & a_{in} \\ \multicolumn{3}{c}{\cdots\cdots\cdots} \\ a_{n1} & \cdots & a_{nn} \end{vmatrix}$$

定理 3.4 (行列式の行 (列) に関する交代性) 行列式は 2 つの行 (または 2 つの列) を入れかえると行列式の値は符号が変わる．

$$\begin{matrix} \\ \\ \text{第 } i \text{ 行} \rightarrow \\ \\ \text{第 } j \text{ 行} \rightarrow \\ \\ \\ \end{matrix} \begin{vmatrix} a_{11} & \cdots & a_{1n} \\ \multicolumn{3}{c}{\cdots\cdots\cdots} \\ a_{i1} & \cdots & a_{in} \\ \multicolumn{3}{c}{\cdots\cdots\cdots} \\ a_{j1} & \cdots & a_{jn} \\ \multicolumn{3}{c}{\cdots\cdots\cdots} \\ a_{n1} & \cdots & a_{nn} \end{vmatrix} = (-1) \begin{vmatrix} a_{11} & \cdots & a_{1n} \\ \multicolumn{3}{c}{\cdots\cdots\cdots} \\ a_{j1} & \cdots & a_{jn} \\ \multicolumn{3}{c}{\cdots\cdots\cdots} \\ a_{i1} & \cdots & a_{in} \\ \multicolumn{3}{c}{\cdots\cdots\cdots} \\ a_{n1} & \cdots & a_{nn} \end{vmatrix} \begin{matrix} \\ \\ \leftarrow \text{第 } i \text{ 行} \\ \\ \leftarrow \text{第 } j \text{ 行} \\ \\ \\ \end{matrix}$$

より理解を深めるために

例 3.3 3 点 O(0,0), A(a_1, a_2), B(b_1, b_2) で定まる三角形の面積を行列式を用いて表せ．ただし $a_1 > b_1 > 0,\quad b_2 > a_2 > 0$ とする．

【解】 図 3.2 のような場合，AB を通る直線の方程式は，$y - b_2 = \dfrac{a_2 - b_2}{a_1 - b_1}(x - b_1)$ だから，この直線と x 軸との交点を C とすると，

$$\mathrm{OC} = \frac{a_2 b_1 - a_1 b_2}{a_2 - b_2}$$

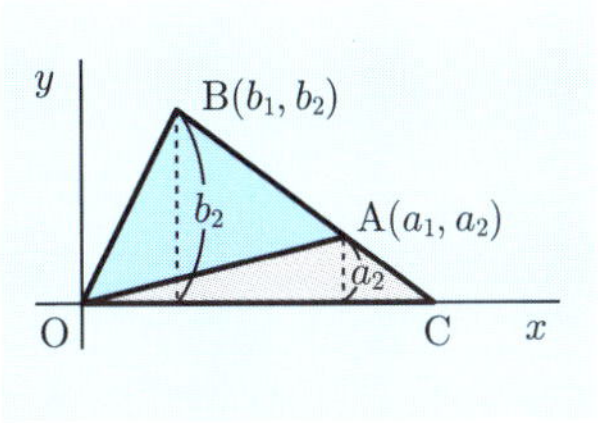

図 3.2

図 3.2 の場合には，

$$\triangle\mathrm{AOB} = \triangle\mathrm{BOC} - \triangle\mathrm{AOC}$$

$$\therefore\quad \triangle\mathrm{AOB} = \frac{1}{2}\left\{\frac{a_2 b_1 - a_1 b_2}{a_2 - b_2}\cdot b_2 - \frac{a_2 b_1 - a_1 b_2}{a_2 - b_2}\cdot a_2\right\}$$

$$= \frac{1}{2}(a_1 b_2 - a_2 b_1) = \frac{1}{2}\begin{vmatrix} a_1 & a_2 \\ b_1 & b_2 \end{vmatrix} \quad \text{(サラスの方法)}$$

例 3.4 次を満たす x を求めよ．

(1) $\begin{vmatrix} 1-x & 2 \\ 4 & 3-x \end{vmatrix} = 0$ (2) $\begin{vmatrix} 1-x & 0 & -1 \\ 1 & 2-x & 1 \\ 2 & 2 & 3-x \end{vmatrix} = 0$

【解】 (1), (2) ともサラスの方法を用いる．

(1) $\begin{vmatrix} 1-x & 2 \\ 4 & 3-x \end{vmatrix} = (1-x)(3-x) - 8 = 0 \qquad \therefore\quad x = -1, 5$

(2) $$\begin{vmatrix} 1-x & 0 & -1 \\ 1 & 2-x & 1 \\ 2 & 2 & 3-x \end{vmatrix} = (1-x)(2-x)(3-x) - 2 + 2(2-x) - 2(1-x)$$

$$= (1-x)(2-x)(3-x) = 0$$

$$\therefore\quad x = 1, 2, 3$$

(解答は章末の p.70 以降に掲載されています.)

問 3.1 次の順列は偶順列か奇順列か．

(1) (5, 3, 1, 4, 2) (2) (3, 1, 7, 4, 5, 2, 6)

問 3.2 サラスの方法を用いて，次の行列式の値を求めよ．

(1) $\begin{vmatrix} \cos\theta & -\sin\theta \\ \sin\theta & \cos\theta \end{vmatrix}$ (2) $\begin{vmatrix} a & b & c \\ b & c & a \\ c & a & b \end{vmatrix}$ (3) $\begin{vmatrix} 0 & f & g \\ -f & 0 & h \\ -g & -h & 0 \end{vmatrix}$

より理解を深めるために

例題 3.2　行列式の定義

次の行列式の値を定義により求めよ．

$$D = \begin{vmatrix} 0 & a_{12} & 0 & 0 \\ a_{21} & a_{22} & 0 & 0 \\ 0 & a_{32} & 0 & a_{34} \\ 0 & a_{42} & a_{43} & a_{44} \end{vmatrix}$$

【解】　行列式の定義 (⇨ p.48) で述べたように，行列式は各行各列から 1 つずつとったものの積に符号をつけたものの和である．

$$\begin{vmatrix} 0 & \boxed{a_{12}} & 0 & 0 \\ \boxed{a_{21}} & a_{22} & 0 & 0 \\ 0 & a_{32} & 0 & \boxed{a_{34}} \\ 0 & a_{42} & \boxed{a_{43}} & a_{44} \end{vmatrix}$$

結果が 0 にならない取り上げ方は，右の行列式の ■ を取り上げたものだけになるから，展開したときの項は，

$$a_{12}a_{21}a_{34}a_{43}$$

だけである．このとき，$(2,1,4,3)$ の転倒数は 2 で偶順列である．

$$\therefore \quad \mathrm{sgn}(2,1,4,3) = 1$$

よって行列式 D の値は，$a_{12}a_{21}a_{34}a_{43}$ である．

例題 3.3　行列式の定数倍

A を 3 次の正方行列とし，$a = |A|$ とおくとき，$|-A|$ を a で表せ．

【解】　$A = \begin{bmatrix} a_{11} & a_{12} & a_{13} \\ a_{21} & a_{22} & a_{23} \\ a_{31} & a_{32} & a_{33} \end{bmatrix}$ のとき $-A = \begin{bmatrix} -a_{11} & -a_{12} & -a_{13} \\ -a_{21} & -a_{22} & -a_{23} \\ -a_{31} & -a_{32} & -a_{33} \end{bmatrix}$　(⇨ p.6)

$$\therefore \quad |-A| = \begin{vmatrix} -a_{11} & -a_{12} & -a_{13} \\ -a_{21} & -a_{22} & -a_{23} \\ -a_{31} & -a_{32} & -a_{33} \end{vmatrix}$$

p.50 の定理 3.3 より，第 1 列から (-1)，第 2 列から (-1)，第 3 列から (-1) がそれぞれくくり出されるから，

$$\therefore \quad |-A| = (-1)^3 \begin{vmatrix} a_{11} & a_{12} & a_{13} \\ a_{21} & a_{22} & a_{23} \\ a_{31} & a_{32} & a_{33} \end{vmatrix} = (-1)^3 a = -a$$

問 3.3　次の行列式の値を定義により求めよ．

(1) $\begin{vmatrix} a_{11} & a_{12} & 0 & 0 \\ 0 & 0 & a_{23} & a_{24} \\ 0 & a_{32} & a_{33} & 0 \\ a_{41} & 0 & 0 & a_{44} \end{vmatrix}$　　(2) $\begin{vmatrix} a_{11} & a_{12} & a_{13} & a_{14} \\ 0 & a_{22} & a_{23} & a_{24} \\ 0 & 0 & a_{33} & a_{34} \\ 0 & 0 & 0 & a_{44} \end{vmatrix}$

より理解を深めるために

例題 3.4 値が 0 になる行列式

次の (1), (2), (3) を証明せよ (⇨ p.54 の系 3.1).

(1) ある 2 つの行 (列) が等しいならば，その行列式の値は 0 である.

(2) ある行 (列) の成分がすべて 0 ならば，その行列式の値は 0 である.

(3) ある行 (列) が他の行 (列) に比例しているならば，その行列式の値は 0 である.

【解】 行について証明する.

(1) 行列式 $|A|$ の 2 つの行が等しいとすると，$|A|$ の等しい 2 つの行を入れかえても $|A|$ は変わらない．一方 p.50 の定理 3.4 より，2 つの行を入れかえると行列式の値は (-1) 倍である．ゆえに $|A| = -|A|$ となるから，$2|A| = 0$．すなわち，$|A| = 0$ である.

(2) p.50 の定理 3.3 を使うと，成分がすべて 0 の行からは 0 がくくり出せるから，行列式の値は 0 である.

(3) 第 j 行が第 i 行の c 倍になっているとすると，p.50 の定理 3.3 と上の (1) より，

$$\begin{array}{l} \\ \\ \text{第 } i \text{ 行} \to \\ \\ \text{第 } j \text{ 行} \to \\ \\ \\ \end{array}\begin{vmatrix} a_{11} & a_{12} & \cdots & a_{1n} \\ & \cdots\cdots & \cdots\cdots & \\ a_{i1} & a_{i2} & \cdots & a_{in} \\ & \cdots\cdots & \cdots\cdots & \\ ca_{i1} & ca_{i2} & \cdots & ca_{in} \\ & \cdots\cdots & \cdots\cdots & \\ a_{n1} & a_{n2} & \cdots & a_{nn} \end{vmatrix} = c \begin{vmatrix} a_{11} & a_{12} & \cdots & a_{1n} \\ & \cdots\cdots & \cdots\cdots & \\ a_{i1} & a_{i2} & \cdots & a_{in} \\ & \cdots\cdots & \cdots\cdots & \\ a_{i1} & a_{i2} & \cdots & a_{in} \\ & \cdots\cdots & \cdots\cdots & \\ a_{n1} & a_{n2} & \cdots & a_{nn} \end{vmatrix} = c \cdot 0 = 0$$

例 3.5 次の行列式の値を求めよ.

(1) $\begin{vmatrix} 3 & 1 & 2 \\ 3 & 1 & 2 \\ 0 & 4 & 5 \end{vmatrix} = 0$ 上記 (1) より　(2) $\begin{vmatrix} 0 & 0 & 0 \\ 3 & 1 & 2 \\ 0 & 4 & 5 \end{vmatrix} = 0$ 上記 (2) より　(3) $\begin{vmatrix} 3 & 1 & 2 \\ 6 & 2 & 4 \\ 0 & 4 & 5 \end{vmatrix} = 0$ 上記 (3) より

問 3.4 次の基本行列の行列式の値を定義により求めよ.

(1) $|P_{23}| = \begin{vmatrix} 1 & 0 & 0 & 0 \\ 0 & 0 & 1 & 0 \\ 0 & 1 & 0 & 0 \\ 0 & 0 & 0 & 1 \end{vmatrix}$　(2) $|Q_{23}(c)| = \begin{vmatrix} 1 & 0 & 0 & 0 \\ 0 & 1 & c & 0 \\ 0 & 0 & 1 & 0 \\ 0 & 0 & 0 & 1 \end{vmatrix}$

(3) $|R_2(c)| = \begin{vmatrix} 1 & 0 & 0 & 0 \\ 0 & c & 0 & 0 \\ 0 & 0 & 1 & 0 \\ 0 & 0 & 0 & 1 \end{vmatrix}$

◆ 行列式の計算

定理 3.5 (次数を下げる公式)

① $\begin{vmatrix} a_{11} & a_{12} & \cdots & a_{1n} \\ 0 & a_{22} & \cdots & a_{2n} \\ \vdots & \vdots & & \vdots \\ 0 & a_{n2} & \cdots & a_{nn} \end{vmatrix} = a_{11} \begin{vmatrix} a_{22} & \cdots & a_{2n} \\ \vdots & & \vdots \\ a_{n2} & \cdots & a_{nn} \end{vmatrix}$ ② $\begin{vmatrix} a_{11} & 0 & \cdots & 0 \\ a_{21} & a_{22} & \cdots & a_{2n} \\ \vdots & \vdots & & \vdots \\ a_{n1} & a_{n2} & \cdots & a_{nn} \end{vmatrix} = a_{11} \begin{vmatrix} a_{22} & \cdots & a_{2n} \\ \vdots & & \vdots \\ a_{n2} & \cdots & a_{nn} \end{vmatrix}$

定理 3.6 (行に関する掃き出し不変性) 行列式において，ある行 (列) の c 倍 ($c \neq 0$) を他の行 (列) に加えても，行列式の値は変わらない．

$i \neq j$ のとき，第 i 行に第 j 行の c 倍を加えると，

$$\begin{array}{r} \\ \\ \text{第 } i \text{ 行} \rightarrow \\ \\ \text{第 } j \text{ 行} \rightarrow \\ \\ \\ \end{array} \begin{vmatrix} a_{11} & \cdots & a_{1n} \\ & \cdots\cdots\cdots & \\ a_{i1}+ca_{j1} & \cdots & a_{in}+ca_{jn} \\ & \cdots\cdots\cdots & \\ a_{j1} & \cdots & a_{jn} \\ & \cdots\cdots\cdots & \\ a_{n1} & \cdots & a_{nn} \end{vmatrix} = \begin{vmatrix} a_{11} & \cdots & a_{1n} \\ & \cdots\cdots\cdots & \\ a_{i1} & \cdots & a_{in} \\ & \cdots\cdots\cdots & \\ a_{j1} & \cdots & a_{jn} \\ & \cdots\cdots\cdots & \\ a_{n1} & \cdots & a_{nn} \end{vmatrix}$$

◆ 積の行列式

定理 3.7 (行列式の積の保存性) n 次正方行列 A, B に対して，次が成り立つ．

$$|AB| = |A||B|$$

◆ 行列式による正則性の判定

定理 3.8 (行列式による正則性の判定) A を n 次正方行列とすると次が成り立つ．

(1) A が正則ならば $|A| \neq 0$ (2) A が正則でないならば $|A| = 0$

系 3.1 (値が 0 になる行列式) (➪ p.53 の例題 3.4)

(1) ある 2 つの行 (列) が等しいならば，その行列式の値は 0 である．

(2) ある行 (列) の成分がすべて 0 ならば，その行列式の値は 0 である．

(3) ある行 (列) が他の行 (列) に比例しているならば，その行列式の値は 0 である．

系 3.2 (基本行列の対称性) P を基本行列 P_{ij}, $Q_{ij}(c)$, $R_i(c)$ とすると次が成り立つ．

$$|{}^tP| = |P|$$

より理解を深めるために

◆ **4 次以上の行列式の値の計算法** p.54 の定理 3.6 (列の場合) により，与えられた行列式の第 1 列を掃き出す．次に p.54 の定理 3.5 ① により行列式の次数を下げる．これを繰り返すと，最後は 2 次または 3 次の行列式になるので，サラスの方法 (⇨ p.49) で行列式の値を計算する．

例題 3.5 行列式の値

次の行列式の値を求めよ．

(1) $\begin{vmatrix} -2 & -1 & 3 & 1 \\ 1 & 0 & 1 & 0 \\ 1 & 1 & -1 & -1 \\ -2 & -1 & 1 & 2 \end{vmatrix}$ (2) $\begin{vmatrix} 1 & a & b+c \\ 1 & b & c+a \\ 1 & c & a+b \end{vmatrix}$

【解】 (1) $\begin{vmatrix} -2 & -1 & 3 & 1 \\ 1 & 0 & 1 & 0 \\ 1 & 1 & -1 & -1 \\ -2 & -1 & 1 & 2 \end{vmatrix} \underset{\text{1 行と 2 行を入れかえる}}{=} -\begin{vmatrix} 1 & 0 & 1 & 0 \\ -2 & -1 & 3 & 1 \\ 1 & 1 & -1 & -1 \\ -2 & -1 & 1 & 2 \end{vmatrix}$

$\underset{\text{掃き出し}(1,1)}{=} -\begin{vmatrix} 1 & 0 & 1 & 0 \\ 0 & -1 & 5 & 1 \\ 0 & 1 & -2 & -1 \\ 0 & -1 & 3 & 2 \end{vmatrix} \underset{\text{定理 3.5 ①}}{=} -\begin{vmatrix} -1 & 5 & 1 \\ 1 & -2 & -1 \\ -1 & 3 & 2 \end{vmatrix}$

$\underset{\text{1 行に 2 行を加える}}{=} -\begin{vmatrix} 0 & 3 & 0 \\ 1 & -2 & -1 \\ -1 & 3 & 2 \end{vmatrix} = 3$ (サラスの方法)

(2) $\begin{vmatrix} 1 & a & b+c \\ 1 & b & c+a \\ 1 & c & a+b \end{vmatrix} \underset{\text{3 列に 2 列を加える}}{=} \begin{vmatrix} 1 & a & a+b+c \\ 1 & b & a+b+c \\ 1 & c & a+b+c \end{vmatrix} = (a+b+c)\begin{vmatrix} 1 & a & 1 \\ 1 & b & 1 \\ 1 & c & 1 \end{vmatrix}$

$= 0$ (p.54 の系 3.1 (1))

または次のようにしてもよい．

$\begin{vmatrix} 1 & a & b+c \\ 1 & b & c+a \\ 1 & c & a+b \end{vmatrix} \underset{\text{掃き出し}(1,1)}{=} \begin{vmatrix} 1 & a & b+c \\ 0 & b-a & a-b \\ 0 & c-a & a-c \end{vmatrix} = (a-b)(a-c)\begin{vmatrix} 1 & a & b+c \\ 0 & -1 & 1 \\ 0 & -1 & 1 \end{vmatrix} = 0$

問 3.5 次の行列式の値を求めよ．

(1) $\begin{vmatrix} a & 3a+x & -x \\ b & 3b+y & -y \\ c & 3c+z & -z \end{vmatrix}$ (2) $\begin{vmatrix} 1 & 2 & 0 & -2 \\ -1 & 1 & -1 & 0 \\ 2 & -1 & 2 & -4 \\ 3 & 6 & -1 & 2 \end{vmatrix}$ (3) $\begin{vmatrix} -1 & 1 & 0 & 2 \\ 0 & 2 & 3 & 0 \\ 1 & 1 & -1 & 2 \\ -2 & 0 & 3 & -3 \end{vmatrix}$

より理解を深めるために

例題 3.6 **行列式の計算**

次の行列式を因数分解せよ．

(1) $\begin{vmatrix} a+b & a & a \\ a & a+b & a \\ a & a & a+b \end{vmatrix}$ (2) $\begin{vmatrix} a & a^2 & b+c \\ b & b^2 & c+a \\ c & c^2 & a+b \end{vmatrix}$

【解】 (1) $\begin{vmatrix} a+b & a & a \\ a & a+b & a \\ a & a & a+b \end{vmatrix} \underset{\text{1列に2列と3列を加える}}{=} \begin{vmatrix} 3a+b & a & a \\ 3a+b & a+b & a \\ 3a+b & a & a+b \end{vmatrix}$

$\underset{\text{1列の}3a+b\text{をくくり出す}}{=} (3a+b)\begin{vmatrix} 1 & a & a \\ 1 & a+b & a \\ 1 & a & a+b \end{vmatrix} \underset{\text{掃き出し}(1,1)}{=} (3a+b)\begin{vmatrix} 1 & a & a \\ 0 & b & 0 \\ 0 & 0 & b \end{vmatrix}$

$\underset{\text{定理3.5①を用いる}}{=} (3a+b)\begin{vmatrix} b & 0 \\ 0 & b \end{vmatrix} = (3a+b)b^2$

(2) $D = \begin{vmatrix} a & a^2 & b+c \\ b & b^2 & c+a \\ c & c^2 & a+b \end{vmatrix}$ において，a に b を代入すると，$D=0$．同様に a に c，b に c を代入しても $D=0$ となるから

$$D = (b-c)(c-a)(a-b)f(a,b,c)$$

とおくと，D は 4 次式だから，$f(a,b,c)$ は 1 次式である．しかも，a を b，b を c，c を a にいれかえても同じだから，対称式で，1 次式の対称式は $a+b+c$ 以外にないから，

$$D = k(b-c)(c-a)(a-b)(a+b+c) \quad (k \text{ は定数})$$

とおくことができる．この両辺の ab^3 の項をくらべて $k=1$ となる．

$$\therefore \quad D = (b-c)(c-a)(a-b)(a+b+c).$$

問 3.6 次の行列式の値を求めよ．

(1) $\begin{vmatrix} a & 1 & 0 & 0 \\ b & x & 1 & 0 \\ c & 0 & x & 1 \\ d & 0 & 0 & x \end{vmatrix}$ (2) $\begin{vmatrix} b+c & a & a \\ b & c+a & b \\ c & c & a+b \end{vmatrix}$ (因数定理を用いよ)

より理解を深めるために

例題 3.7 　　　　行列式と正則性

A, B, P を n 次正方行列とするとき，行列式を用いて，次を示せ．

(1) A が正則ならば $|A^{-1}| = |A|^{-1}$.

(2) A, B が正則であることと，AB が正則であることは同値である．

(3) P を正則とすると，$|P^{-1}AP| = |A|$.

(4) A, B が正則ならば，$|A^{-1}B^{-1}AB| = 1$.

【証明】 (1) A が正則であるので，$AA^{-1} = E$. この両辺の行列式を考えて，$|AA^{-1}| = |E|$. よって，$|A||A^{-1}| = 1$ 　 $\therefore$ 　 $|A^{-1}| = |A|^{-1}$.

(2) A, B が正則なので，p.54 の定理 3.8 より $|A| \fallingdotseq 0$, $|B| \fallingdotseq 0$. また p.54 の定理 3.7 より $|AB| = |A||B|$. ゆえに，$|AB| = |A||B| \fallingdotseq 0$. 　 $\therefore$ 　 AB は正則．

逆に，AB が正則ならば $|A||B| = |AB| \fallingdotseq 0$. ゆえに，$|A| \fallingdotseq 0$, $|B| \fallingdotseq 0$. よって，A, B は正則である．

(3) 上記 (1) より $|P^{-1}| = |P|^{-1}$.

$$\therefore \quad |P^{-1}AP| = |P^{-1}||A||P| = |P|^{-1}|A||P| = |A|$$

(4) $|A^{-1}B^{-1}AB| = |A^{-1}||B^{-1}||A||B| = |A|^{-1}|B|^{-1}|A||B| = 1$.

例題 3.8 　　　　行列式と直交行列

A を n 次直交行列 (⇨ p.12, $A^{-1} = {}^tA$) とするとき次を証明せよ．

(1) $|A| = \pm 1$

(2) $|A| = -1$ ならば，$|A + E| = 0$

【証明】 (1) $|A|^2 = |A||A| = |A||{}^tA| = |A\,{}^tA| = |AA^{-1}| = |E| = 1$

$$\therefore \quad |A| = \pm 1$$

(2) $|A + E| = |AE + AA^{-1}| = |A(E + A^{-1})| = |A||E + A^{-1}|$
$= |A||E + {}^tA| = |A||{}^t(E + A)| = |A||E + A|$ 　(⇨ p.50 の定理 3.1)
$= -|E + A|$ 　($\because$ 　$|A| = -1$ を代入). 　 $\therefore$ 　 $2|A + E| = 0$ 　 $\therefore$ 　 $|A + E| = 0$.

問 3.7 　行列式を用いて，次を証明せよ．

(1) A, B を n 次正方行列とし，$AB = aE$ $(a \fallingdotseq 0)$ とすると，A, B は正則である．

(2) $|A| \fallingdotseq 1$ なるべき等(とう)行列 (⇨ p.12, $A^2 = A$ となる正方行列) A は正則でない．

(3) A が正則ならば ${}^tA$ も正則である．

(4) $A^2 = E$ ならば $|A + E| = 0$ または $|A - E| = 0$ である．

3.3 余因子展開，逆行列と連立 1 次方程式への応用

◆ **余因子**　n 次正方行列 $A=\left[a_{ij}\right]$ において，a_{ij} が含まれている行と列を除いて残りの成分からできている $n-1$ 次の行列式

$$\begin{array}{c} \text{第 } j \text{ 列を取り去る} \\ \downarrow \end{array}$$

$$D_{ij}=\begin{vmatrix} a_{11} & \cdots & a_{1j} & \cdots & a_{1n} \\ \vdots & & \vdots & & \vdots \\ a_{i1} & \cdots & a_{ij} & \cdots & a_{in} \\ \vdots & & \vdots & & \vdots \\ a_{n1} & \cdots & a_{nj} & \cdots & a_{nn} \end{vmatrix} \leftarrow \text{第 } i \text{ 行を取り去る}$$

を D_{ij} と表す．これに $(-1)^{i+j}$ をかけた

$$A_{ij}=(-1)^{i+j}D_{ij}$$

を A の第 (i,j) 成分の**余因子**という (➪ p.59 の例 3.6，例題 3.9).

この余因子に関して，次のように考えると，符号の変化が行や列についての交代性に由来することがわかる．

$$\begin{array}{c} \text{第 } j \text{ 列} \\ \downarrow \end{array}$$

$$\text{第 } i \text{ 行} \rightarrow \begin{vmatrix} a_{11} & \cdots & a_{1\,j-1} & 0 & a_{1\,j+1} & \cdots & a_{1n} \\ \vdots & & \vdots & \vdots & \vdots & & \vdots \\ a_{i-1\,1} & \cdots & a_{i-1\,j-1} & 0 & a_{i-1\,j+1} & \cdots & a_{i-1\,n} \\ 0 & \cdots & 0 & 1 & 0 & \cdots & 0 \\ a_{i+1\,1} & \cdots & a_{i+1\,j-1} & 0 & a_{i+1\,j+1} & \cdots & a_{i+1\,n} \\ \vdots & & \vdots & \vdots & \vdots & & \vdots \\ a_{n1} & \cdots & a_{n\,j-1} & 0 & a_{n\,j+1} & \cdots & a_{nn} \end{vmatrix}$$

$$=(-1)^{i+j}\begin{vmatrix} 1 & 0 & \cdots & 0 & 0 & \cdots & 0 \\ 0 & a_{11} & \cdots & a_{1\,j-1} & a_{1\,j+1} & \cdots & a_{1n} \\ \vdots & \vdots & & \vdots & \vdots & & \vdots \\ 0 & a_{i-1\,1} & \cdots & a_{i-1\,j-1} & a_{i-1\,j+1} & \cdots & a_{i-1\,n} \\ 0 & a_{i+1\,1} & \cdots & a_{i+1\,j-1} & a_{i+1\,j+1} & \cdots & a_{i+1\,n} \\ \vdots & \vdots & & \vdots & \vdots & & \vdots \\ 0 & a_{n1} & \cdots & a_{n\,j-1} & a_{n\,j+1} & \cdots & a_{nn} \end{vmatrix}$$

$$=(-1)^{i+j}D_{ij}=A_{ij}$$

より理解を深めるために

例 3.6　$A = \begin{bmatrix} a_{11} & a_{12} & a_{13} \\ a_{21} & a_{22} & a_{23} \\ a_{31} & a_{32} & a_{33} \end{bmatrix}$ の余因子 A_{11}，A_{12}，$\cdots$，A_{33} を求めよ．

$$A_{11} = \begin{vmatrix} a_{22} & a_{23} \\ a_{32} & a_{33} \end{vmatrix}, \quad A_{12} = -\begin{vmatrix} a_{21} & a_{23} \\ a_{31} & a_{33} \end{vmatrix}, \quad A_{13} = \begin{vmatrix} a_{21} & a_{22} \\ a_{31} & a_{32} \end{vmatrix}$$
$$A_{21} = -\begin{vmatrix} a_{12} & a_{13} \\ a_{32} & a_{33} \end{vmatrix}, \quad A_{22} = \begin{vmatrix} a_{11} & a_{13} \\ a_{31} & a_{33} \end{vmatrix}, \quad A_{23} = -\begin{vmatrix} a_{11} & a_{12} \\ a_{31} & a_{32} \end{vmatrix}$$
$$A_{31} = \begin{vmatrix} a_{12} & a_{13} \\ a_{22} & a_{23} \end{vmatrix}, \quad A_{32} = -\begin{vmatrix} a_{11} & a_{13} \\ a_{21} & a_{23} \end{vmatrix}, \quad A_{33} = \begin{vmatrix} a_{11} & a_{12} \\ a_{21} & a_{22} \end{vmatrix}$$

このように行列式の前につける符号 $(-1)^{i+j}$ は

$$\begin{bmatrix} + & - & + \\ - & + & - \\ + & - & + \end{bmatrix}$$

のようになり，左上のところから，+, − を交代させてとればよい．

例題 3.9　　　余因子

$A = \begin{bmatrix} 2 & -3 & 1 \\ 3 & 2 & -1 \\ 4 & -1 & 1 \end{bmatrix}$ のとき，余因子 A_{11}，A_{21}，A_{31}，A_{33} を求めよ．

【解】　$A_{11} = (-1)^{1+1}\begin{vmatrix} 2 & -1 \\ -1 & 1 \end{vmatrix} = 2 - 1 = 1$　(サラスの方法)

$A_{21} = (-1)^{2+1}\begin{vmatrix} -3 & 1 \\ -1 & 1 \end{vmatrix} = -(-3+1) = 2$　(サラスの方法)

$A_{31} = (-1)^{3+1}\begin{vmatrix} -3 & 1 \\ 2 & -1 \end{vmatrix} = 3 - 2 = 1$　(サラスの方法)

$A_{33} = (-1)^{3+3}\begin{vmatrix} 2 & -3 \\ 3 & 2 \end{vmatrix} = 4 + 9 = 13$　(サラスの方法)

問 3.8　次の行列の $(3,2)$ 成分の余因子 A_{32} を求めよ．

$$A = \begin{bmatrix} 3 & 1 & -4 & 2 \\ 1 & 0 & 5 & 0 \\ 0 & -1 & 3 & 0 \\ 2 & 4 & 4 & 5 \end{bmatrix}$$

◆ **逆行列，余因子展開**　A_{ij} を n 次正方行列 A の第 (i,j) 成分の余因子とするとき，${}^t[A_{ij}]$ を A の**余因子行列**といって，$\mathrm{adj}\,A$ (もしくは $\widetilde{A}$) で表す．次の定理により余因子行列は逆行列と密接に関係していることがわかる．

定理 3.9　(逆行列)　n 次正方行列 A は正則とする ($|A| \neq 0$).

$$A^{-1} = \frac{1}{|A|}\,\mathrm{adj}\,A = \frac{1}{|A|}{}^t[A_{ij}] = \frac{1}{|A|}\begin{bmatrix} A_{11} & A_{21} & \cdots & A_{n1} \\ A_{12} & A_{22} & \cdots & A_{n2} \\ & \cdots\cdots\cdots & & \\ A_{1n} & A_{2n} & \cdots & A_{nn} \end{bmatrix}$$

定理 3.10　(余因子展開)　n 次正方行列 A の第 (i,j) 成分の余因子を A_{ij} とするとき，

(1)　$a_{1j}A_{1j} + a_{2j}A_{2j} + \cdots + a_{nj}A_{nj} = |A|$

(2)　$a_{i1}A_{i1} + a_{i2}A_{i2} + \cdots + a_{in}A_{in} = |A|$

(1)′　$a_{1i}A_{1j} + a_{2i}A_{2j} + \cdots + a_{ni}A_{nj} = 0 \quad (i \neq j)$

(2)′　$a_{i1}A_{j1} + a_{i2}A_{j2} + \cdots + a_{in}A_{jn} = 0 \quad (i \neq j)$

(1) を $|A|$ の**第 j 列についての展開式**といい，(2) を $|A|$ の**第 i 行についての展開式**という．

◆ **連立 1 次方程式への応用 (クラメールの公式)**　未知数の個数と方程式の個数が等しい連立 1 次方程式 $A\boldsymbol{x} = \boldsymbol{b}$ (⇨ p.32)

$$A = \begin{bmatrix} a_{11} & a_{12} & \cdots & a_{1n} \\ a_{21} & a_{22} & \cdots & a_{2n} \\ & \cdots\cdots\cdots & & \\ a_{n1} & a_{n2} & \cdots & a_{nn} \end{bmatrix}, \quad \boldsymbol{x} = \begin{bmatrix} x_1 \\ x_2 \\ \vdots \\ x_n \end{bmatrix}, \quad \boldsymbol{b} = \begin{bmatrix} b_1 \\ b_2 \\ \vdots \\ b_n \end{bmatrix} \qquad \cdots ①$$

の解を求めるのに次のようなクラメールの公式がある．

定理 3.11　(クラメールの公式)　$|A| \neq 0$ のとき上記連立 1 次方程式 ① の解は，

第 i 列

$$x_i = \frac{1}{|A|}\begin{vmatrix} a_{11} & \cdots & b_1 & \cdots & a_{1n} \\ a_{21} & \cdots & b_2 & \cdots & a_{2n} \\ \vdots & & \vdots & & \vdots \\ a_{n1} & \cdots & b_n & \cdots & a_{nn} \end{vmatrix} \quad (i = 1, 2, \cdots, n)$$

で与えられる．すなわち，解 x_i は A の第 i 列を $\boldsymbol{b}$ でおきかえた行列の行列式を $|A|$ で割ったものである．

より理解を深めるために

例題 3.10　　　　　　　　　　　　　　　　　　　　　　　　**逆行列**

次の行列が正則ならば，逆行列を求めよ (前ページの定理 3.9 を用いよ).

$$A = \begin{bmatrix} 1 & 2 & -1 \\ -1 & -1 & 2 \\ 2 & -1 & 1 \end{bmatrix}$$

【解】　これは，p.34 の例題 2.6 と同じであるが，ここでは前ページの定理 3.9 を用いて求める．まず正則かどうか調べる．

$$|A| = \begin{vmatrix} 1 & 2 & -1 \\ -1 & -1 & 2 \\ 2 & -1 & 1 \end{vmatrix} \underset{\substack{\text{掃き出し} \\ (1,1)}}{=} \begin{vmatrix} 1 & 2 & -1 \\ 0 & 1 & 1 \\ 0 & -5 & 3 \end{vmatrix} \underset{\substack{\text{次数を} \\ \text{下げる}}}{=} \begin{vmatrix} 1 & 1 \\ -5 & 3 \end{vmatrix} = 8 \fallingdotseq\!\!\!/\ 0$$

ゆえに A は正則．余因数を計算する．

$$A_{11} = \begin{vmatrix} -1 & 2 \\ -1 & 1 \end{vmatrix} = 1, \quad A_{12} = -\begin{vmatrix} -1 & 2 \\ 2 & 1 \end{vmatrix} = 5, \quad A_{13} = \begin{vmatrix} -1 & -1 \\ 2 & -1 \end{vmatrix} = 3$$

$$A_{21} = -\begin{vmatrix} 2 & -1 \\ -1 & 1 \end{vmatrix} = -1, \quad A_{22} = \begin{vmatrix} 1 & -1 \\ 2 & 1 \end{vmatrix} = 3, \quad A_{23} = -\begin{vmatrix} 1 & 2 \\ 2 & -1 \end{vmatrix} = 5$$

$$A_{31} = \begin{vmatrix} 2 & -1 \\ -1 & 2 \end{vmatrix} = 3, \quad A_{32} = -\begin{vmatrix} 1 & -1 \\ -1 & 2 \end{vmatrix} = -1, \quad A_{33} = \begin{vmatrix} 1 & 2 \\ -1 & -1 \end{vmatrix} = 1$$

$$\therefore \quad A^{-1} = \frac{1}{8}\begin{vmatrix} 1 & -1 & 3 \\ 5 & 3 & -1 \\ 3 & 5 & 1 \end{vmatrix} = \begin{vmatrix} 1/8 & -1/8 & 3/8 \\ 5/8 & 3/8 & -1/8 \\ 3/8 & 5/8 & 1/8 \end{vmatrix}$$

問 3.9　A を n 次の正則行列とするとき，次のことを示せ．

$$|\mathrm{adj}\, A| = |A|^{n-1}$$

問 3.10　次の行列の逆行列を求めよ．

(1) $\begin{bmatrix} 1 & -1 & 1 \\ 2 & 1 & 0 \\ 1 & -2 & 3 \end{bmatrix}$　　(2) $\begin{bmatrix} 1 & 0 & 1 \\ 1 & 1 & 1 \\ 2 & 1 & 1 \end{bmatrix}$

問 3.11　$\begin{bmatrix} a & 1 & 1 \\ 0 & b & 1 \\ 0 & 0 & c \end{bmatrix}$ が正則であるための条件を求めよ．またそのときの逆行列を求めよ．

より理解を深めるために

例題 3.11 **余因子展開**

行列式 $D = \begin{vmatrix} 3 & 1 & -4 & 2 \\ 1 & 0 & 5 & 0 \\ 0 & -1 & 3 & 0 \\ 2 & 4 & 4 & 5 \end{vmatrix}$ の値を第 3 行で展開することにより求めよ．

【解】 p.60 の定理 3.10(2) より，

$$D = (-1)A_{32} + 3A_{33} = (-1)(-1)^{2+3}\begin{vmatrix} 3 & -4 & 2 \\ 1 & 5 & 0 \\ 2 & 4 & 5 \end{vmatrix} + 3(-1)^{3+3}\begin{vmatrix} 3 & 1 & 2 \\ 1 & 0 & 0 \\ 2 & 4 & 5 \end{vmatrix}$$

$$\begin{vmatrix} 3 & -4 & 2 \\ 1 & 5 & 0 \\ 2 & 4 & 5 \end{vmatrix} \underset{1\,行 \leftrightarrow 2\,行}{=} -\begin{vmatrix} 1 & 5 & 0 \\ 3 & -4 & 2 \\ 2 & 4 & 5 \end{vmatrix} \underset{\substack{掃き出し \\ (1,1)}}{=} -\begin{vmatrix} 1 & 5 & 0 \\ 0 & -19 & 2 \\ 0 & -6 & 5 \end{vmatrix}$$

$$= -\begin{vmatrix} -19 & 2 \\ -6 & 5 \end{vmatrix} = 83$$

$$\begin{vmatrix} 3 & 1 & 2 \\ 1 & 0 & 0 \\ 2 & 4 & 5 \end{vmatrix} = (-1)^{2+1}\begin{vmatrix} 1 & 2 \\ 4 & 5 \end{vmatrix} = -(-3) = 3 \qquad \therefore \quad D = 83 + 3 \times 3 = 92$$

注意 3.2 行列式の計算は，p.55 で述べたが，もう少し詳しく述べると次のようになる．

(1) 行あるいは列から共通因数をくくり出す．

(2) 1 つの行あるいは列にできるだけ多くの 0 をつくる．

(3) (2) のために有効なのは掃き出しを行うことである．

(4) 余因子展開で次数を下げる．

(5) 最後に 3 次または 2 次の行列式にサラスの方法を用いる．

注意 3.3 p.60 の定理 3.10 の行列式の余因子展開は，線形代数の理論では重要な位置を占めているが，具体的に行列式を計算する方法としては，上記注意 3.2 の方が便利である．

問 3.12 次の行列式の値を求めよ．

(1) $\begin{vmatrix} 1 & 1 & 2 & 3 \\ 2 & 4 & 3 & 6 \\ 1 & 2 & 4 & 3 \\ 2 & 4 & 2 & 8 \end{vmatrix}$ (2) $\begin{vmatrix} 1 & -2 & 3 & -2 & -2 \\ 1 & -1 & 1 & 3 & 2 \\ 1 & 1 & 2 & 1 & 1 \\ 1 & -4 & -3 & -2 & -5 \\ 3 & -2 & 2 & 2 & -2 \end{vmatrix}$

より理解を深めるために

例題 3.12 クラメールの公式

連立 1 次方程式
$$\begin{cases} 3x_1 - 4x_2 + 5x_3 = 4 \\ -7x_1 + 8x_2 - 9x_3 = -4 \\ 11x_1 - 5x_2 + 6x_3 = -3 \end{cases}$$
をクラメールの公式 (⇨ p.60) を用いて解け．

【解】 この連立 1 次方程式の係数行列 A の行列式を $|A|$ とすると，

$$|A| = \begin{vmatrix} 3 & -4 & 5 \\ -7 & 8 & -9 \\ 11 & -5 & 6 \end{vmatrix} \underset{3\text{列}+2\text{列}}{=} \begin{vmatrix} 3 & -4 & 1 \\ -7 & 8 & -1 \\ 11 & -5 & 1 \end{vmatrix} \underset{\substack{\text{掃き出し} \\ (1,3)}}{=} \begin{vmatrix} 3 & -4 & 1 \\ -4 & 4 & 0 \\ 8 & -1 & 0 \end{vmatrix}$$
$$= (-1)^{1+3} \begin{vmatrix} -4 & 4 \\ 8 & -1 \end{vmatrix} = -28 \neq 0$$

ゆえにクラメールの公式により，

$$x_1 = \frac{1}{-28} \begin{vmatrix} 4 & -4 & 5 \\ -4 & 8 & -9 \\ -3 & -5 & 6 \end{vmatrix} = -1, \quad x_2 = \frac{1}{-28} \begin{vmatrix} 3 & 4 & 5 \\ -7 & -4 & -9 \\ 11 & -3 & 6 \end{vmatrix} = 2$$

$$x_3 = \frac{1}{-28} \begin{vmatrix} 3 & -4 & 4 \\ -7 & 8 & -4 \\ 11 & -5 & -3 \end{vmatrix} = 3 \qquad \therefore \begin{cases} x_1 = -1 \\ x_2 = 2 \\ x_3 = 3 \end{cases}$$

問 3.13 クラメールの公式 (⇨ p.60) を用いて，次の連立 1 次方程式を解け．

(1) $\begin{cases} 3x_1 - x_2 + 3x_3 = 1 \\ -x_1 + 5x_2 - 2x_3 = 1 \\ x_1 - x_2 + 3x_3 = 2 \end{cases}$ (2) $\begin{cases} x_1 - x_2 + 2x_3 = 1 \\ 3x_1 + x_2 - 3x_3 = 5 \\ -x_1 + 2x_2 + 5x_3 = -1 \end{cases}$

(3) $\begin{cases} 2x_1 + 3x_2 + x_3 = 9 \\ x_1 + 2x_2 + 3x_3 = 6 \\ 3x_1 + x_2 + 2x_3 = 8 \end{cases}$

問 3.14 次の連立 1 次方程式が，$x_1 = 0, x_2 = 0, x_3 = 0$ 以外の解をもてば，係数の行列式 $|A| = 0$ であることを示せ．

$$\begin{cases} a_{11}x_1 + a_{12}x_2 + a_{13}x_3 = 0 \\ a_{21}x_1 + a_{22}x_2 + a_{23}x_3 = 0 \\ a_{31}x_1 + a_{32}x_2 + a_{33}x_3 = 0 \end{cases}$$

演　習　問　題

問題 3.1　　ヴァンデルモンドの行列式

行列式 $D = \begin{vmatrix} 1 & 1 & 1 \\ x_1 & x_2 & x_3 \\ x_1^2 & x_2^2 & x_3^2 \end{vmatrix}$ を因数分解せよ．

【解】　行列式 D を x_1, x_2, x_3 の多項式と考える．x_1 に x_2 を代入すると，D の値は 0 になるから，因数定理によりこの行列式は $(x_1 - x_2)$ 割り切れる．同様に x_2 に x_3 を代入しても，x_3 に x_1 を代入しても，D の値は 0 になり，$(x_2 - x_3), (x_3 - x_1)$ で割り切れる．

よって，行列式 D は $(x_1 - x_2)(x_2 - x_3)(x_3 - x_1)$ で割り切れることになるが，行列式 D も x_1, x_2, x_3 に関して 3 次だから

$$D = k(x_1 - x_2)(x_2 - x_3)(x_3 - x_1) \quad (k\text{；定数})$$

となる．例えば，この両辺の $x_2 x_3^2$ の項を比較すると $k = 1$ となる．

$$\therefore \quad D = (x_1 - x_2)(x_2 - x_3)(x_3 - x_1).$$

追記 3.1　このヴァンデルモンドの行列式は次のように拡張される．

$$\begin{vmatrix} 1 & 1 & \cdots & 1 \\ x_1 & x_2 & \cdots & x_n \\ x_1^2 & x_2^2 & \cdots & x_n^2 \\ \vdots & \vdots & & \vdots \\ x_1^{n-1} & x_2^{n-1} & \cdots & x_n^{n-1} \end{vmatrix} \begin{aligned} = (x_2 - x_1)(x_3 - x_1)&\cdots(x_n - x_1) \\ \times(x_3 - x_2)&\cdots(x_n - x_2) \\ &\cdots\cdots\cdots \\ &\times(x_n - x_{n-1}) \end{aligned}$$

（解答は章末の p.71 以降に掲載されています.）

演習 3.1　次の行列式を因数分解せよ．

(1) $\begin{vmatrix} 1 & 1 & 1 \\ a & a^2 & a^3 \\ b & b^2 & b^3 \end{vmatrix}$　　(2) $\begin{vmatrix} 1 & 1 & 1 \\ a^2 & b^2 & c^2 \\ a^3 & b^3 & c^3 \end{vmatrix}$

演習 3.2　次の n 次の行列式を計算せよ．

$$\begin{vmatrix} a & b & b & \cdots & b \\ b & a & b & \cdots & b \\ b & b & a & \cdots & b \\ \vdots & \vdots & \vdots & \ddots & \vdots \\ b & b & b & \cdots & a \end{vmatrix}$$

問題 3.2 ―― 行列の積の行列式 ($|\boldsymbol{AB}| = |\boldsymbol{A}||\boldsymbol{B}|$)

(1) $A = \begin{bmatrix} a & -b \\ b & a \end{bmatrix}$, $B = \begin{bmatrix} x & -y \\ y & x \end{bmatrix}$ として，a^2+b^2 と x^2+y^2 の積は，X^2+Y^2 の形であることを示せ.

(2) $A = \begin{bmatrix} 0 & c & b \\ c & 0 & a \\ b & a & 0 \end{bmatrix}$ とし，$|A^2|$ を計算することによって，次を求めよ.

$$\begin{vmatrix} b^2+c^2 & ab & ca \\ ab & c^2+a^2 & bc \\ ca & bc & a^2+b^2 \end{vmatrix}$$

【解】 (1) $(a^2+b^2)(x^2+y^2) = \begin{vmatrix} a & -b \\ b & a \end{vmatrix}\begin{vmatrix} x & -y \\ y & x \end{vmatrix} = \begin{vmatrix} ax-by & -ay-bx \\ bx+ay & -by+ax \end{vmatrix}$

$$= \begin{vmatrix} X & -Y \\ Y & X \end{vmatrix} = X^2+Y^2, \quad \begin{cases} X = ax-by \\ Y = bx+ay \end{cases}$$

(2) p.54 の定理 3.7 より $|A^2| = |A|^2$ である.

$$A^2 = \begin{bmatrix} 0 & c & b \\ c & 0 & a \\ b & a & 0 \end{bmatrix}\begin{bmatrix} 0 & c & b \\ c & 0 & a \\ b & a & 0 \end{bmatrix} = \begin{bmatrix} b^2+c^2 & ab & ca \\ ab & c^2+a^2 & bc \\ ca & bc & a^2+b^2 \end{bmatrix}$$

$$\therefore \quad \begin{vmatrix} b^2+c^2 & ab & ca \\ ab & c^2+a^2 & bc \\ ca & bc & a^2+b^2 \end{vmatrix} = \begin{vmatrix} 0 & c & b \\ c & 0 & a \\ b & a & 0 \end{vmatrix}^2 = (2abc)^2$$

演習 3.3　次の行列 A, B に $|AB| = |A||B|$ を適用して $|A|$ を求めよ.

$$A = \begin{bmatrix} a & b & c & d \\ -b & a & -d & c \\ -c & d & a & -b \\ -d & -c & b & a \end{bmatrix}, \quad B = {}^tA \quad (|A| = |{}^tA| \ (\Rightarrow \text{p.50}) \text{ を用いよ})$$

演習 3.4　$B = \begin{bmatrix} 0 & 1 & 1 \\ 1 & 0 & 1 \\ 1 & 1 & 0 \end{bmatrix}$, $A = \begin{bmatrix} 0 & c & b \\ c & 0 & a \\ b & a & 0 \end{bmatrix}$ とし，BA を計算することにより，$\begin{vmatrix} b+c & a & a \\ b & c+a & b \\ c & c & a+b \end{vmatrix}$ の値を求めよ.

問題 3.3 **クラメールの公式**

次の連立 1 次方程式をクラメールの公式を用いて解け．

$$\begin{cases} x + ay + az = 1 \\ ax + 2y + az = 2 \qquad (a \geqq 3) \\ ax + ay + 3z = 3 \end{cases}$$

【解】 係数の行列式 $|A| = \begin{vmatrix} 1 & a & a \\ a & 2 & a \\ a & a & 3 \end{vmatrix} = \begin{vmatrix} 1 & a & a \\ 0 & 2-a^2 & a-a^2 \\ 0 & a-a^2 & 3-a^2 \end{vmatrix}$

$$= \begin{vmatrix} 2-a^2 & a-a^2 \\ a-a^2 & 3-a^2 \end{vmatrix} = 2a^3 - 6a^2 + 6 > 0 \quad (a \geqq 3)$$

$$\therefore \quad |A| \fallingdotseq 0.$$

よって，クラメールの公式により，

$$x = \frac{1}{|A|}\begin{vmatrix} 1 & a & a \\ 2 & 2 & a \\ 3 & a & 3 \end{vmatrix} = \frac{1}{|A|}\begin{vmatrix} 1 & a & a \\ 0 & 2-2a & a-2a \\ 0 & a-3a & 3-3a \end{vmatrix} = \frac{1}{|A|}\begin{vmatrix} 2-2a & a-2a \\ a-3a & 3-3a \end{vmatrix}$$

$$= \frac{1}{|A|}(4a^2 - 12a + 6)$$

$$y = \frac{1}{|A|}\begin{vmatrix} 1 & 1 & a \\ a & 2 & a \\ a & 3 & 3 \end{vmatrix} = \frac{1}{|A|}\begin{vmatrix} 1 & 1 & a \\ 0 & 2-a & a-a^2 \\ 0 & 3-a & 3-a^2 \end{vmatrix} = \frac{1}{|A|}\begin{vmatrix} 2-a & a-a^2 \\ 3-a & 3-a^2 \end{vmatrix}$$

$$= \frac{1}{|A|}(2a^2 - 6a + 6)$$

$$z = \frac{1}{|A|}\begin{vmatrix} 1 & a & 1 \\ a & 2 & 2 \\ a & a & 3 \end{vmatrix} = \frac{1}{|A|}\begin{vmatrix} 1 & a & 1 \\ 0 & 2-a^2 & 2-a \\ 0 & a-a^2 & 3-a \end{vmatrix} = \frac{1}{|A|}\begin{vmatrix} 2-a^2 & 2-a \\ a-a^2 & 3-a \end{vmatrix}$$

$$= \frac{1}{|A|}(-4a + 6)$$

$$\therefore \quad x = \frac{4a^2 - 12a + 6}{2a^3 - 6a^2 + 6}, \quad y = \frac{2a^2 - 6a + 6}{2a^3 - 6a^2 + 6}, \quad z = \frac{-4a + 6}{2a^3 - 6a^2 + 6}$$

演習 3.5 $a \fallingdotseq b,\ b \fallingdotseq c,\ c \fallingdotseq a$ のとき，次の連立 1 次方程式を解け．

$$\begin{cases} x + y + z = 1 \\ ax + by + cz = d \\ a^2x + b^2y + c^2z = d^2 \end{cases}$$

問題 3.4 ——— 行列式の計算

$$D = \begin{vmatrix} a_0 & -1 & 0 & \cdots & 0 \\ a_1 & x & -1 & \ddots & \vdots \\ a_2 & 0 & x & \ddots & 0 \\ \vdots & \vdots & \ddots & \ddots & -1 \\ a_n & 0 & \cdots & 0 & x \end{vmatrix} = a_0x^n + a_1x^{n-1} + \cdots + a_n$$ を示せ.

【解】 n に関する帰納法で証明する. $n=0$ のときは明らかである.

$n-1$ まで成り立つとして, n のときに成り立つことを示す. D に第 1 行に関する余因子展開 (➪ p.60 の定理 3.10) を行うと,

$$D = a_0 \begin{vmatrix} x & -1 & 0 & \cdots & 0 \\ 0 & x & -1 & \ddots & \vdots \\ 0 & 0 & x & \ddots & 0 \\ \vdots & \vdots & \ddots & \ddots & -1 \\ 0 & 0 & \cdots & 0 & x \end{vmatrix} - (-1) \begin{vmatrix} a_1 & -1 & 0 & \cdots & 0 \\ a_2 & x & -1 & \ddots & \vdots \\ a_3 & 0 & x & \ddots & 0 \\ \vdots & \vdots & \ddots & \ddots & -1 \\ a_n & 0 & \cdots & 0 & x \end{vmatrix}$$

$$= a_0x^n + (a_1x^{n-1} + a_2x^{n-2} + \cdots + a_n) \quad \text{(帰納法の仮定を用いる).}$$

$$= a_0x^n + a_1x^{n-1} + a_2x^{n-2} + \cdots + a_n$$

演習 3.6 次の行列式の値を求めよ.

(1) $\begin{vmatrix} 1 & a & b & c+d \\ 1 & b & c & d+a \\ 1 & c & d & a+b \\ 1 & d & a & b+c \end{vmatrix}$ (2) $\begin{vmatrix} 1 & a & b & c \\ a & 1 & 0 & 0 \\ b & 0 & 1 & 0 \\ c & 0 & 0 & 1 \end{vmatrix}$

(3) $\begin{vmatrix} 1 & x & x^2 & x^3 \\ x & x^2 & x^3 & 1 \\ x^2 & x^3 & 1 & x \\ x^3 & 1 & x & x^2 \end{vmatrix}$ (4) $\begin{vmatrix} -3 & 1 & 1 & 1 \\ 1 & -3 & 1 & 1 \\ 1 & 1 & -3 & 1 \\ 1 & 1 & 1 & -3 \end{vmatrix}$

(5) $\begin{vmatrix} a & a & a & a \\ a & x & a & a \\ a & a & x & a \\ a & a & a & x \end{vmatrix}$

研究 ブロック分割と行列式について

定理 3.12 A を n 次，B を m 次の正方行列とし，C を $m\times n$ 行列とするとき，

$$\begin{vmatrix} A & O \\ C & B \end{vmatrix} = |A|\,|B|$$

が成立する．

【証明】 行列 A, B, C を次のように表し，

$$A = \begin{bmatrix} a_{11} & \cdots & a_{1n} \\ \vdots & & \vdots \\ a_{n1} & \cdots & a_{nn} \end{bmatrix}, \quad B = \begin{bmatrix} b_{11} & \cdots & b_{1m} \\ \vdots & & \vdots \\ b_{m1} & \cdots & b_{mm} \end{bmatrix}, \quad C = \begin{bmatrix} c_{11} & \cdots & c_{1n} \\ \vdots & & \vdots \\ c_{m1} & \cdots & c_{mn} \end{bmatrix}$$

$$\begin{vmatrix} A & O \\ C & B \end{vmatrix} = \begin{vmatrix} a_{11} & \cdots & a_{1n} & 0 & \cdots & 0 \\ \vdots & & \vdots & \vdots & & \vdots \\ a_{n1} & \cdots & a_{nn} & 0 & \cdots & 0 \\ c_{11} & \cdots & c_{1n} & b_{11} & \cdots & b_{1m} \\ \vdots & & \vdots & \vdots & & \vdots \\ c_{m1} & \cdots & c_{mn} & b_{m1} & \cdots & b_{mm} \end{vmatrix} = |A|\,|B| \qquad \cdots ①$$

が成立することを示す．ここでは，数学的帰納法を用いて証明する．

$n=1$ のときは，

$$\begin{vmatrix} A & O \\ C & B \end{vmatrix} = \begin{vmatrix} a_{11} & 0 & \cdots & 0 \\ c_{11} & b_{11} & \cdots & b_{1m} \\ \vdots & \vdots & & \vdots \\ c_{m1} & b_{m1} & \cdots & b_{mm} \end{vmatrix}$$

$$= a_{11} \begin{vmatrix} b_{11} & \cdots & b_{1m} \\ \vdots & & \vdots \\ b_{m1} & \cdots & b_{mm} \end{vmatrix} = |A|\,|B|$$

となり成立する．次に A が $n-1$ 次の正方行列のとき，成立するものとする．

A が n 次のとき，第 1 行で展開して，

$$\begin{vmatrix} A & O \\ C & B \end{vmatrix} = a_{11}L_{11} + a_{12}L_{12} + \cdots + a_{1n}L_{1n}$$

$$\left(L_{1j} \text{は行列} \begin{bmatrix} A & O \\ C & B \end{bmatrix} \text{における } a_{1j} \text{の余因子} \right)$$

ここで

$$L_{1j} = (-1)^{1+j} \begin{vmatrix} \tilde{A}_{1j} & O \\ C_j & B \end{vmatrix} \quad \left(\begin{array}{l} \tilde{A}_{1j} \text{ は } A \text{ の第 1 行，第 } j \text{ 列を} \\ \text{除いた } n-1 \text{ 次小行列とし，} \\ C_j \text{ は } C \text{ から第 } j \text{ 列を除いた，} \\ \underset{\sim\sim\sim\sim\sim\sim\sim}{m \times (n-1) \text{ 次}}\text{の行列とする．} \end{array} \right)$$

であり，帰納法の仮定より，

$$L_{1j} = (-1)^{1+j} |\tilde{A}_{1j}|\,|B| = A_{1j}|B| \quad \left(\begin{array}{l} A_{1j} \text{ は } A \text{ における } a_{1j} \\ \text{の余因子である．} \end{array} \right)$$

だから，

$$\begin{vmatrix} A & O \\ C & B \end{vmatrix} = (a_{11}A_{11} + a_{12}A_{12} + \cdots + a_{1n}A_{1n})|B| = |A|\,|B|.$$

ゆえに，A が n 次正方行列のときも正しい．

全く同様にして，A を n 次，B を m 次の正方行列とし，D を $n \times m$ 行列とすると，次式が成立する．

$$\begin{vmatrix} A & D \\ O & B \end{vmatrix} = |A|\,|B|$$

例 3.7　A, B を n 次正方行列とするとき，次式を示せ．

$$\begin{vmatrix} A & B \\ B & A \end{vmatrix} = |A+B|\,|A-B|$$

【解】

$$\begin{vmatrix} A & B \\ B & A \end{vmatrix} = \left(\begin{array}{c} \text{第 1 行に第 } n+1 \text{ 行を加える} \\ \text{第 2 行に第 } n+2 \text{ 行を加える} \\ \vdots \\ \text{第 } n \text{ 行に第 } 2n \text{ 行を加える} \end{array} \right) = \begin{vmatrix} A+B & A+B \\ B & A \end{vmatrix}$$

$$= \left(\begin{array}{c} \text{第 } n+1 \text{ 列から第 1 列を引く} \\ \text{第 } n+2 \text{ 列から第 2 列を引く} \\ \vdots \\ \text{第 } 2n \text{ 列から第 } n \text{ 列を引く} \end{array} \right) = \begin{vmatrix} A+B & O \\ B & A-B \end{vmatrix}$$

よって，前ページの定理 3.12 より

$$\begin{vmatrix} A & B \\ B & A \end{vmatrix} = |A+B|\,|A-B|.$$

問の解答（第 3 章）

問 3.1 (1) 奇順列 (2) 偶順列

問 3.2 (1) 1 (2) $3abc - a^3 - b^3 - c^3$ (3) 0

問 3.3 (1) $-a_{11}a_{23}a_{32}a_{44} + a_{12}a_{24}a_{33}a_{41}$ (2) $a_{11}a_{22}a_{33}a_{44}$

問 3.4 (1) $|P_{23}| = -1$ (2) $|Q_{23}(c)| = 1$ (3) $|R_2(c)| = c$

問 3.5 (1) 0 (2) -2 (3) -8

問 3.6 (1) $ax^3 - bx^2 + cx - d$ (2) $4abc$

問 3.7 (1) $|A||B| = |AB| = |aE| = a \fallingdotseq 0$. よって $|A| \fallingdotseq 0$, $|B| \fallingdotseq 0$.
ゆえに A, B は正則.

(2) $A^2 = A$ とする. $|A| = |A^2| = |A|^2$. $\therefore$ $|A| = 0$ または 1. $|A| \fallingdotseq 1$ ならば $|A| = 0$ で A は正則でない.

(3) $|A| \fallingdotseq 0$ より, $|{}^tA| = |A| \fallingdotseq 0$. ゆえに ${}^tA$ は正則.

(4) $|A^2 - E| = |A + E||A - E| = 0$.

問 3.8 $A_{32} = (-1)^{3+2} \begin{vmatrix} 3 & -4 & 2 \\ 1 & 5 & 0 \\ 2 & 4 & 5 \end{vmatrix} = -83$

問 3.9 p.60 の定理 3.10 より,

$$A(\mathrm{adj}\, A) = |A|E = \begin{bmatrix} |A| & & & O \\ & |A| & & \\ & & \ddots & \\ O & & & |A| \end{bmatrix} \quad \therefore \quad \begin{array}{l} |A||\mathrm{adj}\, A| = |A|^n. \\ |A| \fallingdotseq 0 \text{ より} \\ |\mathrm{adj}\, A| = |A|^{n-1}. \end{array}$$

問 3.10 (1) $|A| = 4 \fallingdotseq 0$, $A^{-1} = \dfrac{1}{4} \begin{bmatrix} 3 & 1 & -1 \\ -6 & 2 & 2 \\ -5 & 1 & 3 \end{bmatrix}$

(2) $|A| = -1 \fallingdotseq 0$, $A^{-1} = \begin{bmatrix} 0 & -1 & 1 \\ -1 & 1 & 0 \\ 1 & 1 & -1 \end{bmatrix}$

問 3.11 $|A| = abc \fallingdotseq 0$, 逆行列は $A^{-1} = \dfrac{1}{abc} \begin{bmatrix} bc & -c & 1-b \\ 0 & ca & -a \\ 0 & 0 & ab \end{bmatrix}$

問 3.12 (1) 10 (2) 90

問 3.13 (1) $|A| = 26$, $x_1 = -\dfrac{1}{2}$, $x_2 = \dfrac{1}{2}$, $x_3 = 1$.

(2) $|A| = 37$, $x_1 = \dfrac{55}{37}$, $x_2 = \dfrac{14}{37}$, $x_3 = \dfrac{-2}{37}$

(3) $|A| = 18$, $x_1 = \dfrac{35}{18}$, $x_2 = \dfrac{29}{18}$, $x_3 = \dfrac{5}{18}$

問 **3.14** 係数の行列式 $|A| \neq 0$ であれば，クラメールの公式 (⇨ p.60) から

$$x_1 = \frac{1}{|A|} \begin{vmatrix} 0 & a_{12} & a_{13} \\ 0 & a_{22} & a_{23} \\ 0 & a_{32} & a_{33} \end{vmatrix} = 0$$

他も同様にして，$x_2 = 0, x_3 = 0$ である．この対偶をとればよい．

演習問題解答（第3章）

演習 3.1 (1) $\begin{vmatrix} 1 & 1 & 1 \\ a & a^2 & a^3 \\ b & b^2 & b^3 \end{vmatrix} = ab \begin{vmatrix} 1 & 1 & 1 \\ 1 & a & a^2 \\ 1 & b & b^2 \end{vmatrix} \underset{(1,1)}{\overset{掃き出し}{=}} ab \begin{vmatrix} 1 & 1 & 1 \\ 0 & a-1 & a^2-1 \\ 0 & b-1 & b^2-1 \end{vmatrix}$

= (p.54 の定理 3.5 ① で次数を下げる)

$= ab(a-1)(b-1)(b-a)$

(2) $\begin{vmatrix} 1 & 1 & 1 \\ a^2 & b^2 & c^2 \\ a^3 & b^3 & c^3 \end{vmatrix} \underset{(1,1)}{\overset{掃き出し}{=}} \begin{vmatrix} 1 & 1 & 1 \\ 0 & b^2-a^2 & c^2-a^2 \\ 0 & b^3-a^3 & c^3-a^3 \end{vmatrix} = \begin{vmatrix} b^2-a^2 & c^2-a^2 \\ b^3-a^3 & c^3-a^3 \end{vmatrix}$

$= \begin{vmatrix} (b-a)(b+a) & (c-a)(c+a) \\ (b-a)(b^2+ba+a^2) & (c-a)(c^2+ca+a^2) \end{vmatrix}$

$= (b-a)(c-a) \begin{vmatrix} b+a & c+a \\ b^2+ba+a^2 & c^2+ca+a^2 \end{vmatrix}$

$= (b-a)(c-a) \begin{vmatrix} b+a & c+a \\ b^2+a(b+a) & c^2+a(c+a) \end{vmatrix} \underset{② - ① \times a}{=} (b-a)(c-a) \begin{vmatrix} b+a & c+a \\ b^2 & c^2 \end{vmatrix}$

$= (a-b)(b-c)(c-a)(bc+ca+ab)$

演習 3.2 $\begin{vmatrix} a & b & b & \cdots & b \\ b & a & b & \cdots & b \\ b & b & a & \cdots & b \\ \vdots & \vdots & \vdots & \ddots & \vdots \\ b & b & b & \cdots & a \end{vmatrix}$ （第 1 列に第 2 列，$\cdots$，第 n 列を加える）

$= \begin{vmatrix} a+(n-1)b & b & b & \cdots & b \\ a+(n-1)b & a & b & \cdots & b \\ a+(n-1)b & b & a & \cdots & b \\ \vdots & \vdots & \vdots & \ddots & \vdots \\ a+(n-1)b & b & b & \cdots & a \end{vmatrix} = \{a+(n-1)b\} \begin{vmatrix} 1 & b & b & \cdots & b \\ 1 & a & b & \cdots & b \\ 1 & b & a & \cdots & b \\ \vdots & \vdots & \vdots & \ddots & \vdots \\ 1 & b & b & \cdots & a \end{vmatrix}$

$= \{a+(n-1)b\} \begin{vmatrix} 1 & b & b & \cdots & b \\ 0 & a-b & 0 & \cdots & 0 \\ 0 & 0 & a-b & \cdots & 0 \\ \vdots & \vdots & \vdots & \ddots & \vdots \\ 0 & 0 & 0 & \cdots & a-b \end{vmatrix} = \{a+(n-1)b\}(a-b)^{n-1}$

演習 3.3 $|AB| = |A||B| = |A||{}^tA| = |A|^2$ より，

$$|A|^2 = |A||{}^tA| = \begin{vmatrix} a & b & c & d \\ -b & a & -d & c \\ -c & d & a & -b \\ -d & -c & b & a \end{vmatrix} \begin{vmatrix} a & -b & -c & -d \\ b & a & d & -c \\ c & -d & a & b \\ d & c & -b & a \end{vmatrix}$$

$$= \begin{vmatrix} a^2+b^2+c^2+d^2 & 0 & 0 & 0 \\ 0 & a^2+b^2+c^2+d^2 & 0 & 0 \\ 0 & 0 & a^2+b^2+c^2+d^2 & 0 \\ 0 & 0 & 0 & a^2+b^2+c^2+d^2 \end{vmatrix}$$

$$= (a^2+b^2+c^2+d^2)^4$$

$$\therefore \quad |A| = (a^2+b^2+c^2+d^2)^2 \quad (a^4\text{の項は正だから})$$

演習 3.4 $BA = \begin{bmatrix} 0 & 1 & 1 \\ 1 & 0 & 1 \\ 1 & 1 & 0 \end{bmatrix} \begin{bmatrix} 0 & c & b \\ c & 0 & a \\ b & a & 0 \end{bmatrix} = \begin{bmatrix} c+b & a & a \\ b & c+a & b \\ c & c & b+a \end{bmatrix}$

$$\therefore \quad \begin{vmatrix} 0 & 1 & 1 \\ 1 & 0 & 1 \\ 1 & 1 & 0 \end{vmatrix} \begin{vmatrix} 0 & c & b \\ c & 0 & a \\ b & a & 0 \end{vmatrix} = 4abc \qquad \therefore \quad \begin{vmatrix} c+b & a & a \\ b & c+a & b \\ c & c & b+a \end{vmatrix} = 4abc.$$

演習 3.5 係数の行列式

$$|A| = \begin{vmatrix} 1 & 1 & 1 \\ a & b & c \\ a^2 & b^2 & c^2 \end{vmatrix} = (a-b)(b-c)(c-a) \quad \left(\text{⇨ p.64 のヴァンデルモンドの行列式}\right)$$

$$x = \frac{1}{|A|}\begin{vmatrix} 1 & 1 & 1 \\ d & b & c \\ d^2 & b^2 & c^2 \end{vmatrix}, \quad y = \frac{1}{|A|}\begin{vmatrix} 1 & 1 & 1 \\ a & d & c \\ a^2 & d^2 & c^2 \end{vmatrix}, \quad z = \frac{1}{|A|}\begin{vmatrix} 1 & 1 & 1 \\ a & b & d \\ a^2 & b^2 & d^2 \end{vmatrix}$$

$$\therefore \quad x = \frac{(d-b)(c-d)}{(a-b)(c-a)}, \quad y = \frac{(a-d)(d-c)}{(a-b)(b-c)}, \quad z = \frac{(b-d)(d-a)}{(b-c)(c-a)}$$

演習 3.6 (1) $\begin{vmatrix} 1 & a & b & c+d \\ 1 & b & c & d+a \\ 1 & c & d & a+b \\ 1 & d & a & b+c \end{vmatrix} \underset{\substack{4\text{列に}2\text{列と}\\3\text{列を加える}}}{=} \begin{vmatrix} 1 & a & b & a+b+c+d \\ 1 & b & c & a+b+c+d \\ 1 & c & d & a+b+c+d \\ 1 & d & a & a+b+c+d \end{vmatrix}$

$$= (a+b+c+d)\begin{vmatrix} 1 & a & b & 1 \\ 1 & b & c & 1 \\ 1 & c & d & 1 \\ 1 & d & a & 1 \end{vmatrix} \underset{\text{p.54 の系 3.1 (1)}}{=} 0$$

(2) $\begin{vmatrix} 1 & a & b & c \\ a & 1 & 0 & 0 \\ b & 0 & 1 & 0 \\ c & 0 & 0 & 1 \end{vmatrix} \underset{\substack{4\text{列で}\\\text{展開}}}{=} (-1)^{1+4}c\begin{vmatrix} a & 1 & 0 \\ b & 0 & 1 \\ c & 0 & 0 \end{vmatrix} + (-1)^{4+4}\begin{vmatrix} 1 & a & b \\ a & 1 & 0 \\ b & 0 & 1 \end{vmatrix}$

$= -c \cdot c + (1 - b^2 - a^2)$ （サラスの方法）

$= 1 - a^2 - b^2 - c^2$

(3) $$\begin{vmatrix} 1 & x & x^2 & x^3 \\ x & x^2 & x^3 & 1 \\ x^2 & x^3 & 1 & x \\ x^3 & 1 & x & x^2 \end{vmatrix} \underset{\substack{\text{掃き出し} \\ (1,1)}}{=} \begin{vmatrix} 1 & x & x^2 & x^3 \\ 0 & 0 & 0 & 1-x^4 \\ 0 & 0 & 1-x^4 & x-x^5 \\ 0 & 1-x^4 & x-x^5 & 0 \end{vmatrix}$$

$$= \begin{vmatrix} 0 & 0 & 1-x^4 \\ 0 & 1-x^4 & x(1-x^4) \\ 1-x^4 & x(1-x^4) & 0 \end{vmatrix}$$

$$= (1-x^4)^3 \begin{vmatrix} 0 & 0 & 1 \\ 0 & 1 & x \\ 1 & x & 0 \end{vmatrix} = (1-x^4)^3$$

(4) $$\begin{vmatrix} -3 & 1 & 1 & 1 \\ 1 & -3 & 1 & 1 \\ 1 & 1 & -3 & 1 \\ 1 & 1 & 1 & -3 \end{vmatrix} \underset{\substack{\text{1 列に 2 列, 3 列,} \\ \text{4 列を加える}}}{=} \begin{vmatrix} 0 & 1 & 1 & 1 \\ 0 & -3 & 1 & 1 \\ 0 & 1 & -3 & 1 \\ 0 & 1 & 1 & -3 \end{vmatrix} = 0$$

(5) $$\begin{vmatrix} a & a & a & a \\ a & x & a & a \\ a & a & x & a \\ a & a & a & x \end{vmatrix} = a \begin{vmatrix} 1 & a & a & a \\ 1 & x & a & a \\ 1 & a & x & a \\ 1 & a & a & x \end{vmatrix}$$

$$\underset{\substack{\text{掃き出し} \\ (1,1)}}{=} a \begin{vmatrix} 1 & a & a & 0 \\ 0 & x-a & 0 & 0 \\ 0 & 0 & x-a & 0 \\ 0 & 0 & 0 & x-a \end{vmatrix}$$

$$= a(x-a)^3$$

4 平面および空間のベクトル

4.1 ベクトル

◆ **ベクトル**　平面または空間において，**向き**をもった線分 $\overrightarrow{\mathrm{AB}}$ を考え，これを**有向線分**といい，有向線分の始まりの点 A を**始点**，終わりの点 B を**終点**という．2 つの有向線分 $\overrightarrow{\mathrm{AB}}$ と $\overrightarrow{\mathrm{A'B'}}$ は (⇨ 図 4.1).

(1)　$\mathrm{AB} = \mathrm{A'B'}$　　(長さが等しい)
(2)　(直線 AB)//(直線 $A'B'$)　　(平行または一致)
(3)　$\overrightarrow{\mathrm{AB}}$ と $\overrightarrow{\mathrm{A'B'}}$ は同じ向き

のとき，**等しい**といって，$\overrightarrow{\mathrm{AB}} = \overrightarrow{\mathrm{A'B'}}$ と表す．$\overrightarrow{\mathrm{AB}}$ に等しい有向線分をまとめて $\boldsymbol{a}$ で表し，$\boldsymbol{a}$ を**ベクトル**といい，$\overrightarrow{\mathrm{AB}}$ を $\boldsymbol{a}$ の**代表ベクトル**という．このとき，$\boldsymbol{a} = \overrightarrow{\mathrm{AB}}$ と書く．$\boldsymbol{a}$ は任意の点を始点として代表ベクトルをとることができる．

◆ **ベクトルの大きさ，単位ベクトル，零ベクトル，逆ベクトル**　$\boldsymbol{a} = \overrightarrow{\mathrm{AB}}$ のとき，$\overrightarrow{\mathrm{AB}}$ の長さ AB を $\boldsymbol{a}$ の**大きさ**といい，$|\boldsymbol{a}|, |\overrightarrow{\mathrm{AB}}|$ などで表す (⇨ 図 4.2)．大きさが 1 のベクトルを**単位ベクトル**という．

また始点と終点が一致した有向線分 $\overrightarrow{\mathrm{AA}}$ も大きさが 0 のベクトルを代表するとみて，それを**零**(れい)**ベクトル**ぜろべくとるといい，$\boldsymbol{0}$ で表す．$\boldsymbol{a} = \overrightarrow{\mathrm{AB}}$ のとき，$\overrightarrow{\mathrm{BA}}$ が代表するベクトルを $\boldsymbol{a}$ の**逆ベクトル**といい，$-\boldsymbol{a}$ で表す．

◆ **ベクトルの和**　$\boldsymbol{a} = \overrightarrow{\mathrm{AB}}, \boldsymbol{b} = \overrightarrow{\mathrm{BC}}$ (すなわち，$\boldsymbol{b}$ の代表ベクトルの始点を $\boldsymbol{a}$ の代表ベクトルの終点にとる) のとき，$\overrightarrow{\mathrm{AC}}$ が代表するベクトルを $\boldsymbol{a}$ と $\boldsymbol{b}$ の**和**といい，$\boldsymbol{a}+\boldsymbol{b}$ で表す (⇨ 図 4.3)．または，$\boldsymbol{a}$ と $\boldsymbol{b}$ のつくる平方四辺形の対角線がつくる有向線分といってもよい．

◆ **ベクトルの差**　2 つのベクトル $\boldsymbol{a}, \boldsymbol{b}$ に対して，$\boldsymbol{a} + (-\boldsymbol{b})$ を $\boldsymbol{a}$ と $\boldsymbol{b}$ の**差**といい，$\boldsymbol{a} - \boldsymbol{b}$ で表す (⇨ 図 4.4).

◆ **スカラー倍**　ベクトル $\boldsymbol{a}$ と実数 k に対して，$\boldsymbol{a}$ の k による**実数倍**または**スカラー倍** $k\boldsymbol{a}$ を次のように定義する (⇨ 図 4.5).

$$k\boldsymbol{a}: \begin{cases} (k > 0 \text{ のとき}) & \text{向きが } \boldsymbol{a} \text{ と同じで，大きさが } k\boldsymbol{a} \text{ のベクトル} \\ (k = 0 \text{ のとき}) & \boldsymbol{0} \\ (k < 0 \text{ のとき}) & \text{向きが } \boldsymbol{a} \text{ と反対で，大きさが } |k|\boldsymbol{a} \text{ のベクトル} \end{cases}$$

また $k\boldsymbol{0} = \boldsymbol{0}$ (k は任意) とする．

ベクトル $\boldsymbol{a}$ の逆ベクトルについては $-\boldsymbol{a} = (-1)\boldsymbol{a}$ が成り立つ．したがって 2 つのベクトル $\boldsymbol{a}$ と $\boldsymbol{b}$ の差は $\boldsymbol{a} - \boldsymbol{b} = \boldsymbol{a} + (-1)\boldsymbol{b}$ と表すことができる．

◆ **位置ベクトル**　1 点 O (原点) が定まっているとき，点 P に対し，$\overrightarrow{\mathrm{OP}} = \boldsymbol{a}$ となるベクトル $\boldsymbol{a}$ を点 P の**位置ベクトル**という．

● より理解を深めるために

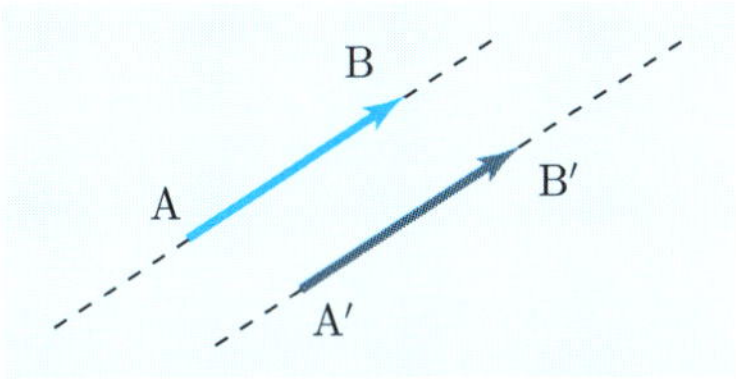

図 4.1　p.74 の (1), (2), (3) を図に表す

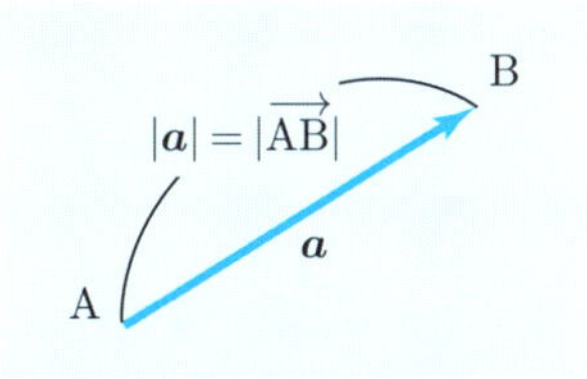

図 4.2　ベクトル $\boldsymbol{a}$ の大きさ

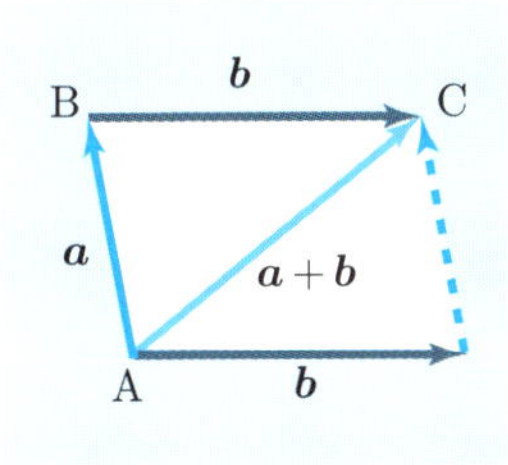

図 4.3　和 $\boldsymbol{a} + \boldsymbol{b}$

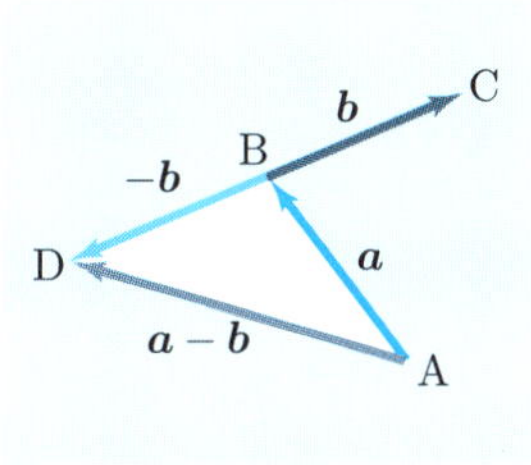

図 4.4　差 $\boldsymbol{a} - \boldsymbol{b}$

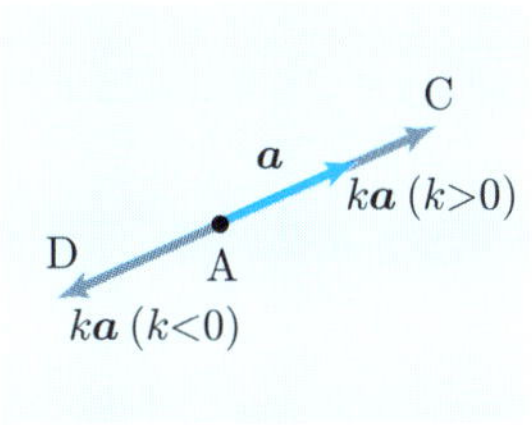

図 4.5　スカラー倍

追記 4.1　平面または空間における有向線分全体の集合を考える．この集合を

“平行移動をして重なりあえば同じクラスに入れる”

という規準でクラス分けをすると，過不足なくクラス分けされる．すなわち，すべての有向線分はどれかのクラスに入り，2 つの異ったクラスに同時に入る有向線分はない．このクラスの名前がベクトル $\boldsymbol{a}, \boldsymbol{b}, \cdots$ である．

(解答は章末の p.89 以降に掲載されています.)

問 4.1　右の図のように，ベクトル $\boldsymbol{a}, \boldsymbol{b}$ が与えられている．いま $\boldsymbol{a} = \overrightarrow{\mathrm{OA}}, \boldsymbol{b} = \overrightarrow{\mathrm{OB}}$ である．

$$\begin{cases} \boldsymbol{x} - 2\boldsymbol{y} = \boldsymbol{a} \\ \boldsymbol{x} + \ \ \boldsymbol{y} = \boldsymbol{b} \end{cases}$$

を満たす，$\boldsymbol{x}, \boldsymbol{y}$ を点 O を始点として図示せよ．

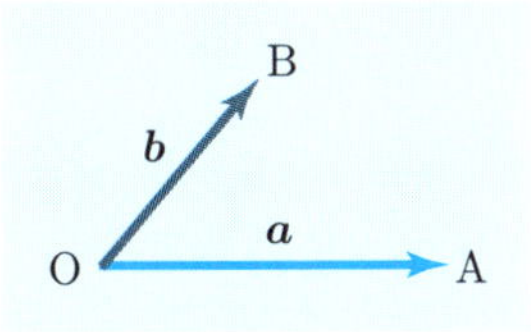

図 4.6

4.2 ベクトルの演算規則，ベクトルの内積

◆ **ベクトルの演算規則**　和とスカラー倍について数のように次の計算規則が成り立つ．

(1) $\boldsymbol{a}+\boldsymbol{b}=\boldsymbol{b}+\boldsymbol{a}$ (和の交換法則)

(2) $(\boldsymbol{a}+\boldsymbol{b})+\boldsymbol{c}=\boldsymbol{a}+(\boldsymbol{b}+\boldsymbol{c})$ (⇨ 図 4.7) (和の結合法則)

(3) すべての $\boldsymbol{a}$ に対して $\boldsymbol{a}+\boldsymbol{0}=\boldsymbol{a}$ を満たす零ベクトル $\boldsymbol{0}$ がある．

(4) 任意のベクトル $\boldsymbol{a}$ に対して $\boldsymbol{a}+\boldsymbol{x}=\boldsymbol{0}$ を満たす $\boldsymbol{x}$ がある．この $\boldsymbol{x}$ が $-\boldsymbol{a}$ である．

そしてスカラー倍については次の規則が成り立つ．

(5) $(k+l)\boldsymbol{a}=k\boldsymbol{a}+l\boldsymbol{a}$ (分配法則)

(6) $(kl)\boldsymbol{a}=k(l\boldsymbol{a})$, $1\cdot\boldsymbol{a}=\boldsymbol{a}$ (スカラー倍の結合法則)

(7) $k(\boldsymbol{a}+\boldsymbol{b})=k\boldsymbol{a}+k\boldsymbol{b}$ (⇨ 図 4.8) (分配法則)

注意 4.1　この演算規則は“移行ができる”とか“同類項をまとめる”とかいう普通の文字式としての計算ができることを保証するものである．

◆ **ベクトルの内積**　$\boldsymbol{0}$ でない 2 つのベクトル $\boldsymbol{a},\boldsymbol{b}$ に対して，1 点 O をとり，

$$\overrightarrow{\mathrm{OA}}=\boldsymbol{a},\quad \overrightarrow{\mathrm{OB}}=\boldsymbol{b}$$

となる点 A, B をとるとき，

$$\angle\mathrm{AOB}=\theta\quad(0\leqq\theta\leqq\pi)$$

を $\boldsymbol{a},\boldsymbol{b}$ の**なす角** (**交角**) という．特に $\theta=0,\pi$ のとき $\boldsymbol{a},\boldsymbol{b}$ は**平行**であるといい，$\boldsymbol{a}\,/\!/\,\boldsymbol{b}$ で表す．また $\theta=\pi/2$ のとき，$\boldsymbol{a},\boldsymbol{b}$ は**垂直**であるといい，$\boldsymbol{a}\perp\boldsymbol{b}$ で表す．$\boldsymbol{a},\boldsymbol{b}$ のなす角を θ として，$|\boldsymbol{a}||\boldsymbol{b}|\cos\theta$ をつくり，これを $\boldsymbol{a},\boldsymbol{b}$ の**内積**または**スカラー積**といい，$\boldsymbol{a}\cdot\boldsymbol{b}$ で表す．すなわち，

$$\boldsymbol{a}\cdot\boldsymbol{b}=|\boldsymbol{a}||\boldsymbol{b}|\cos\theta$$

である (⇨ 図 4.9)．この定義からただちに，次が得られる．

(8) $|\boldsymbol{a}|=\sqrt{\boldsymbol{a}\cdot\boldsymbol{a}}$, $\cos\theta=\dfrac{\boldsymbol{a}\cdot\boldsymbol{b}}{|\boldsymbol{a}||\boldsymbol{b}|}$　(9) $\boldsymbol{a}\perp\boldsymbol{b}\Leftrightarrow\boldsymbol{a}\cdot\boldsymbol{b}=0$ (ただし $\boldsymbol{a}\neq\boldsymbol{0}$, $\boldsymbol{b}\neq\boldsymbol{0}$)

さらに内積について次の法則が成り立つ．

(10) $\boldsymbol{a}\cdot\boldsymbol{b}=\boldsymbol{b}\cdot\boldsymbol{a}$　(11) $\boldsymbol{a}\cdot(\boldsymbol{b}+\boldsymbol{c})=\boldsymbol{a}\cdot\boldsymbol{b}+\boldsymbol{a}\cdot\boldsymbol{c}$

(12) $(k\boldsymbol{a})\cdot\boldsymbol{b}=k(\boldsymbol{a}\cdot\boldsymbol{b})$　(13) $|\boldsymbol{a}\cdot\boldsymbol{b}|\leqq|\boldsymbol{a}|\cdot|\boldsymbol{b}|$ (シュヴァルツの不等式)

より理解を深めるために

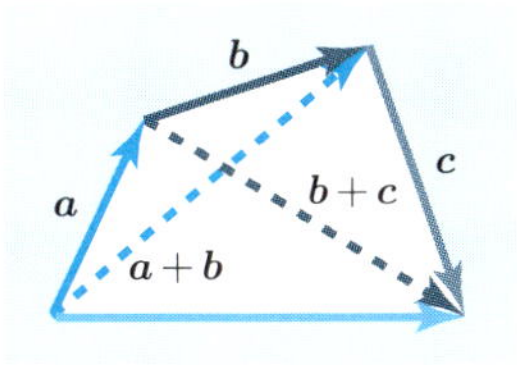

図 4.7　$(\boldsymbol{a}+\boldsymbol{b})+\boldsymbol{c}=\boldsymbol{a}+(\boldsymbol{b}+\boldsymbol{c})$

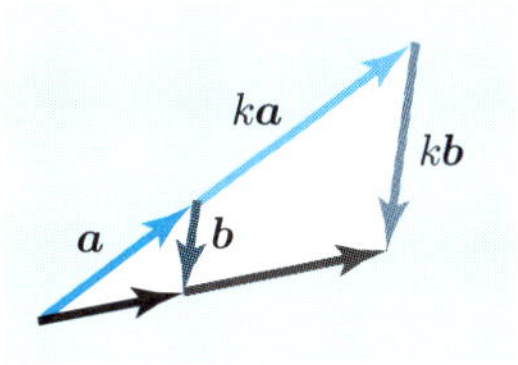

図 4.8　$k(\boldsymbol{a}+\boldsymbol{b})=k\boldsymbol{a}+k\boldsymbol{b}$

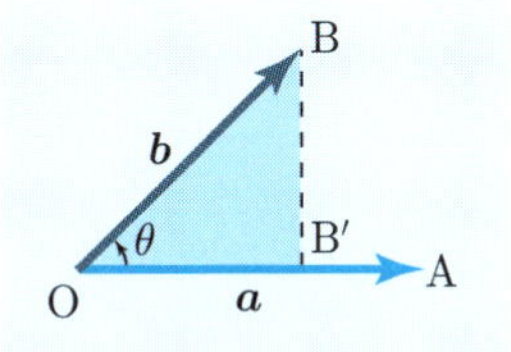

図 4.9　$\boldsymbol{a}\cdot\boldsymbol{b}=\mathrm{OA}\cdot\mathrm{OB}\cos\theta=\mathrm{OA}\cdot\mathrm{OB}'$

追記 4.2　**ベクトル空間**　前ページのように，与えられた 1 つの平面 π 内のベクトル全体の集合 V_π，あるいは空間内のベクトルの集合 V_s においては，和とスカラー倍が定義され前ページの (1)〜(7) が成り立っている．和とスカラー倍 (したがって差) が定義され前ページの (1)〜(7) を満たすような集合は，以上のような V_π, V_s だけではない．

例えば，1 つの閉区間 $[0,1]$ で連続な関数全体の集合 C を考える．$f(x)\in C, g(x)\in C$ とすると，$f(x), g(x)$ は $[0,1]$ で連続であり，

$$f(x)+g(x)$$

も $[0,1]$ で連続となり，したがって $f(x)+g(x)\in C$ となる．よって，集合 C は“関数の和”という演算で閉じていて前ページの (1)〜(4) が成り立つ．

次に $f(x)\in C$ とすると，$f(x)$ は $[0,1]$ で連続であり，k を実数とすると，

$$kf(x)$$

も $[0,1]$ で連続である．すなわち $kf(x)\in C$ となる．これは集合 C が“関数の実数倍”という演算で閉じていることを示し前ページの (5)〜(7) も成り立つ．このように集合 C は演算について V_π, V_s と全く同じ性質をもつ．

一般に 1 つの集合 V において，和とスカラー倍が定義され，前ページの (1)〜(7) の性質が成り立つとき，集合 V を**実数上のベクトル空間**といい，V の要素を**ベクトル**という (➩ 第 5 章).

問 4.2　右の 1 辺の長さ 1 の立方体について次の問に答えよ．

(1)　$\mathrm{EC}\perp\mathrm{AH}$ を示せ．

(2)　$\overrightarrow{\mathrm{AG}}$ と $\overrightarrow{\mathrm{BF}}$ の交角の余弦を求めよ．

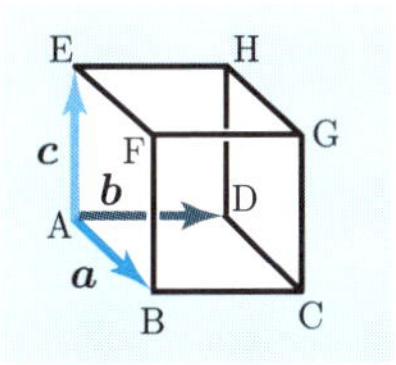

図 4.10

4.3　ベクトルの 1 次独立，1 次従属 (平面と空間の場合)

◆ **平面で 1 次独立なベクトル**　平面で $\mathbf{0}$ でない 2 つのベクトル $\boldsymbol{a}, \boldsymbol{b}$ が同一直線上に代表ベクトルをもたないとき，$\boldsymbol{a}, \boldsymbol{b}$ は **1 次独立**であるという．このとき図 4.11 のように平面上に点 O をとり，

$$\overrightarrow{\mathrm{OA}} = \boldsymbol{a}, \quad \overrightarrow{\mathrm{OB}} = \boldsymbol{b}$$

となるように点 A, B をとると，3 点 O, A, B は同一直線上にない．$\boldsymbol{p}$ を任意のベクトルとする．$\overrightarrow{\mathrm{OP}} = \boldsymbol{p}$ のように点 P をとり，図 4.11 のように直線 OA 上に点 Q を，$\overrightarrow{\mathrm{QP}} \mathbin{/\!/} \overrightarrow{\mathrm{OB}}$ を満たすようにとる．すると，

$$\overrightarrow{\mathrm{OQ}} = x\overrightarrow{\mathrm{OA}}, \quad \overrightarrow{\mathrm{QP}} = y\overrightarrow{\mathrm{OB}}$$

となる実数 x, y があり，$\overrightarrow{\mathrm{OP}} = \overrightarrow{\mathrm{OQ}} + \overrightarrow{\mathrm{QP}}$ であるから $\overrightarrow{\mathrm{OP}} = x\overrightarrow{\mathrm{OA}} + y\overrightarrow{\mathrm{OB}}$，すなわち $\boldsymbol{p} = x\boldsymbol{a} + y\boldsymbol{b}$ となる．

> **定理 4.1**　(平面の場合の線形表示)　平面で $\boldsymbol{a}, \boldsymbol{b}$ が 1 次独立
> $\Rightarrow$　この平面内の任意のベクトル $\boldsymbol{p}$ は $\boldsymbol{p} = x\boldsymbol{a} + y\boldsymbol{b}$ (x, y は実数) のように，ただ 1 通りに表される．特に $\boldsymbol{p} = \mathbf{0} \Leftrightarrow x = y = 0$

$\boldsymbol{p}$ をこのように表すことを，$\boldsymbol{a}, \boldsymbol{b}$ によって**線形表示する**という．

また，1 次独立でないとき **1 次従属**であるという．

◆ **空間で 1 次独立なベクトル**　空間で $\mathbf{0}$ でないベクトル $\boldsymbol{a}, \boldsymbol{b}, \boldsymbol{c}$ が同一平面上に代表ベクトルをもたないとき，$\boldsymbol{a}, \boldsymbol{b}, \boldsymbol{c}$ は **1 次独立**であるという．このとき，図 4.12 のように，空間内に任意の点 O をとり

$$\overrightarrow{\mathrm{OA}} = \boldsymbol{a}, \quad \overrightarrow{\mathrm{OB}} = \boldsymbol{b}, \quad \overrightarrow{\mathrm{OC}} = \boldsymbol{c}$$

のように，点 A, B, C をとると，4 点 O, A, B, C は同一平面上にない．

$\boldsymbol{p}$ を任意のベクトルとし，$\overrightarrow{\mathrm{OP}} = \boldsymbol{p}$ となるように点 P をとり，P を通り，直線 OC に平行な直線が，平面 OAB と交わる点を Q とする．すると，

$\overrightarrow{\mathrm{OQ}} = x\overrightarrow{\mathrm{OA}} + y\overrightarrow{\mathrm{OB}}, \quad \overrightarrow{\mathrm{QP}} = z\overrightarrow{\mathrm{OC}}$　となる実数 x, y, z があり
$\overrightarrow{\mathrm{OP}} = \overrightarrow{\mathrm{OQ}} + \overrightarrow{\mathrm{QP}}$　(⇨ 図 4.12) であるから　$\overrightarrow{\mathrm{OP}} = x\overrightarrow{\mathrm{OA}} + y\overrightarrow{\mathrm{OB}} + z\overrightarrow{\mathrm{OC}}$

すなわち，$\boldsymbol{p} = x\boldsymbol{a} + y\boldsymbol{b} + z\boldsymbol{c}$ となる．

> **定理 4.2**　(空間の場合の線形表示)　空間で $\boldsymbol{a}, \boldsymbol{b}, \boldsymbol{c}$ が 1 次独立
> $\Rightarrow$　この空間内の任意ベクトル $\boldsymbol{p}$ は $\boldsymbol{p} = x\boldsymbol{a} + y\boldsymbol{b} + z\boldsymbol{c}$ (x, y, z は実数) のように，ただ 1 通りに表される．特に $\boldsymbol{p} = \mathbf{0} \Leftrightarrow x = y = z = 0$.

より理解を深めるために

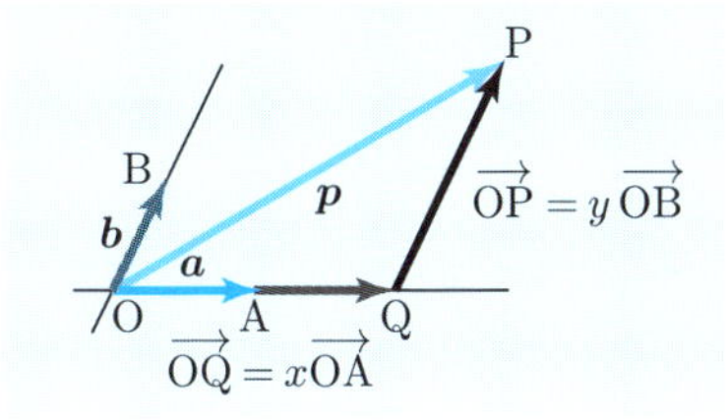

図 4.11　$\boldsymbol{p} = x\boldsymbol{a} + y\boldsymbol{b}$

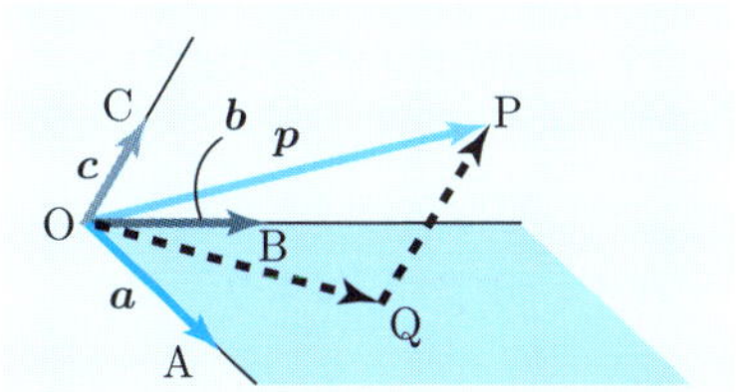

図 4.12　$\boldsymbol{p} = x\boldsymbol{a} + y\boldsymbol{b} + z\boldsymbol{c}$

例題 4.1　　**1 次独立**

(1)　四角形 OACB において，$\overrightarrow{\mathrm{OA}} = \boldsymbol{a}$，$\overrightarrow{\mathrm{OB}} = \boldsymbol{b}$ とし，$\overrightarrow{\mathrm{OC}} = \dfrac{1}{2}\boldsymbol{a} + \dfrac{2}{3}\boldsymbol{b}$ とする．OA と BC の交点を E，OC と AB の交点を F とする．$\overrightarrow{\mathrm{OE}}, \overrightarrow{\mathrm{BE}}$ を $\boldsymbol{a}, \boldsymbol{b}$ で表せ．

(2)　$\boldsymbol{a}, \boldsymbol{b}, \boldsymbol{c}$ が 1 次独立のとき $\boldsymbol{a}+\boldsymbol{b}, \boldsymbol{a}-\boldsymbol{b}, \boldsymbol{c}$ は 1 次独立であることを示せ．

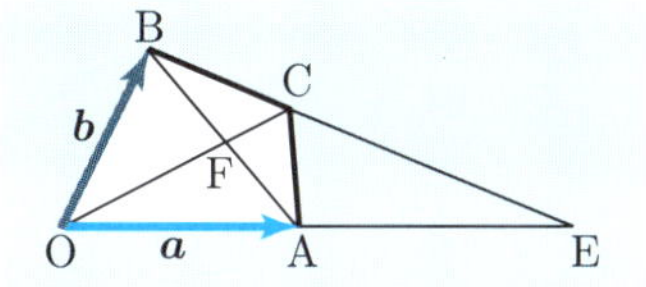

図 4.13

【解】　(1)　$\overrightarrow{\mathrm{BC}} = \overrightarrow{\mathrm{OC}} - \overrightarrow{\mathrm{OB}} = \dfrac{\boldsymbol{a}}{2} + \dfrac{2}{3}\boldsymbol{b} - \boldsymbol{b} = \dfrac{\boldsymbol{a}}{2} - \dfrac{\boldsymbol{b}}{3}$ であり，点 O, A, E および点 B, C, E は同一直線上にあるから，$\overrightarrow{\mathrm{OE}} = x\boldsymbol{a}$, $\overrightarrow{\mathrm{BE}} = y\overrightarrow{\mathrm{BC}} = y\left(\dfrac{\boldsymbol{a}}{2} - \dfrac{\boldsymbol{b}}{3}\right)$ とおける．$\overrightarrow{\mathrm{OE}} = \overrightarrow{\mathrm{OB}} + \overrightarrow{\mathrm{BE}}$ から，

$$x\boldsymbol{a} = \boldsymbol{b} + \frac{y}{2}\boldsymbol{a} - \frac{y}{3}\boldsymbol{b} \qquad \therefore \quad \left(x - \frac{y}{2}\right)\boldsymbol{a} + \left(-1 + \frac{y}{3}\right)\boldsymbol{b} = \boldsymbol{0}.$$

$\boldsymbol{a}, \boldsymbol{b}$ は 1 次独立だから，p.78 の定理 4.1 より，

$$x - \frac{y}{2} = 0, -1 + \frac{y}{3} = 0 \qquad \therefore \quad y = 3, x = \frac{3}{2}.\quad \text{ゆえに}\ \overrightarrow{\mathrm{OE}} = \frac{3}{2}\boldsymbol{a}, \overrightarrow{\mathrm{BE}} = \frac{3}{2}\boldsymbol{a} - \boldsymbol{b}$$

(2)　p.78 の定理 4.2 を用いる．

$x(\boldsymbol{a}+\boldsymbol{b}) + y(\boldsymbol{a}-\boldsymbol{b}) + z\boldsymbol{c} = \boldsymbol{0}$ を満たす x, y, z を調べる．$\boldsymbol{a}, \boldsymbol{b}, \boldsymbol{c}$ について整理すると，$(x+y)\boldsymbol{a} + (x-y)\boldsymbol{b} + z\boldsymbol{c} = \boldsymbol{0}$ で，$\boldsymbol{a}, \boldsymbol{b}, \boldsymbol{c}$ が 1 次独立だから

$$x + y = 0, \quad x - y = 0, \quad z = 0 \qquad \therefore \quad x = y = z = 0$$

を得る．ゆえに $\boldsymbol{a}+\boldsymbol{b}, \boldsymbol{a}-\boldsymbol{b}, \boldsymbol{c}$ は 1 次独立である．

問 4.3　例題 4.2 で $\overrightarrow{\mathrm{OF}}, \overrightarrow{\mathrm{BF}}$ を求めよ．

問 4.4　$\boldsymbol{a}, \boldsymbol{b}, \boldsymbol{c}$ が 1 次独立ならば，$\boldsymbol{a}+\boldsymbol{b}, \boldsymbol{b}+\boldsymbol{c}, \boldsymbol{c}-\boldsymbol{a}$ は 1 次従属であることを示せ．

4.4 ベクトルの成分 (平面と空間の場合)

◆ **ベクトルの成分 (平面の場合)** 与えられた平面に直交座標軸を考える．x 軸，y 軸の正の向きの単位ベクトルをそれぞれ $\boldsymbol{e}_1, \boldsymbol{e}_2$ とすると，$\boldsymbol{e}_1, \boldsymbol{e}_2$ は 1 次独立であり，この座標軸に関する**基本ベクトル**と呼ばれる．このとき任意のベクトル $\boldsymbol{p}$ は定理 4.1 (⇨ p.78) により，

$$\boldsymbol{p} = x\boldsymbol{e}_1 + y\boldsymbol{e}_2 \quad (x, y \text{ は実数})$$

とただ 1 通りに表される．$\boldsymbol{p} = \overrightarrow{\mathrm{OP}}$ のように点 P をとると，(x, y) は点 P の座標に他ならない (⇨ 図 4.14)．この (x, y) をベクトル $\boldsymbol{p}$ **の成分**といい，$\boldsymbol{p}$ の成分が (x, y) であることを $\boldsymbol{p} = (x, y)$ と表す．和とスカラー倍の成分については次が成り立つ．

(1) $\boldsymbol{p}_1 = (x_1, y_1),\ \boldsymbol{p}_2 = (x_2, y_2) \Rightarrow \boldsymbol{p}_1 + \boldsymbol{p}_2 = (x_1 + x_2, y_1 + y_2)$

(2) $\boldsymbol{p} = (x, y) \Rightarrow k\boldsymbol{p} = (kx, ky)$

次に $\boldsymbol{p}_1$ と $\boldsymbol{p}_2$ の内積は次のように表される．

定理 4.3 (内積の成分表示 … 平面の場合)

$$\boldsymbol{p}_1 = (x_1, y_1), \boldsymbol{p}_2 = (x_2, y_2) \Rightarrow \boldsymbol{p}_1 \cdot \boldsymbol{p}_2 = x_1x_2 + y_1y_2$$

◆ **ベクトルの成分 (空間の場合)** 与えられた空間に直交座標軸を考える．x 軸，y 軸，z 軸の正の向きの単位ベクトルを順に $\boldsymbol{e}_1, \boldsymbol{e}_2, \boldsymbol{e}_3$ とすると，これらは 1 次独立であり，この座標軸に関する**基本ベクトル**と呼ばれる．このとき，任意のベクトル $\boldsymbol{p}$ は定理 4.2 (p.78) により

$$\boldsymbol{p} = x\boldsymbol{e}_1 + y\boldsymbol{e}_2 + z\boldsymbol{e}_3 \quad (x, y, z \text{ は実数})$$

とただ 1 通りに表される．$\boldsymbol{p} = \overrightarrow{\mathrm{OP}}$ のように点 P をとると (x, y, z) は点 P の座標に他ならない (⇨ 図 4.15)．この (x, y, z) をベクトル $\boldsymbol{p}$ **の成分**といい，$\boldsymbol{p}$ の成分が (x, y, z) であることを $\boldsymbol{p} = (x, y, z)$ と表す．これも平面の場合と同様に次が成り立つ．

(3) $\boldsymbol{p}_1 = (x_1, y_1, z_1),\ \boldsymbol{p}_2 = (x_2, y_2, z_2) \Rightarrow \boldsymbol{p}_1 + \boldsymbol{p}_2 = (x_1 + x_2, y_1 + y_2, z_1 + z_2)$

(4) $\boldsymbol{p} = (x, y, z) \Rightarrow k\boldsymbol{p} = (kx, ky, kz)$

平面の場合と同様に $\boldsymbol{p}_1, \boldsymbol{p}_2$ の内積は次のように表される．

定理 4.4 (内積の成分表示 ･･･ 空間の場合)

$$\boldsymbol{p}_1 = (x_1, y_1, z_1),\ \boldsymbol{p}_2 = (x_2, y_2, z_2) \ \Rightarrow\ \boldsymbol{p}_1 \cdot \boldsymbol{p}_2 = x_1x_2 + y_1y_2 + z_1z_2$$

より理解を深めるために

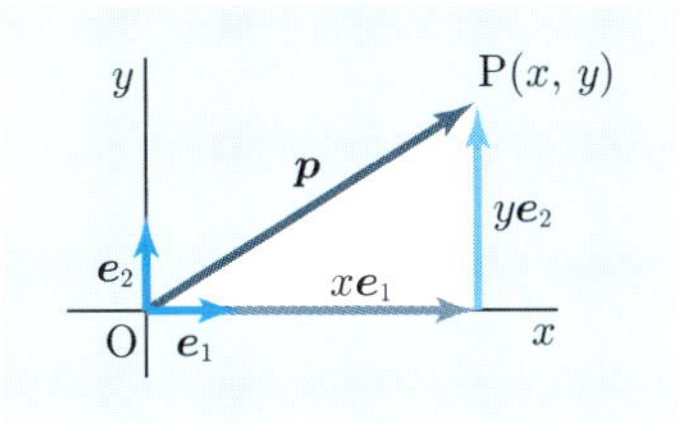

図 4.14　$\boldsymbol{p} = x\boldsymbol{e}_1 + y\boldsymbol{e}_2$

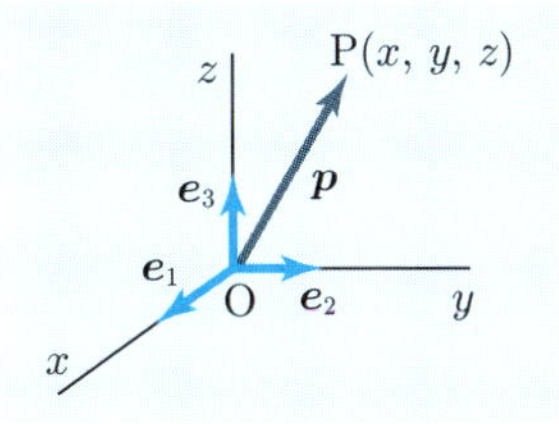

図 4.15　$\boldsymbol{p} = x\boldsymbol{e}_1 + y\boldsymbol{e}_2 + z\boldsymbol{e}_3$

例 4.1　ベクトルの大きさと，2 つのベクトルのなす角は次のように表される．

平面の場合　$\boldsymbol{p} = (x, y)$ のとき，$|\boldsymbol{p}| = \sqrt{x^2 + y^2}$

$\boldsymbol{p}_1 = (x_1, y_1)$, $\boldsymbol{p}_2 = (x_2, y_2)$ のなす角をθとすると, p.76 の (8) より

$$\cos\theta = \frac{x_1x_2 + y_1y_2}{\sqrt{x_1^2 + y_1^2}\sqrt{x_2^2 + y_2^2}}$$

空間の場合　$\boldsymbol{p} = (x, y, z)$ のとき，$|\boldsymbol{p}| = \sqrt{x^2 + y^2 + z^2}$

$\boldsymbol{p}_1 = (x_1, y_1, z_1)$, $\boldsymbol{p}_2 = (x_2, y_2, z_2)$ のなす角をθとすると，

$$\cos\theta = \frac{x_1x_2 + y_1y_2 + z_1z_2}{\sqrt{x_1^2 + y_1^2 + z_1^2}\sqrt{x_2^2 + y_2^2 + z_2^2}}$$

例 4.2　$\boldsymbol{p}_1 = (x_1, y_1)$, $\boldsymbol{p}_2 = (x_2, y_2)$ のとき，$\boldsymbol{p}_1, \boldsymbol{p}_2$ を 2 隣辺とする平行四辺形の面積 S を求める (⇨ 図 4.16).

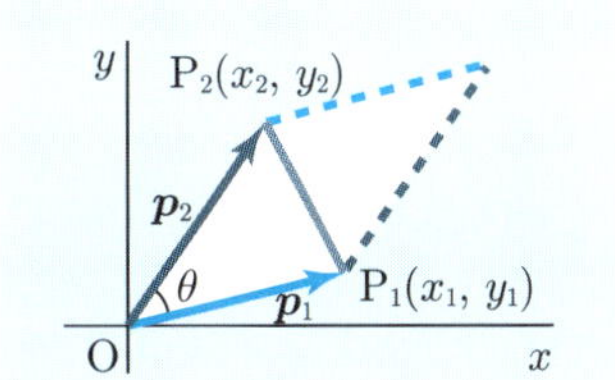

図 4.16　平行四辺形の面積

$\boldsymbol{p}_1 = \overrightarrow{\mathrm{OP}_1}$, $\boldsymbol{p}_2 = \overrightarrow{\mathrm{OP}_2}$とし，　$\angle \mathrm{P}_1\mathrm{OP}_2 = \theta$ とすると，

$$\cos\theta = \frac{\boldsymbol{p}_1 \cdot \boldsymbol{p}_2}{|\boldsymbol{p}_1||\boldsymbol{p}_2|} \quad (⇨\ \text{p.76 の (8)})$$

$$\therefore \quad \sin\theta = \sqrt{1 - \cos^2\theta} = \frac{1}{|\boldsymbol{p}_1||\boldsymbol{p}_2|}\sqrt{|\boldsymbol{p}_1|^2|\boldsymbol{p}_2|^2 - (\boldsymbol{p}_1 \cdot \boldsymbol{p}_2)^2}$$

ここで $|\boldsymbol{p}_1| = \mathrm{OP}_1$, $|\boldsymbol{p}_2| = \mathrm{OP}_2$ であるから

$$\triangle \mathrm{OP}_1\mathrm{P}_2 = \frac{1}{2}\mathrm{OP}_1 \cdot \mathrm{OP}_2 \sin\theta = \frac{1}{2}\sqrt{|\boldsymbol{p}_1|^2|\boldsymbol{p}_2|^2 - (\boldsymbol{p}_1 \cdot \boldsymbol{p}_2)^2}$$

$$\begin{aligned} \therefore \quad S &= \sqrt{|\boldsymbol{p}_1|^2|\boldsymbol{p}_2|^2 - (\boldsymbol{p}_1 \cdot \boldsymbol{p}_2)^2} \\ &= \sqrt{(x_1^2 + y_1^2)(x_2^2 + y_2^2) - (x_1x_2 + y_1y_2)^2} = |x_1y_2 - x_2y_1| \end{aligned}$$

問 4.5　2 つのベクトル $\boldsymbol{a}, \boldsymbol{b}$ のなす角を θ とするとき，$\boldsymbol{c} = \boldsymbol{a} - \boldsymbol{b}$ として，次を示せ．

$$|\boldsymbol{c}^2| = |\boldsymbol{a}^2| + |\boldsymbol{b}^2| - 2|a||b|\cos\theta \quad (\text{余弦定理})$$

4.5 直線と平面

◆ **方向ベクトル，方向係数，方向余弦**　直線 g 上の $\mathbf{0}$ でない任意のベクトル $\boldsymbol{l}$ を直線 g の**方向ベクトル**（➪ 図 4.17）といい，$\boldsymbol{l}$ の成分を g の**方向係数**という．$\boldsymbol{l}$ と同じ方向の単位ベクトル $\boldsymbol{e}$ の成分を，$\boldsymbol{l}$ または g の**方向余弦**という．

平面ベクトルの場合，単位ベクトルが $\boldsymbol{e} = (l, m)$ のとき，$\boldsymbol{e}$ が基本ベクトル $\boldsymbol{e}_1, \boldsymbol{e}_2$ とのなす角をそれぞれ α, β とすると，

$$l = \cos\alpha, \quad m = \cos\beta \quad (➪ 図 4.18)$$

空間ベクトルの場合，単位ベクトルが $\boldsymbol{e} = (l, m, n)$ のとき，$\boldsymbol{e}$ が基本ベクトル $\boldsymbol{e}_1, \boldsymbol{e}_2, \boldsymbol{e}_3$ となす角をそれぞれ α, β, γ とすると，

$$l = \cos\alpha, \quad m = \cos\beta, \quad n = \cos\gamma \quad (➪ 図 4.19)$$

◆ **平面上の直線の方程式**　1 つの平面上で点 $\mathrm{P}_0(x_0, y_0)$ を通り，方向ベクトルが，$\boldsymbol{l} = (L, M)$ である直線の方程式は次のように表される．

媕介変数表示　$\begin{cases} x = x_0 + Lt \\ y = y_0 + Mt \end{cases}$　（t は媒介変数）

標準形　$\dfrac{x - x_0}{L} = \dfrac{y - y_0}{M}$　（$LM \fallingdotseq 0$，分母が 0 のときは分子も 0 と考える）

直線 g の方向ベクトルと直交するベクトルを**法線ベクトル**という．点 $\mathrm{P}_0(x_0, y_0)$ を通り法線ベクトルが $\boldsymbol{n} = (A, B)$ である直線の方程式は（➪ 図 4.20）

法線ベクトルによる直線の方程式　$Ax + By + C = 0 \quad (C = -Ax_0 - By_0)$

また，直線 g の方程式を次の形にしたとき，これを g の**ヘッセの標準形**という．

ヘッセの標準形　$lx + my = p, \quad l^2 + m^2 = 1, \quad p \geqq 0$　（➪ 図 4.21）

このとき，(l, m) は単位ベクトルであり，p は原点からの距離を表している．

◆ **空間の直線の方程式**　空間で点 $\mathrm{P}_0(x_0, y_0, z_0)$ を通り，方向ベクトルが $\boldsymbol{l} = (L, M, N)$ である直線の方程式は次のように表される．（➪ 図 4.22）

媒介変数表示　$\begin{cases} x = x_0 + Lt \\ y = y_0 + Mt \\ z = z_0 + Nt \end{cases}$

標準形　$\dfrac{x - x_0}{L} = \dfrac{y - y_0}{M} = \dfrac{z - z_0}{N}$

（$LMN \fallingdotseq 0$，分母が 0 のときは分子も 0 と考える）

◆ **平面の方程式**　1つの平面 π 上の任意のベクトルと直交する空間ベクトルを平面 π の**法線ベクトル**という．点 $P_0(x_0, y_0, z_0)$ を通り，法線ベクトルが $\boldsymbol{n} = (A, B, C)$ である平面の方程式は次のように表される (➪ 図 4.23).

平面の方程式　$Ax + By + Cz + D = 0 \quad (D = -Ax_0 - By_0 - Cz_0)$

また平面 π の方程式を次の形にしたとき，これを π の**ヘッセの標準形**という．

ヘッセの標準形　$lx + my + nz = p, \quad l^2 + m^2 + n^2 = 1, \quad p \geqq 0$

● **より理解を深めるために**

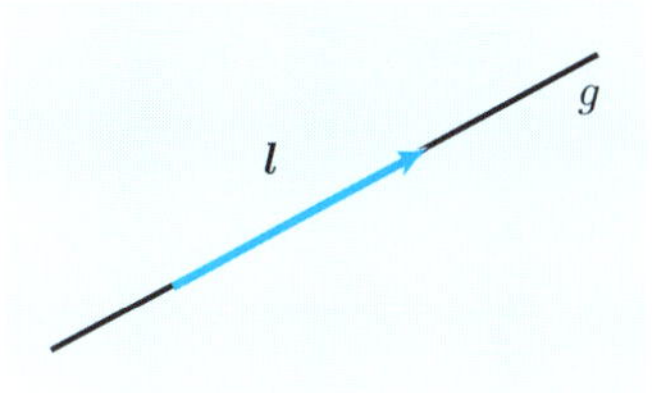

図 4.17　方向ベクトル

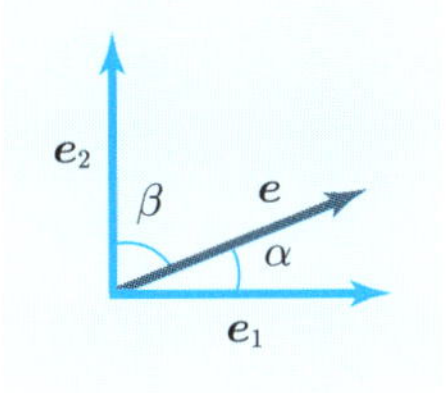

図 4.18　方向余弦 (平面)

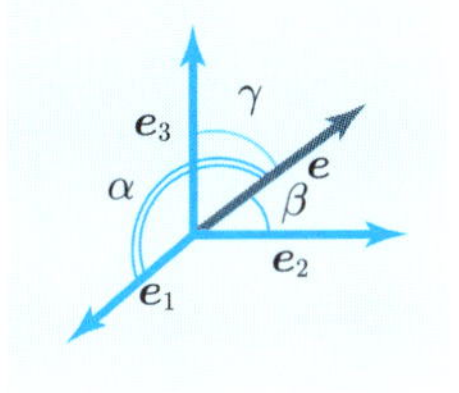

図 4.19　方向余弦 (空間)

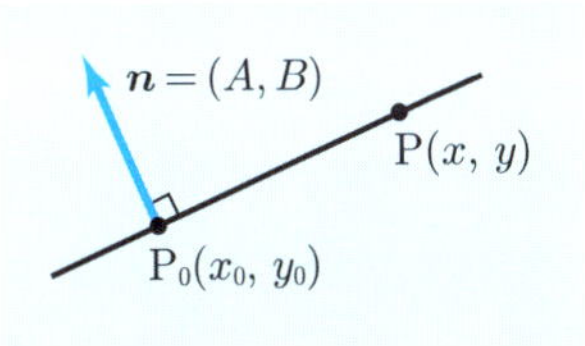

図 4.20　通過点と法線ベクトル

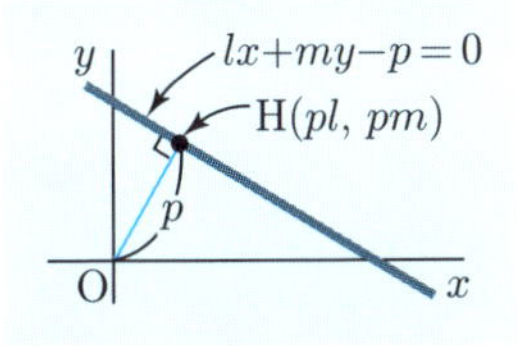

図 4.21　ヘッセの標準形

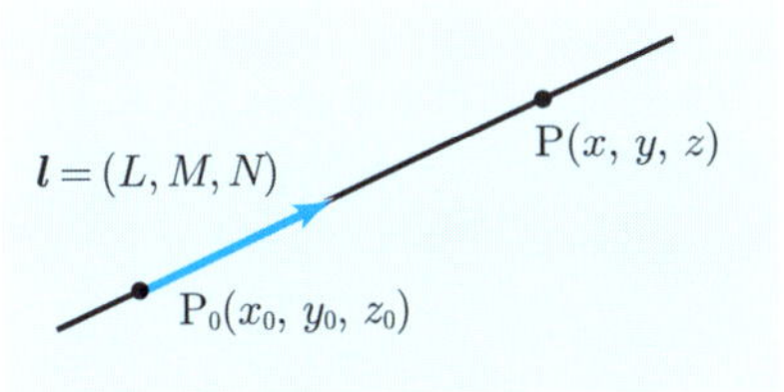

図 4.22　直線の方程式 (空間)

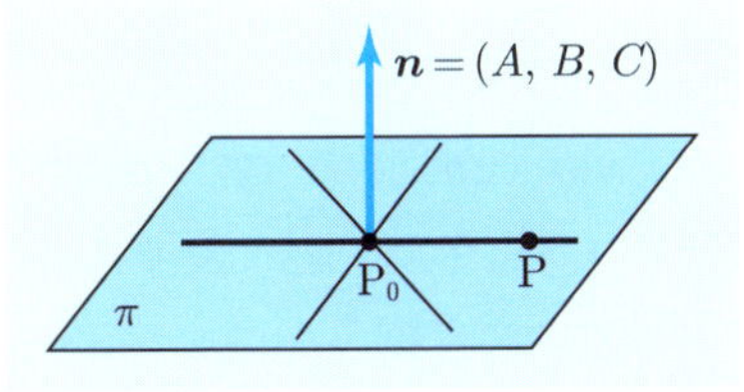

図 4.23　平面の方程式 (空間)

問 4.6　空間の1点 P(1, 3, −2) を通り，方向ベクトル (4, −5, 0) をもつ直線を g とするとき，次を求めよ．

(1)　g の媒介変数表示　　(2)　g の標準形　　(3)　g の方向余弦

より理解を深めるために

例題 4.2　　**空間上の点と平面との距離**

点 $P(x_0, y_0, z_0)$ と平面 π：$Ax+By+Cz+D=0$ との距離 (点 P から π におろした垂線の長さ) を求めよ．

【解】　点 P から π におろした垂線の足を $P_1(x_1, y_1, z_1)$ とすると，ベクトル

$$\overrightarrow{PP_1} = (x_1 - x_0, y_1 - y_0, z_1 - z_0)$$

と，$\boldsymbol{n} = (A, B, C)$ はともに π の法線ベクトルであるから，$\overrightarrow{PP_1} = \lambda \boldsymbol{n}$　(λ は実数)

$$\therefore \quad (x_1 - x_0, y_1 - y_0, z - z_0) = \lambda(A, B, C).$$

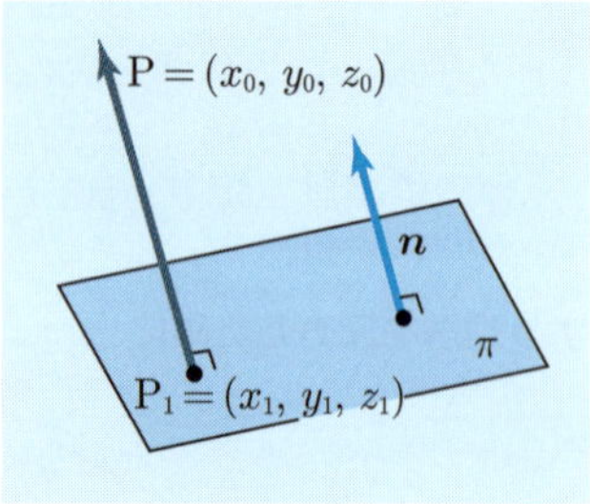

図 4.24

これより，

$$x_1 = x_0 + \lambda A, \quad y_1 = y_0 + \lambda B, \quad z_1 = z_0 + \lambda C.$$

いま，点 $P_1(x_1, y_1, z_1)$ は π 上にあるから，

$$Ax_1 + By_1 + Cz_1 + D = 0$$

$$\therefore \quad A(x_0 + \lambda A) + B(y_0 + \lambda B) + C(z_0 + \lambda C) + D = 0$$

これより，$\lambda = -\dfrac{Ax_0 + By_0 + Cz_0 + D}{A^2 + B^2 + C^2}$．ゆえに求める距離は，

$$\begin{aligned} PP_1 &= |\overrightarrow{PP_1}| = |\lambda \boldsymbol{n}| = |\lambda||\boldsymbol{n}| \\ &= \left| -\frac{Ax_0 + By_0 + Cz_0 + D}{A^2 + B^2 + C^2} \right| \sqrt{A^2 + B^2 + C^2} = \frac{|Ax_0 + By_0 + Cz_0 + D|}{\sqrt{A^2 + B^2 + C^2}} \end{aligned}$$

問 4.7　2 つのベクトルが $\boldsymbol{a} = (1, -3, 2)$, $\boldsymbol{b} = (-2, -1, 3)$ のとき次を求めよ．

(1)　$2\boldsymbol{a} - 3\boldsymbol{b}$　　(2)　$|\boldsymbol{a}|$　　(3)　$\boldsymbol{a} \cdot \boldsymbol{b}$

問 4.8　(1)　2 点 $P_1(1, -2, 3)$, $P_2(2, 1, 1)$ を通る直線の方程式を求めよ．

(2)　2 つの直線 $\dfrac{x}{1} = \dfrac{y}{2} = \dfrac{z}{3}$, $\dfrac{x+1}{-1} = \dfrac{y-2}{2} = \dfrac{z+1}{-1}$ のなす角を θ とするとき $\cos\theta$ を求めよ．

(3)　直線 $x = 2 - 3t$, $y = 1 + t$, $z = 7t$ の方向余弦を求めよ．

問 4.9　(1)　点 $(3, -2, 4)$ を通り，方向ベクトル $(-1, 2, 3)$ をもつ直線の方程式を求めよ．

(2)　点 $(1, -2, 0)$ を通り，直線 $\dfrac{x-5}{3} = \dfrac{y+1}{-1} = \dfrac{z-2}{2}$ に平行な直線の方程式を求めよ．

より理解を深めるために

例題 4.3 直線と平面

直線 $\dfrac{x}{2} = \dfrac{y}{3} = \dfrac{z-1}{-6}$ と平面 $x - y + z - 8 = 0$ との交点を求めよ．

【解】 交点を $\mathrm{P}(x, y, z)$ とし，

$$\frac{x}{2} = \frac{y}{3} = \frac{z-1}{-6} = t \qquad \cdots ①$$

とおくと，

$$x = 2t, \quad y = 3t, \quad z = 1 - 6t$$

となる．これが平面上にあるから，

$$2t - 3t + (1 - 6t) - 8 = 0 \qquad \therefore \quad t = -1$$

これを ① に代入すると，$x = -2$, $y = -3$, $z = 7$.

よって，求める交点は $(-2, -3, 7)$.

〔別解〕 直線は 2 平面 $\dfrac{x}{2} = \dfrac{y}{3}$, $\dfrac{y}{3} = \dfrac{z-1}{-6}$ の交線だから，交点は 3 平面の交わりと考える．つまり，次の連立方程式の解である．

$$\begin{cases} 3x - 2y \qquad = 0 \\ \qquad 2y + z = 1 \\ x - \ y + z = 8 \end{cases}$$

よって，クラメールの公式 (⇨ p.60) により解くと，$x = -2$, $y = -3$, $z = 7$.

問 4.10 次の平面の方程式の，ヘッセの標準形を求めよ．

(1) $(-2, 2, -1)$ を通り，法線ベクトル $(2, 3, -3)$ の平面．

(2) $(3, -1, 5)$ を通り，平面 $x + y - 2 = 0$ に平行な平面．

(3) $(1, 2, 3)$ を通り，直線 $\dfrac{x-1}{3} = \dfrac{y+2}{-2} = \dfrac{z+1}{5}$ に垂直な平面．

問 4.11 次の直線の方程式を求めよ．

(1) 点 $(-1, 5, -2)$ を通り，平面 $x - 2y + 3z - 4 = 0$ に垂直な直線．

(2) 点 $(-1, 4, 5)$ を通り，2 平面 $x - 2y - 2z + 3 = 0$, $4x + 4y - 5z = 0$ に平行な直線．

問 4.12 同一直線上にない 3 点

$$\mathrm{P}_1(x_1, y_1, z_1), \quad \mathrm{P}_2(x_2, y_2, z_2), \quad \mathrm{P}_3(x_3, y_3, z_3)$$

を含む平面の方程式は右の行列式で与えられることを示せ．

$$\begin{vmatrix} x & y & z & 1 \\ x_1 & y_1 & z_1 & 1 \\ x_2 & y_2 & z_2 & 1 \\ x_3 & y_3 & z_3 & 1 \end{vmatrix} = 0$$

演　習　問　題

問題 4.1　　　　不等式

次の不等式を証明せよ．

(1)　$|\boldsymbol{a}\cdot\boldsymbol{b}| \leqq |\boldsymbol{a}||\boldsymbol{b}|$　　(シュヴァルツの不等式)

(2)　$|\boldsymbol{a}+\boldsymbol{b}| \leqq |\boldsymbol{a}|+|\boldsymbol{b}|$　　(三角不等式)

【証明】　(1)　$\boldsymbol{a} \fallingdotseq \boldsymbol{0}$ のとき，任意の t に対して，

$$0 \leqq |t\boldsymbol{a}+\boldsymbol{b}|^2 = (t\boldsymbol{a}+\boldsymbol{b})\cdot(t\boldsymbol{a}+\boldsymbol{b}) = t^2|\boldsymbol{a}|^2 + 2\boldsymbol{a}\cdot\boldsymbol{b}t + |\boldsymbol{b}|^2$$

が t の 2 次式として成り立つから判別式を考えると，

$$4(\boldsymbol{a}\cdot\boldsymbol{b})^2 - 4|\boldsymbol{a}|^2|\boldsymbol{b}|^2 \leqq 0$$

$$\therefore\quad |\boldsymbol{a}\cdot\boldsymbol{b}| \leqq |\boldsymbol{a}||\boldsymbol{b}|$$

$\boldsymbol{a}=\boldsymbol{0}$ ならば両辺は 0 で成り立つ．

〔別解〕　内積の定義と $|\cos\theta| \leqq 1$ を用いる．

$$|\boldsymbol{a}\cdot\boldsymbol{b}| = \Big||\boldsymbol{a}||\boldsymbol{b}|\cos\theta\Big| \leqq |\boldsymbol{a}||\boldsymbol{b}|$$

(2)　$(|\boldsymbol{a}|+|\boldsymbol{b}|)^2 - |\boldsymbol{a}+\boldsymbol{b}|^2 = |\boldsymbol{a}|^2 + 2|\boldsymbol{a}||\boldsymbol{b}| + |\boldsymbol{b}|^2 - (|\boldsymbol{a}|^2 + 2\boldsymbol{a}\cdot\boldsymbol{b} + |\boldsymbol{b}|^2)$

$= 2(|\boldsymbol{a}||\boldsymbol{b}| - \boldsymbol{a}\cdot\boldsymbol{b}) \geqq 0$　(シュヴァルツの不等式より)

$|\boldsymbol{a}+\boldsymbol{b}|^2 \leqq (|\boldsymbol{a}|+|\boldsymbol{b}|)^2$．　$|\boldsymbol{a}+\boldsymbol{b}| \geqq 0,\ |\boldsymbol{a}|+|\boldsymbol{b}| \geqq 0$ より

$$|\boldsymbol{a}+\boldsymbol{b}| \leqq |\boldsymbol{a}|+|\boldsymbol{b}|$$

この結果を図形的にいえば“三角形の 2 辺の和は他の 1 辺より長い”ということである (➪ 図 4.25)．

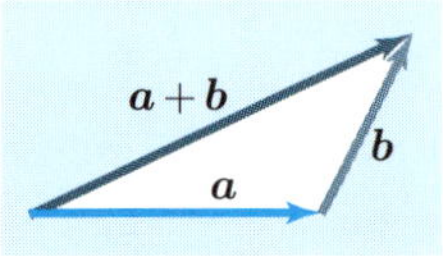

図 4.25

(解答は章末の p.91 に掲載されています．)

演習 4.1　$\boldsymbol{a}=(a_1,a_2,a_3),\ \boldsymbol{b}=(b_1,b_2,b_3)$ のとき，問題 4.1 (1) のシュヴァルツの不等式を成分を用いて表せ．

演習 4.2　$\boldsymbol{a},\boldsymbol{b}$ を 2 隣辺とする平行四辺形の面積を S とすると，

$$S^2 = \begin{vmatrix} \boldsymbol{a}\cdot\boldsymbol{a} & \boldsymbol{a}\cdot\boldsymbol{b} \\ \boldsymbol{b}\cdot\boldsymbol{a} & \boldsymbol{b}\cdot\boldsymbol{b} \end{vmatrix}$$

であることを示せ．この右辺の行列式を**グラム行列式**という．

演習 4.3　次を証明せよ．

(1)　$|\boldsymbol{a}+\boldsymbol{b}|^2 + |\boldsymbol{a}-\boldsymbol{b}|^2 = 2(|\boldsymbol{a}|^2+|\boldsymbol{b}|^2)$　(中線定理)

(2)　$|\boldsymbol{a}+\boldsymbol{b}+\boldsymbol{c}| \leqq |\boldsymbol{a}|+|\boldsymbol{b}|+|\boldsymbol{c}|$

問題 4.2 **1 次独立なベクトル**

3 つのベクトル $\boldsymbol{a} = (a_1, a_2, a_3)$, $\boldsymbol{b} = (b_1, b_2, b_3)$, $\boldsymbol{c} = (c_1, c_2, c_3)$ が 1 次独立であるための条件は，次のようになることを示せ．

$$A = \begin{bmatrix} a_1 & a_2 & a_3 \\ b_1 & b_2 & b_3 \\ c_1 & c_2 & c_3 \end{bmatrix} \text{ とおくとき，} \operatorname{rank} A = 3 \text{ である}$$

【解】 $\boldsymbol{a}, \boldsymbol{b}, \boldsymbol{c}$ が 1 次独立であるとは，p.78 の定理 4.2 より，$x\boldsymbol{a} + y\boldsymbol{b} + z\boldsymbol{c} = \boldsymbol{0}$ を満たす x, y, z は $x = y = z = 0$ に限ることである．よって，$x\boldsymbol{a} + y\boldsymbol{b} + z\boldsymbol{c} = \boldsymbol{0}$ から得られる同次連立 1 次方程式

$$\begin{cases} a_1 x + b_1 y + c_1 z = 0 \\ a_2 x + b_2 y + c_2 z = 0 \\ a_3 x + b_3 y + c_3 z = 0 \end{cases}$$

が非自明解をもたないことである．そのための条件は，p.38 の定理 2.8 (2) の対偶をとることにより，次によって与えられる．

$$\operatorname{rank} \begin{bmatrix} a_1 & b_1 & c_1 \\ a_2 & b_2 & c_2 \\ a_3 & b_3 & c_3 \end{bmatrix} = 3$$

この行列の転置行列を考えると，$\begin{bmatrix} a_1 & a_2 & a_3 \\ b_1 & b_2 & b_3 \\ c_1 & c_2 & c_3 \end{bmatrix} = A$ となる．行列とその転置行列の階数は等しいので，$\operatorname{rank} A = 3$．

注意 4.2 この条件は $|A| \neq 0$ と同じである (⇨ p.63 の問 3.14)．

追記 4.3 一般に m 個のベクトル $\boldsymbol{a}_1, \boldsymbol{a}_2, \cdots, \boldsymbol{a}_m$ が 1 次独立であるための条件は

$$\operatorname{rank} \begin{bmatrix} \boldsymbol{a}_1 \\ \boldsymbol{a}_2 \\ \vdots \\ \boldsymbol{a}_m \end{bmatrix} = m \text{ となることである．}$$

演習 4.4 次のベクトルは 1 次独立であるか．

(1) $\boldsymbol{a} = (2, -1, 0)$, $\boldsymbol{b} = (1, 0, 3)$, $\boldsymbol{c} = (-2, 1, 0)$

(2) $\boldsymbol{a} = (2, -1, 0)$, $\boldsymbol{b} = (1, 0, 3)$, $\boldsymbol{c} = (-2, 1, 1)$

演習 4.5 $\boldsymbol{a}, \boldsymbol{b}, \boldsymbol{c}$ が 1 次独立のとき，$k\boldsymbol{a} + \boldsymbol{b} + \boldsymbol{c}$, $\boldsymbol{a} + k\boldsymbol{b} + \boldsymbol{c}$, $\boldsymbol{a} + \boldsymbol{b} + k\boldsymbol{c}$ が 1 次従属であるように k を定めよ．

問題 4.3　　**直線の方程式の行列式表示**

(1)　点 (x_1, y_1) を通り，方向ベクトル (l, m) の直線の方程式は，

$$\begin{vmatrix} x - x_1 & y - y_1 \\ l & m \end{vmatrix} = 0$$

で与えられることを示せ.

(2)　2 点 $(x_1, y_1), (x_2, y_2)$ を通る直線は

$$\begin{vmatrix} x & y & 1 \\ x_1 & y_1 & 1 \\ x_2 & y_2 & 1 \end{vmatrix} = 0$$

で与えられることを示せ.

【解】　(1)　(x, y) をこの直線上の点とすると，2 つのベクトル $(x - x_1, y - y_1)$ および (l, m) は同一直線上にあるから，1 次従属である．したがって次式で与えられる．

$$\begin{vmatrix} x - x_1 & y - y_1 \\ l & m \end{vmatrix} = 0$$

(2)　左辺の行列式は x, y の 1 次式だから，直線の方程式である．次に $x = x_1, y = y_1$ のとき，第 1 行と第 2 行が等しくなるから，左辺の行列式は 0 であり，この直線は (x_1, y_1) を通る．同様に (x_2, y_2) も通るから，この方程式は $(x_1, y_1), (x_2, y_2)$ を通る直線の方程式である．

演習 4.6　平面の 1 点 (x_1, y_1) を通り，方向ベクトル (l, m) の直線の方程式は

$$\begin{vmatrix} x & y & 1 \\ x_1 & y_1 & 1 \\ l & m & 0 \end{vmatrix} = 0$$

で与えられることを示せ.

演習 4.7　空間の 1 点 $\mathrm{P}_1(x_1, y_1, z_1)$ を通り，2 つの 1 次独立なベクトル $\boldsymbol{l}_1 = (l_1, m_1, n_1), \boldsymbol{l}_2 = (l_2, m_2, n_2)$ で張られる平面は

$$\begin{vmatrix} x - x_1 & y - y_1 & z - z_1 \\ l_1 & m_1 & n_1 \\ l_2 & m_2 & n_2 \end{vmatrix} = 0$$

で与えられることを示せ.

問の解答（第 4 章）

問 4.1 $\begin{cases} \boldsymbol{x} - 2\boldsymbol{y} = \boldsymbol{a} & \cdots ① \\ \boldsymbol{x} + \ \ \boldsymbol{y} = \boldsymbol{b} & \cdots ② \end{cases}$

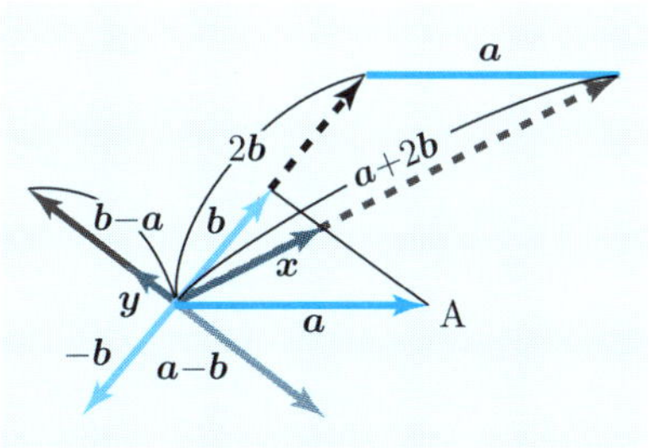

図 4.26

① + ② × 2 　 $3\boldsymbol{x} = \boldsymbol{a} + 2\boldsymbol{b}$

$$\therefore \quad \boldsymbol{x} = \frac{\boldsymbol{a} + 2\boldsymbol{b}}{3}$$

① − ② 　 $-3\boldsymbol{y} = \boldsymbol{a} - \boldsymbol{b}$

$$\therefore \quad \boldsymbol{y} = \frac{\boldsymbol{b} - \boldsymbol{a}}{3}$$

問 4.2 (1) $\overrightarrow{\mathrm{EC}} = -\boldsymbol{c} + \boldsymbol{a} + \boldsymbol{b},\ \overrightarrow{\mathrm{AH}} = \boldsymbol{b} + \boldsymbol{c}$

$$\overrightarrow{\mathrm{EC}} \cdot \overrightarrow{\mathrm{AH}} = (-\boldsymbol{c} + \boldsymbol{a} + \boldsymbol{b}) \cdot (\boldsymbol{b} + \boldsymbol{c})$$

$$= -\boldsymbol{c} \cdot \boldsymbol{b} + \boldsymbol{a} \cdot \boldsymbol{b} + \boldsymbol{b} \cdot \boldsymbol{b} - \boldsymbol{c} \cdot \boldsymbol{c} + \boldsymbol{a} \cdot \boldsymbol{c} + \boldsymbol{b} \cdot \boldsymbol{c} = 0$$

$$\therefore \quad \overrightarrow{\mathrm{EC}} \perp \overrightarrow{\mathrm{AH}}$$

(2) $\overrightarrow{\mathrm{AG}} = \boldsymbol{a} + \boldsymbol{b} + \boldsymbol{c},\ \overrightarrow{\mathrm{BF}} = \overrightarrow{\mathrm{AE}} = \boldsymbol{c}$ だから

$$\overrightarrow{\mathrm{AG}} \cdot \overrightarrow{\mathrm{BF}} = (\boldsymbol{a} + \boldsymbol{b} + \boldsymbol{c}) \cdot \boldsymbol{c} = \boldsymbol{a} \cdot \boldsymbol{c} + \boldsymbol{b} \cdot \boldsymbol{c} + \boldsymbol{c} \cdot \boldsymbol{c} = 1$$

また，$\overrightarrow{\mathrm{AG}}, \overrightarrow{\mathrm{BF}}$ の交角を φ とすると，$\overrightarrow{\mathrm{AG}} \cdot \overrightarrow{\mathrm{BF}} = |\overrightarrow{\mathrm{AG}}||\overrightarrow{\mathrm{BF}}| \cos\varphi = \sqrt{3}\cos\varphi$

$$\therefore \quad \cos\varphi = 1/\sqrt{3}$$

問 4.3 点 O, F, C と B, F, A はそれぞれ同一直線上にあるから，

$$\overrightarrow{\mathrm{OF}} = z\overrightarrow{\mathrm{OC}} = \frac{1}{2}z\boldsymbol{a} + \frac{2}{3}z\boldsymbol{b} \qquad \cdots ③$$

$\overrightarrow{\mathrm{BF}} = u\overrightarrow{\mathrm{BA}} = u\boldsymbol{a} - u\boldsymbol{b}$ とおける．

$$\overrightarrow{\mathrm{OF}} = \boldsymbol{b} + u\boldsymbol{a} - u\boldsymbol{b} = u\boldsymbol{a} + (1-u)\boldsymbol{b} \qquad \cdots ④$$

③, ④から，$\frac{1}{2}z\boldsymbol{a} + \frac{2}{3}z\boldsymbol{b} = u\boldsymbol{a} + (1-u)\boldsymbol{b}$.

$\boldsymbol{a}, \boldsymbol{b}$ は 1 次独立だから，$\frac{1}{2}z = u,\ \frac{2}{3}z = 1 - u$. これより，$z = \frac{6}{7},\ u = \frac{3}{7}$

$$\therefore \quad \overrightarrow{\mathrm{OF}} = \frac{3}{7}\boldsymbol{a} + \frac{4}{7}\boldsymbol{b}, \quad \overrightarrow{\mathrm{BF}} = \frac{3}{7}\boldsymbol{a} - \frac{3}{7}\boldsymbol{b}$$

問 4.4 $x(\boldsymbol{a} + \boldsymbol{b}) + y(\boldsymbol{b} + \boldsymbol{c}) + z(\boldsymbol{c} - \boldsymbol{a}) = \boldsymbol{0}$ とおくと，

$$(x - z)\boldsymbol{a} + (x + y)\boldsymbol{b} + (y + z)\boldsymbol{c} = \boldsymbol{0}$$

$\boldsymbol{a}, \boldsymbol{b}, \boldsymbol{c}$ が 1 次独立だから，

$$\begin{cases} x \quad\ - z = 0 \\ x + y \quad\ = 0 \\ \quad\ y + z = 0 \end{cases} \qquad \cdots ⑤ \qquad \begin{vmatrix} 1 & 0 & -1 \\ 1 & 1 & 0 \\ 0 & 1 & 1 \end{vmatrix} = \begin{vmatrix} 1 & 0 \\ 1 & 1 \end{vmatrix} \fallingdotseq 0$$

ゆえに，p.63 の問 3.14 より ⑤ は非自明解をもつ．ゆえに $\boldsymbol{a} + \boldsymbol{b},\ \boldsymbol{b} + \boldsymbol{c},\ \boldsymbol{c} - \boldsymbol{a}$ は 1 次従属である．

問 4.5　$|\boldsymbol{c}^2| = |\boldsymbol{a}-\boldsymbol{b}|^2 = (\boldsymbol{a}-\boldsymbol{b})\cdot(\boldsymbol{a}-\boldsymbol{b})$

$$= \boldsymbol{a}\cdot\boldsymbol{a} - \boldsymbol{a}\cdot\boldsymbol{b} - \boldsymbol{b}\cdot\boldsymbol{a} + \boldsymbol{b}\cdot\boldsymbol{b}$$

$$= |\boldsymbol{a}|^2 + |\boldsymbol{b}|^2 - 2|\boldsymbol{a}||\boldsymbol{b}|\cos\theta$$

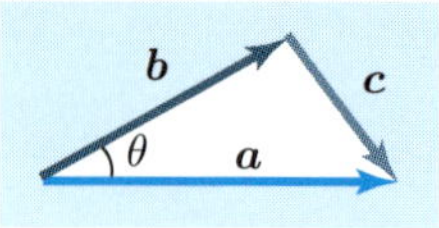

図 4.27

問 4.6　(1) $\begin{cases} x = 1+4t \\ y = 3-5t \\ z = -2 \end{cases}$

(2) $\dfrac{x-1}{4} = -\dfrac{y-3}{5},\ z=-2$

(3) $\pm\dfrac{1}{\sqrt{41}}(4,-5,0) = \left(\pm\dfrac{4}{\sqrt{41}}, \mp\dfrac{5}{\sqrt{41}}, 0\right)$　(複号同順)

問 4.7　(1) $(8,-3,-5)$　(2) $\sqrt{14}$　(3) 7

問 4.8　(1) $\dfrac{x-1}{1} = \dfrac{y+2}{3} = \dfrac{z-3}{-2}$　$\left(\dfrac{x-2}{1} = \dfrac{y-1}{3} = \dfrac{z-1}{-2}\text{でも可}\right)$

(2) $\cos\theta = 0$　(3) 方向余弦は $\pm\dfrac{1}{\sqrt{59}}(-3,1,7)$

問 4.9　(1) $\dfrac{x-3}{-1} = \dfrac{y+2}{2} = \dfrac{z-4}{3}$　(2) $\dfrac{x-1}{3} = \dfrac{y+2}{-1} = \dfrac{z}{2}$

問 4.10　(1) $2x+3y-3z-5=0,\ \dfrac{2}{\sqrt{22}}x + \dfrac{3}{\sqrt{22}}y - \dfrac{3}{\sqrt{22}}z = \dfrac{5}{\sqrt{22}}$

(2) $x+y-z+3=0,\ -\dfrac{1}{\sqrt{3}}x - \dfrac{1}{\sqrt{3}}y + \dfrac{1}{\sqrt{3}}z = \sqrt{3}$

(3) $3x-2y+5z-14=0,\ \dfrac{3}{\sqrt{38}}x - \dfrac{2}{\sqrt{38}}y + \dfrac{5}{\sqrt{38}} = \dfrac{14}{\sqrt{38}}$

問 4.11　(1) $\dfrac{x+1}{1} = \dfrac{y-5}{-2} = \dfrac{z+2}{3}$　(2) $\dfrac{x+1}{6} = \dfrac{y-4}{-1} = \dfrac{z-5}{4}$

問 4.12　求める平面の方程式を $ax+by+cz+d=0 \ \cdots①$ とおくと，これが 3 点 $\mathrm{P}_1, \mathrm{P}_2, \mathrm{P}_3$ を通ることから，

$$\begin{cases} ax_1+by_1+cz_1+d=0 & \cdots② \\ ax_2+by_2+cz_2+d=0 & \cdots③ \\ ax_3+by_3+cz_3+d=0 & \cdots④ \end{cases}$$

となる．この①, ②, ③, ④の 4 つの式を a,b,c,d を未知数とする同次連立 1 次方程式とみなすと，非自明解をもつ条件から

$$\begin{vmatrix} x & y & z & 1 \\ x_1 & y_1 & z_1 & 1 \\ x_2 & y_2 & z_2 & 1 \\ x_3 & y_3 & z_3 & 1 \end{vmatrix} = 0$$

演習問題解答（第 4 章）

演習 4.1 $|a_1b_1+a_2b_2+a_3b_3| \leqq \sqrt{a_1^2+a_2^2+a_3^2}\sqrt{b_1^2+b_2^2+b_3^2}$

演習 4.2 p.81 の例 4.2 の結果を用いる.

演習 4.3 (1) $|\boldsymbol{a}|^2=\boldsymbol{a}\cdot\boldsymbol{a}$ を用いる.

$$\begin{aligned}|\boldsymbol{a}+\boldsymbol{b}|^2&=(\boldsymbol{a}+\boldsymbol{b})\cdot(\boldsymbol{a}+\boldsymbol{b})=\boldsymbol{a}\cdot\boldsymbol{a}+\boldsymbol{a}\cdot\boldsymbol{b}+\boldsymbol{b}\cdot\boldsymbol{a}+\boldsymbol{b}\cdot\boldsymbol{b}\\&=|\boldsymbol{a}|^2+2\boldsymbol{a}\cdot\boldsymbol{b}+|\boldsymbol{b}|^2\\|\boldsymbol{a}-\boldsymbol{b}|^2&=(\boldsymbol{a}-\boldsymbol{b})\cdot(\boldsymbol{a}-\boldsymbol{b})=\boldsymbol{a}\cdot\boldsymbol{a}-\boldsymbol{a}\cdot\boldsymbol{b}-\boldsymbol{b}\cdot\boldsymbol{a}+\boldsymbol{b}\cdot\boldsymbol{b}\\&=|\boldsymbol{a}|^2-2\boldsymbol{a}\cdot\boldsymbol{b}+|\boldsymbol{b}|^2\end{aligned}$$

これを辺々加えて,

$$|\boldsymbol{a}+\boldsymbol{b}|^2+|\boldsymbol{a}-\boldsymbol{b}|^2=2(|\boldsymbol{a}|^2+|\boldsymbol{b}|^2)$$

(2) 問題 4.1 (2) の三角不等式を 2 回用いる.

演習 4.4 p.87 の問題 4.2 の注意 4.2 を用いる.

(1) $A=\begin{vmatrix}2&-1&0\\1&0&3\\-2&1&0\end{vmatrix}\underset{3\text{行}+1\text{行}}{=}\begin{vmatrix}2&-1&0\\1&0&3\\0&0&0\end{vmatrix}=0$, ゆえに 1 次従属.

(2) $A=\begin{vmatrix}2&-1&0\\1&0&3\\-2&1&1\end{vmatrix}\underset{3\text{行}+1\text{行}}{=}\begin{vmatrix}2&-1&0\\1&0&3\\0&0&1\end{vmatrix}=1\neq 0$, ゆえに 1 次独立.

演習 4.5 $x(k\boldsymbol{a}+\boldsymbol{b}+\boldsymbol{c})+y(\boldsymbol{a}+k\boldsymbol{b}+\boldsymbol{c})+z(\boldsymbol{a}+\boldsymbol{b}+k\boldsymbol{c})=\boldsymbol{0}$ より,

$$(kx+y+z)\boldsymbol{a}+(x+ky+z)\boldsymbol{b}+(x+y+kz)\boldsymbol{c}=\boldsymbol{0}.$$

いま, $\boldsymbol{a},\boldsymbol{b},\boldsymbol{c}$ は 1 次独立だから

$$\begin{cases}kx+y+z=0\\x+ky+z=0\\x+y+kz=0\end{cases}\cdots①$$

この ① が非自明解をもつように k を決めれば, $k\boldsymbol{a}+\boldsymbol{b}+\boldsymbol{c}$, $\boldsymbol{a}+k\boldsymbol{b}+\boldsymbol{c}$, $\boldsymbol{a}+\boldsymbol{b}+k\boldsymbol{c}$ は 1 次従属である. つまり

$$\begin{vmatrix}k&1&1\\1&k&1\\1&1&k\end{vmatrix}=(k-1)^2(k+2)=0 \qquad \therefore\ k=1 \text{ または } -2.$$

演習 4.6 $\begin{vmatrix}x&y&1\\x_1&y_1&1\\l&m&0\end{vmatrix}=\begin{vmatrix}x-x_1&y-y_1&0\\x_1&y_1&1\\l&m&0\end{vmatrix}=\begin{vmatrix}x-x_1&y-y_1\\l&m\end{vmatrix}$

これは p.88 の問題 4.3 (1) より, (x_1,y_1) を通り方向ベクトル (l,m) の直線の方程式である.

演習 4.7 p.88 の問題 4.3 (1) と同様に考える.

5 ベクトル空間と線形写像

5.1 ベクトルと1次独立，1次従属

◆ **図形的なベクトルと数ベクトル**　第4章で学んだベクトルをここでは特に図形的なベクトルと呼ぶことにすると第1章の行列のところで出てきた数ベクトル (⇨ p.4) とは一見別物のようであるが，実は

図形的ベクトルと数ベクトルは同等なものである.

といえる (⇨ p.93 の注意 5.1).

この章以降では，図形的なベクトルを一般化した実数上の n 次元ベクトルについて学習する.

◆ **1次結合**　r 個の n 次元ベクトル $\boldsymbol{a}_1, \boldsymbol{a}_2, \cdots, \boldsymbol{a}_r$ が与えられたとき，それらからスカラー倍と加法を使ってつくられるベクトル

$$\lambda_1 \boldsymbol{a}_1 + \lambda_2 \boldsymbol{a}_2 + \cdots + \lambda_r \boldsymbol{a}_r$$

を $\boldsymbol{a}_1, \boldsymbol{a}_2, \cdots, \boldsymbol{a}_r$ の **1次結合**という.

◆ **1次独立，1次従属**　$\lambda_1 \boldsymbol{a}_1 + \lambda_2 \boldsymbol{a}_2 + \cdots + \lambda_r \boldsymbol{a}_r = \boldsymbol{0}$ となるのは $\lambda_1 = \lambda_2 = \cdots = \lambda_r = 0$ 以外に起こり得ないとき，$\boldsymbol{a}_1, \boldsymbol{a}_2, \cdots, \boldsymbol{a}_r$ は **1次独立** $\lambda_1 = \lambda_2 = \cdots = \lambda_r = 0$ 以外にもあり得るとき，$\boldsymbol{a}_1, \boldsymbol{a}_2, \cdots, \boldsymbol{a}_r$ は **1次従属**であるという (⇨ p.94 の注意 5.4).

数ベクトルを列ベクトルで表して，$A = \begin{bmatrix} \boldsymbol{a}_1 & \boldsymbol{a}_2 & \cdots & \boldsymbol{a}_r \end{bmatrix}$ $\cdots$① を $n \times r$ 行列とする.

定理 5.1　(**1次独立と階数**)

(1)　$\boldsymbol{a}_1, \boldsymbol{a}_2, \cdots, \boldsymbol{a}_r$ が1次独立 $\Leftrightarrow$ $\mathrm{rank}\, A = r$

(2)　$\boldsymbol{a}_1, \boldsymbol{a}_2, \cdots, \boldsymbol{a}_r$ が1次従属 $\Leftrightarrow$ $\mathrm{rank}\, A < r$

定理 5.2　(**1次独立と正則性**)　上記①において $n = r$ とする.

(1)　$\boldsymbol{a}_1, \boldsymbol{a}_2, \cdots, \boldsymbol{a}_n$ が1次独立 $\Leftrightarrow \mathrm{rank}\, A = n$ $\Leftrightarrow$ A は正則 $\Leftrightarrow$ $|A| \neq 0$

(2)　$\boldsymbol{a}_1, \boldsymbol{a}_2, \cdots, \boldsymbol{a}_n$ が1次従属 $\Leftrightarrow \mathrm{rank}\, A < n$ $\Leftrightarrow$ A は正則でない $\Leftrightarrow$ $|A| = 0$

未知数が r 個の同次連立 1 次方程式の解の定理 2.8 (⇨ p.38) と定理 5.1 より次のことがいえる．

系 5.1　(1)　$\boldsymbol{a}_1, \boldsymbol{a}_2, \cdots, \boldsymbol{a}_r$ が 1 次独立 $\Leftrightarrow$ $A\boldsymbol{x} = \boldsymbol{0}$ は自明な解しかもたない．
(2)　$\boldsymbol{a}_1, \boldsymbol{a}_2, \cdots, \boldsymbol{a}_r$ が 1 次従属 $\Leftrightarrow$ $A\boldsymbol{x} = \boldsymbol{0}$ は非自明な解をもつ．

より理解を深めるために

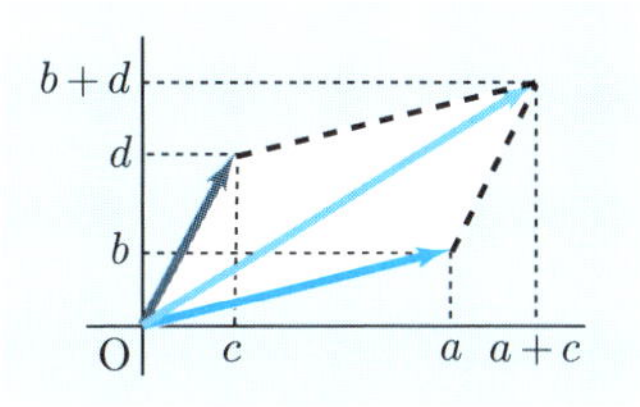

図 5.1

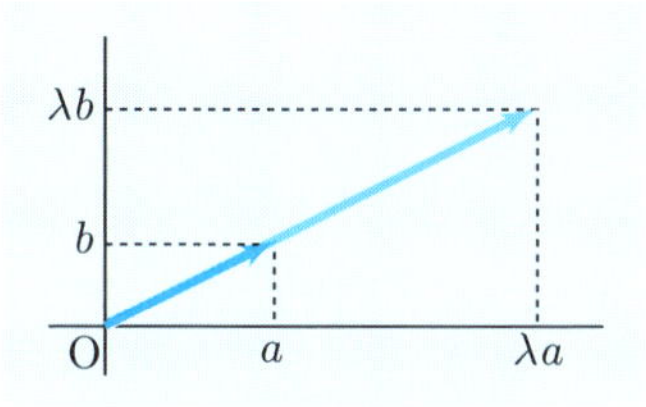

図 5.2

注意 5.1　図形的なベクトルと数ベクトル　平面上の図形的ベクトルは，始点を座標の原点 O にとることによって，終点の座標 (a_1, a_2) と 1 対 1 に対応する．したがって，2 次元行ベクトル $\begin{bmatrix} a_1 & a_2 \end{bmatrix}$ や 2 次元列ベクトル $\begin{bmatrix} a_1 \\ a_2 \end{bmatrix}$ とも 1 対 1 に対応する．

同様にして，空間の図形的ベクトルは，始点を O，終点の座標を (a_1, a_2, a_3) とすると，3 次元行ベクトル $\begin{bmatrix} a_1 & a_2 & a_3 \end{bmatrix}$ や 3 次元列ベクトル $\begin{bmatrix} a_1 \\ a_2 \\ a_3 \end{bmatrix}$ と 1 対 1 に対応する．さて，図形的ベクトルに対して次の 2 つの演算が定義されている (⇨ p.74)

(1)　**加法**：2 つのベクトル $\boldsymbol{a}, \boldsymbol{b}$ の和 $\boldsymbol{a} + \boldsymbol{b}$ は図 4.3 (⇨ p.75) に示されるような $\boldsymbol{a}$ と $\boldsymbol{b}$ のつくる平行四辺形の対角線が示す有向線分である．

(2)　**スカラー倍**：スカラー k とベクトル $\boldsymbol{a}$ の積 $k\boldsymbol{a}$ は図 4.5 (⇨ p.75) に示すとおりである．いま，平面上の図形的なベクトルの場合に，始点が O であると決めて，上述の定義 (1), (2) と，終点の座標との関係を調べると次のようになる．

(1)′　**加法**：$(a, b), (c, d)$ がそれぞれベクトル $\boldsymbol{a}$ と $\boldsymbol{b}$ の終点ならば，$(a + c, b + d)$ が $\boldsymbol{a} + \boldsymbol{b}$ の終点となる (⇨ 図 5.1).

(2)′　**スカラー倍**：(a, b) がベクトル $\boldsymbol{a}$ の終点ならば，(ka, kb) が $k\boldsymbol{a}$ の終点となる (⇨ 図 5.2).

このように，平面上の図形的ベクトルについての上記 2 つの演算 (1)′, (2)′ は，第 1 章で定めた 2 次元数ベクトルの演算とぴったりと対応している．このことは空間における図形的ベクトルと 3 次元数ベクトルの演算についても同様に確かめられる．しかし 4 次以上の高次元になると，数ベクトルは定義されるのに対し，それに対応する図形的ベクトルは図示できなくなる．これからは一般の次元のベクトルを扱うので，数ベクトルで考えることにする．

より理解を深めるために

注意 5.2 1 個のベクトルは，それが零ベクトルでないとき 1 次独立であり，零ベクトルのとき 1 次従属である．

注意 5.3 $\boldsymbol{b} = \lambda_1 \boldsymbol{a}_1 + \lambda_2 \boldsymbol{a}_2 + \cdots + \lambda_r \boldsymbol{a}_r$ のとき，行列 $A = \begin{bmatrix} \boldsymbol{a}_1 & \boldsymbol{a}_2 & \cdots & \boldsymbol{a}_r \end{bmatrix}$ とおいて，これを書きかえると，

$$\boldsymbol{b} = A \begin{bmatrix} \lambda_1 \\ \lambda_2 \\ \vdots \\ \lambda_r \end{bmatrix}$$

となるから，1 次結合の係数は，連立 1 次方程式 $A\boldsymbol{x} = \boldsymbol{b}$ の解として求められる．

注意 5.4 1 次独立とはどの $\boldsymbol{a}_j$ も残りの $r-1$ 個のベクトルの 1 次結合として表せないことであり，1 次従属とは少なくとも 1 個のベクトルが残りのベクトルの 1 次結合として表すことができるということである．

例題 5.1 ―――― **1 次結合**

$\mathbb{R}^3$ のベクトル $\boldsymbol{a} = (3, -1, 3)$ をベクトル $\boldsymbol{a}_1 = (2, -1, 1)$，$\boldsymbol{a}_2 = (-1, 1, 1)$，$\boldsymbol{a}_3 = (-4, 3, 1)$ の 1 次結合で表せ．

【解】 $A = \begin{bmatrix} \boldsymbol{a}_1 & \boldsymbol{a}_2 & \boldsymbol{a}_3 \end{bmatrix}$，$\boldsymbol{x} = \begin{bmatrix} x_1 \\ x_2 \\ x_3 \end{bmatrix}$ とするとき，連立 1 次方程式

$$x_1 \boldsymbol{a}_1 + x_2 \boldsymbol{a}_2 + x_3 \boldsymbol{a}_3 = A\boldsymbol{x} = \boldsymbol{a}$$

を解けばよい．右の表から，連立 1 次方程式の解は

$$\boldsymbol{x} = \begin{bmatrix} x_1 \\ x_2 \\ x_3 \end{bmatrix} = \begin{bmatrix} 2+\lambda \\ 1-2\lambda \\ \lambda \end{bmatrix}$$

（λ は任意）となる．例えば $\lambda = 0$ として，$\boldsymbol{a} = 2a_1 + a_2$ を得る．

$\boldsymbol{a}_1$	$\boldsymbol{a}_2$	$\boldsymbol{a}_3$	$\boldsymbol{a}$
2	−1	−4	3
−1	1	3	−1
1	1	1	3
1	1	1	3
0	2	4	2
0	−3	−6	−3
1	0	−1	2
0	1	2	1
0	0	0	0

（解答は章末の p.118 以降に掲載されています.）

問 5.1 $\mathbb{R}^n$ の $n+1$ 個のベクトルは 1 次従属であることを示せ．

問 5.2 次の $\mathbb{R}^4$ のベクトルは 1 次独立か．

$\boldsymbol{a}_1 = (1, -1, -3, -1)$，$\boldsymbol{a}_2 = (3, -1, -5, 3)$，$\boldsymbol{a}_3 = (-2, 1, 4, 1)$，$\boldsymbol{a}_4 = (2, -1, -4, 2)$

より理解を深めるために

例題 5.2　**1 次独立性と 1 次結合**

$\boldsymbol{a}_1, \boldsymbol{a}_2, \cdots, \boldsymbol{a}_m$ を $\mathbb{R}^n$ の m 個の 1 次独立なベクトルとし，m 個のベクトルを

$$\boldsymbol{b}_j = p_{1j}\boldsymbol{a}_1 + p_{2j}\boldsymbol{a}_2 + \cdots + p_{mj}\boldsymbol{a}_m \quad (j = 1, 2, \cdots, m)$$

とする．このとき，次が成り立つことを示せ．

$$\boldsymbol{b}_1, \boldsymbol{b}_2, \cdots, \boldsymbol{b}_m \text{ が 1 次独立} \quad \Leftrightarrow \quad \operatorname{rank}\left[p_{ij}\right] = m$$

【証明】　$\displaystyle\sum_{j=1}^{m} x_j \boldsymbol{b}_j = \boldsymbol{0}$ とおくと，

$$\sum_{j=1}^{m} x_j \left(\sum_{i=1}^{m} p_{ij}\boldsymbol{a}_i\right) = \sum_{i=1}^{m}\left(\sum_{j=1}^{m} p_{ij}x_j\right)\boldsymbol{a}_i = \boldsymbol{0}.$$

$\boldsymbol{a}_1, \boldsymbol{a}_2, \cdots, \boldsymbol{a}_m$ が 1 次独立だから $i = 1, 2, \cdots, m$ に対し $\displaystyle\sum_{j=1}^{m} p_{ij}x_j = 0$ が成り立つ．この同次連立方程式が非自明解をもたないことが $\boldsymbol{b}_1, \boldsymbol{b}_2, \cdots, \boldsymbol{b}_m$ が 1 次独立であることの必要十分条件である（⇨ p.92，系 5.1）．その条件は係数行列 $\left[p_{ij}\right]$ が正則なこと，すなわち，$\operatorname{rank}\left[p_{ij}\right] = m$ が成り立つことである（⇨ p.92，定理 5.2）．

問 5.3　次を証明せよ．

$\mathbb{R}^n$ において，$r+1$ 個のベクトル $\boldsymbol{a}_1, \boldsymbol{a}_2, \cdots, \boldsymbol{a}_r, \boldsymbol{a}_{r+1}$ が与えられており，そのうちの r 個 $\{\boldsymbol{a}_1, \boldsymbol{a}_2, \cdots, \boldsymbol{a}_r\}$ は 1 次独立であり，$\boldsymbol{a}_{r+1}$ は $\boldsymbol{a}_1, \boldsymbol{a}_2, \cdots, \boldsymbol{a}_r$ の 1 次結合として表すことができないとする．このとき，

$$\boldsymbol{a}_1, \quad \boldsymbol{a}_2, \quad \cdots, \quad \boldsymbol{a}_r, \quad \boldsymbol{a}_{r+1}$$

も 1 次独立である．

問 5.4　$\boldsymbol{a}_1, \boldsymbol{a}_2, \boldsymbol{a}_3, \boldsymbol{a}_4$ が 1 次独立のとき，次のベクトルは 1 次独立であるか．

(1)　$\boldsymbol{a}_1 + \boldsymbol{a}_2$，$\boldsymbol{a}_2 + \boldsymbol{a}_3$，$\boldsymbol{a}_3 + \boldsymbol{a}_4$，$\boldsymbol{a}_4 + \boldsymbol{a}_1$

(2)　$\boldsymbol{a}_1 + \boldsymbol{a}_2$，$\boldsymbol{a}_2 + \boldsymbol{a}_3$，$\boldsymbol{a}_3 + \boldsymbol{a}_1$

問 5.5　$\mathbb{R}^4$ の 3 つのベクトル $\boldsymbol{a} = \begin{bmatrix} 1 \\ 4 \\ -1 \\ 1 \end{bmatrix}, \boldsymbol{b} = \begin{bmatrix} 1 \\ 2 \\ 3 \\ -1 \end{bmatrix}, \boldsymbol{c} = \begin{bmatrix} 0 \\ 1 \\ -2 \\ 1 \end{bmatrix}$ は 1 次従属であることを示し，その間に成り立つ非自明な 1 次関係式を求めよ．

5.2　ベクトル空間，部分空間

◆ **ベクトル空間**　この節以降はひとつひとつのベクトルについてではなく，ベクトル全体のつくる集合の構造について考える．

$\mathbb{R}$ を実数の全体とし，実数の n 個の組全体

$$\mathbb{R}^n = \{(a_1, a_2, \cdots, a_n)\ ;\ a_1, a_2, \cdots, a_n \in \mathbb{R}\}$$

を実数上の **n 次元数ベクトル空間**，あるいは略して **n 次元ベクトル空間**という．$\boldsymbol{a} = (a_1, a_2, \cdots, a_n)$，$\boldsymbol{b} = (b_1, b_2, \cdots, b_n) \in \mathbb{R}^n$ に対し，相等，和，スカラー倍を次のように定義する．

相等　　$\boldsymbol{a} = \boldsymbol{b} \Leftrightarrow a_1 = b_1, a_2 = b_2, \cdots, a_n = b_n$

和　　$\boldsymbol{a} + \boldsymbol{b} = (a_1 + b_1, a_2 + b_2, \cdots, a_n + b_n)$

スカラー倍　$k\boldsymbol{a} = (ka_1, ka_2, \cdots, ka_n) \quad (k \in \mathbb{R})$

このように定義すると，次ページのベクトルの和，スカラー倍についての (1)〜(7) の性質が成り立つ．数ベクトル空間の要素を**数ベクトル**または単に**ベクトル**という．数ベクトル $\boldsymbol{a}$ は n 次元行ベクトル $\begin{bmatrix} a_1 & a_2 & \cdots & a_n \end{bmatrix}$ ともみなされるし，

$$\boldsymbol{a} = \begin{bmatrix} a_1 \\ a_2 \\ \vdots \\ a_n \end{bmatrix}$$

のように n 次元列ベクトルの形にも表される．

注意 5.5　実数全体の集合を $\mathbb{R}$ としたが，$\mathbb{R}$ の代りに複素数全体の集合 $\mathbb{C}$ を考えたとき，$\mathbb{C}^n$ を複素数上の **n 次元ベクトル空間**という．この章で現れる諸概念，諸定理は $\mathbb{R}^n$ に対してだけ述べるが，スカラー倍を複素数倍にすることにより，すべて $\mathbb{C}^n$ に対しても通用する．

◆ **部分空間**　n 次元ベクトル空間 $\mathbb{R}^n$ の空でない部分集合 W が，加法とスカラー倍に関して閉じている (W のベクトルの中でどんな和やスカラー倍をつくっても決して W からはみ出さない) とき，すなわち，

(1)　$\boldsymbol{a} \in W,\ \boldsymbol{b} \in W \Longrightarrow \boldsymbol{a} + \boldsymbol{b} \in W$

(2)　$k \in \mathbb{R},\ \boldsymbol{a} \in W \Longrightarrow k\boldsymbol{a} \in W$

の 2 条件を満たすとき，W は $\mathbb{R}^n$ の**部分空間**であるという．

注意 5.6　部分空間 W は必ず零ベクトルを含む (実際 W は空でないとしているから，W に属するベクトルが少なくとも 1 つは存在する．これを $\boldsymbol{a}$ とし，条件 (2) を $k = 0$ の場合に適用すると，$\boldsymbol{0} = 0 \cdot \boldsymbol{a} \in W$)．また，$\{\boldsymbol{0}\}$ は部分空間であり，$\{\boldsymbol{0}\} \subseteqq W \in \mathbb{R}^n$ が成り立つ．

より理解を深めるために

◆ ベクトルの和，スカラー倍に関する性質

ベクトルの和 $\boldsymbol{a}+\boldsymbol{b}$ $(\boldsymbol{a},\boldsymbol{b} \in \mathbb{R}^n)$ が定まり，次の性質を満たす．

$$\begin{cases} (1) \quad \boldsymbol{a}+\boldsymbol{b}=\boldsymbol{b}+\boldsymbol{a} \\ (2) \quad (\boldsymbol{a}+\boldsymbol{b})+\boldsymbol{c}=\boldsymbol{a}+(\boldsymbol{b}+\boldsymbol{c}) \\ (3) \quad \boldsymbol{a}+\boldsymbol{0}=\boldsymbol{a} \text{ を満たす零ベクトル } \boldsymbol{0} \text{ がある．} \\ (4) \quad \boldsymbol{a}+\boldsymbol{x}=\boldsymbol{a} \text{ を満たす } \mathbb{R}^n \text{ の要素 } \boldsymbol{x} \text{ が存在する．} \end{cases}$$

スカラー倍 $k\boldsymbol{a}$ $(\boldsymbol{a} \in \mathbb{R}^n, k \in \mathbb{R})$ が定まり，次の性質を満たす．

$$\begin{cases} (5) \quad (k+l)\boldsymbol{a}=k\boldsymbol{a}+l\boldsymbol{a} \quad (k,l \in \mathbb{R}) \\ (6) \quad (kl)\boldsymbol{a}=k(l\boldsymbol{a}), 1\cdot\boldsymbol{a}=\boldsymbol{a} \\ (7) \quad k(\boldsymbol{a}+\boldsymbol{b})=k\boldsymbol{a}+k\boldsymbol{b} \end{cases}$$

零ベクトル，逆ベクトル (3) の $\boldsymbol{0}$ はただ 1 つであり，これを**零**（れい）**ベクトル**という．また (4) の $\boldsymbol{x}$ もただ 1 つであり，これを $\boldsymbol{a}$ の**逆ベクトル**といって，$-\boldsymbol{a}$ で表す．

注意 5.7 n 次元ベクトル空間において，n が 3 以下の場合に，$\mathbb{R}^n$ を視覚的にとらえたいときには，$\mathbb{R}^n$ の各要素を対応する図形的ベクトルの終点の座標と同一視し $\mathbb{R}^1$, $\mathbb{R}^2$, $\mathbb{R}^3$ をそれぞれ数直線，xy 平面，xyz 空間として考察したらよい (➪ p.93 の注意 5.1)．

例題 5.3 　　　　**部分空間**

$\mathbb{R}^3$ のベクトル (a_1,a_2,a_3) で，$a_1+a_2+a_3=0$ を満たすもの全体 W は $\mathbb{R}^3$ の部分空間であるかどうか調べよ．

【解】 $(0,0,0) \in W$ だから W は空でない．$\boldsymbol{a}=(a_1,a_2,a_3) \in W, \boldsymbol{b}=(b_1,b_2,b_3) \in W$ とすると，

$$a_1+a_2+a_3=0, \quad b_1+b_2+b_3=0.$$

よって，$\boldsymbol{a}+\boldsymbol{b}=(a_1+b_1,a_2+b_2,a_3+b_3)$ において

$$(a_1+b_1)+(a_2+b_2)+(a_3+b_3)=(a_1+a_2+a_3)+(b_1+b_2+b_3)=0 \qquad \therefore \quad \boldsymbol{a}+\boldsymbol{b} \in W$$

$k\boldsymbol{a}=(ka_1,ka_2,ka_3)$ においても

$$ka_1+ka_2+ka_3=k(a_1+a_2+a_3)=0 \qquad \therefore \quad k\boldsymbol{a} \in W$$

ゆえに，W は $\mathbb{R}^3$ の部分空間である．

問 5.6 $\mathbb{R}^3$ のベクトル (a_1,a_2,a_3) で次の性質をもつものの全体 W は $\mathbb{R}^3$ の部分空間をなすかどうか調べよ．

(1) $a_1+a_2+a_3=1$ 　　(2) $a_1=0$

(3) $a_1a_2a_3=0$ 　　(4) $a_1^2+a_2^2+a_3^2 \leqq 1$

◆ **部分空間の生成**　$\mathbb{R}^n$ のベクトル $\boldsymbol{a}_1, \boldsymbol{a}_2, \cdots, \boldsymbol{a}_r$ が与えられたとき，$\boldsymbol{a}_1, \boldsymbol{a}_2, \cdots, \boldsymbol{a}_r$ の1次結合全体のなす $\mathbb{R}^n$ の部分集合 W を考えると，これは $\mathbb{R}^n$ の部分空間となる (⇨ p.99 の例題 5.4 (1)).

このW を $\boldsymbol{a}_1, \boldsymbol{a}_2, \cdots, \boldsymbol{a}_r$ によって**生成される (張られる) 部分空間**といい，

$$W = L\{\boldsymbol{a}_1, \boldsymbol{a}_2, \cdots, \boldsymbol{a}_r\}$$

で表す．すなわち，

$$L\{\boldsymbol{a}_1, \boldsymbol{a}_2, \cdots, \boldsymbol{a}_r\} = \{\lambda_1 \boldsymbol{a}_1 + \lambda_2 \boldsymbol{a}_2 + \cdots + \lambda_r \boldsymbol{a}_r \ ; \ \lambda_1, \lambda_2, \cdots, \lambda_r \in \mathbb{R}\}$$

である．部分空間 W が $W = L\{\boldsymbol{a}_1, \boldsymbol{a}_2, \cdots, \boldsymbol{a}_r\}$ を満たすとき，ベクトルの組 $\{\boldsymbol{a}_1, \boldsymbol{a}_2, \cdots, \boldsymbol{a}_r\}$ は W の**生成系**とよばれる．このとき，次が成り立つ．

$$\boldsymbol{b} \in L\{\boldsymbol{a}_1, \boldsymbol{a}_2, \cdots, \boldsymbol{a}_r\} \Leftrightarrow \operatorname{rank}\begin{bmatrix}\boldsymbol{a}_1 & \boldsymbol{a}_2 & \cdots & \boldsymbol{a}_r\end{bmatrix} = \operatorname{rank}\begin{bmatrix}\boldsymbol{a}_1 & \boldsymbol{a}_2 & \cdots & \boldsymbol{a}_r & \boldsymbol{b}\end{bmatrix} \cdots ①$$

また図形的には，ベクトル $\boldsymbol{a} \neq \boldsymbol{0}$ に対し，それによって生成される部分空間 $L\{\boldsymbol{a}\}$ は $\boldsymbol{a}$ の定める直線であり，1次独立な2つのベクトル $\boldsymbol{a}, \boldsymbol{b}$ によって生成される部分空間 $L\{\boldsymbol{a}, \boldsymbol{b}\}$ は $\boldsymbol{a}, \boldsymbol{b}$ の定める平面である．

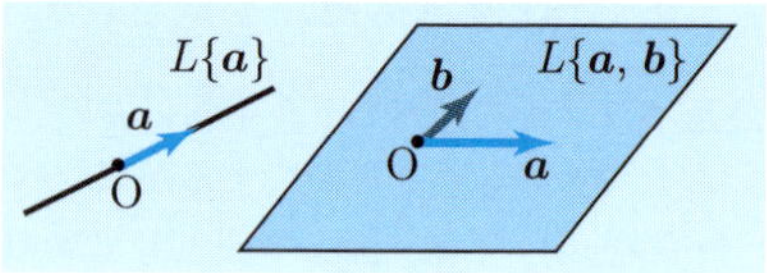

図 5.3

◆ **同次連立1次方程式の解空間**　未知数が n 個の同次連立1次方程式 (⇨ p.38) $A\boldsymbol{x} = \boldsymbol{0}$ の解ベクトル全体を W とすると，W は $\mathbb{R}^n$ の部分空間となる (⇨ p.99 の例題 5.4 (2))．このとき，W を同次連立1次方程式 $A\boldsymbol{x} = \boldsymbol{0}$ の**解空間**という．第2章のp.38で，未知数の個数が n 個の同次連立1次方程式 $A\boldsymbol{x} = \boldsymbol{0}$ の解の自由度 (⇨ p.32) を $s\,(= n - \operatorname{rank} A)$ とするとき，その解は s 個の任意定数 $c_1, c_2, \cdots, c_s$ を用いて

$$\boldsymbol{x} = c_1 \boldsymbol{x}_1 + c_2 \boldsymbol{x}_2 + \cdots + c_s \boldsymbol{x}_s$$

の形に表せることを学んだ (⇨ p.38 の①)．これは W がこれら s 個の解によって生成されること，すなわち

$$W = L\{\boldsymbol{x}_1, \boldsymbol{x}_2, \cdots, \boldsymbol{x}_s\}$$

であることにほかならない．

◆ **部分空間の共通部分と部分空間の和**　$\mathbb{R}^n$ の2つの部分空間 W_1, W_2 の**共通部分** $W_1 \cap W_2$ はまた $\mathbb{R}^n$ の部分空間となる (⇨ p.99 の例題 5.5 (1))．また，$W_1 + W_2 = \{\boldsymbol{a} + \boldsymbol{b} \ ; \ \boldsymbol{a} \in W_1, \boldsymbol{b} \in W_2\}$ (これを W_1, W_2 の**和**という) も $\mathbb{R}^n$ の部分空間となる (⇨ p.99 の例題 5.5 (2))．しかし，$\mathbb{R}^2$ において，$W_1 = L\{\boldsymbol{e}_1\}, W_2 = L\{\boldsymbol{e}_2\}$ とするとこれらは図形的には W_1 が x 軸で，W_2 が y 軸である．このとき $W_1 \cup W_2$ は x 軸と y 軸の和集合であり，これは次頁の問 5.7 で示すように部分空間でない．

より理解を深めるために

例題 5.4 ―― **部分空間，解空間**

(1) $\mathbb{R}^n$ のベクトル $\boldsymbol{a}_1, \boldsymbol{a}_2, \cdots, \boldsymbol{a}_r$ の 1 次結合全体のなす集合 W は $\mathbb{R}^n$ の部分空間であることを示せ．

(2) 未知数が n 個の同次連立 1 次方程式 $A\boldsymbol{x} = \boldsymbol{0}$ の解ベクトル全体を W とする．すなわち，解空間 W は $\mathbb{R}^n$ の部分空間となることを示せ．

【解】 (1)
$$(\lambda_1\boldsymbol{a}_1 + \lambda_2\boldsymbol{a}_2 + \cdots + \lambda_r\boldsymbol{a}_r) + (\mu_1\boldsymbol{a}_1 + \mu_2\boldsymbol{a}_2 + \cdots + \mu_r\boldsymbol{a}_r) = (\lambda_1 + \mu_1)\boldsymbol{a}_1 + (\lambda_2 + \mu_2)\boldsymbol{a}_2 + \cdots + (\lambda_r + \mu_r)\boldsymbol{a}_r$$
となるので部分空間の条件 (1) (⇨ p.96) を満たし，
$$\nu(\lambda_1\boldsymbol{a}_1 + \lambda_2\boldsymbol{a}_2 + \cdots + \lambda_r\boldsymbol{a}_r) = \nu\lambda_1\boldsymbol{a}_1 + \nu\lambda_2\boldsymbol{a}_2 + \cdots + \nu\lambda_r\boldsymbol{a}_r$$
ゆえに，部分空間の条件 (2) も満たすので，W は $\mathbb{R}^n$ の部分空間である．

(2) $\boldsymbol{a} \in W, \boldsymbol{b} \in W$ とする．すなわち，$A\boldsymbol{a} = \boldsymbol{0}, A\boldsymbol{b} = \boldsymbol{0}$ のとき，$A(\boldsymbol{a}+\boldsymbol{b}) = A\boldsymbol{a} + A\boldsymbol{b} = \boldsymbol{0} + \boldsymbol{0} = \boldsymbol{0}$． $\therefore$ $\boldsymbol{a}+\boldsymbol{b} \in W$ となり部分空間の条件 (1) は満たされる．次に $\boldsymbol{a} \in W$，すなわち $A\boldsymbol{a} = \boldsymbol{0}$ とする．このとき，
$$A(\lambda\boldsymbol{a}) = \lambda(A\boldsymbol{a}) = \lambda\boldsymbol{0} = \boldsymbol{0} \quad (\lambda \text{は任意のスカラー}) \qquad \therefore \quad \lambda\boldsymbol{a} \in W.$$
よって，部分空間の条件 (2) も満たされる．ゆえに W は $\mathbb{R}^n$ の部分空間である．

例題 5.5 ―― **部分空間の共通部分と部分空間の和**

W_1, W_2 を $\mathbb{R}^n$ の部分空間とするとき，次のものが部分空間であることを示せ．

(1) $W_1 \cap W_2 = \{\boldsymbol{a}; \boldsymbol{a} \in W_1 \text{かつ} \boldsymbol{a} \in W_2\}$ （W_1, W_2の交わり）

(2) $W_1 + W_2 = \{\boldsymbol{a}+\boldsymbol{b}; \boldsymbol{a} \in W_1, \boldsymbol{b} \in W_2\}$ （W_1, W_2の和）

【解】 (1) $\boldsymbol{0} \in W_1, \boldsymbol{0} \in W_2$ だから $\boldsymbol{0} \in W_1 \cap W_2$．次に $\boldsymbol{a}, \boldsymbol{b} \in W_1 \cap W_2$ とすると，$\boldsymbol{a}+\boldsymbol{b} \in W_1$ かつ $\boldsymbol{a}+\boldsymbol{b} \in W_2$ だから $\boldsymbol{a}+\boldsymbol{b} \in W_1 \cap W_2$．同様に，実数 λ に対して，$\lambda\boldsymbol{a} \in W_1, \lambda\boldsymbol{a} \in W_2$ だから，$\lambda\boldsymbol{a} \in W_1 \cap W_2$．よって，$W_1 \cap W_2$ は部分空間となる．

(2) $\boldsymbol{0} \in W_1 + W_2$ だから $W_1 + W_2$ は空でない．
$\boldsymbol{a}_1+\boldsymbol{b}_1 \in W_1+W_2$, $\boldsymbol{a}_1 \in W_1$, $\boldsymbol{b}_1 \in W_2$, $\boldsymbol{a}_2+\boldsymbol{b}_2 \in W_1+W_2$, $\boldsymbol{a}_2 \in W_1$, $\boldsymbol{b}_2 \in W_2$ とすると，$\boldsymbol{a}_1 + \boldsymbol{a}_2 \in W_1, \boldsymbol{b}_1 + \boldsymbol{b}_2 \in W_2$ だから
$$(\boldsymbol{a}_1 + \boldsymbol{b}_1) + (\boldsymbol{a}_2 + \boldsymbol{b}_2) = (\boldsymbol{a}_1 + \boldsymbol{a}_2) + (\boldsymbol{b}_1 + \boldsymbol{b}_2) \in W_1 + W_2$$
また，$\lambda\boldsymbol{a}_1 \in W_1, \lambda\boldsymbol{b}_1 \in W_2$ だから，$\lambda(\boldsymbol{a}_1 + \boldsymbol{b}_1) = \lambda\boldsymbol{a}_1 + \lambda\boldsymbol{b}_1 \in W_1 + W_2$ ゆえに，$W_1 + W_2$ は部分空間である．

問 5.7 $W = \left\{ \begin{bmatrix} x \\ y \end{bmatrix}; x = 0 \text{ または } y = 0 \right\}$ は $\mathbb{R}^2$ の部分空間でないことを示せ．

5.3　ベクトル空間の基底，次元，成分 (座標)

◆ **部分空間の基底**　W を $\mathbb{R}^n$ の部分空間とする．W のベクトルの組 $\{\boldsymbol{a}_1, \boldsymbol{a}_2, \cdots, \boldsymbol{a}_r\}$ が次の 2 つの条件を満たすとき，$\{\boldsymbol{a}_1, \boldsymbol{a}_2, \cdots, \boldsymbol{a}_r\}$ は W の**基底**であるという．

(1)　$\boldsymbol{a}_1, \boldsymbol{a}_2, \cdots, \boldsymbol{a}_r$ が 1 次独立

(2)　$L\{\boldsymbol{a}_1, \boldsymbol{a}_2, \cdots, \boldsymbol{a}_r\} = W$

定理 5.3　(**生成系と 1 次独立なベクトルの個数**)　W を $\mathbb{R}^n$ の部分空間とし，$\{\boldsymbol{a}_1, \boldsymbol{a}_2, \cdots, \boldsymbol{a}_r\}$ を W の生成系とする．このとき W のどんな 1 次独立なベクトルの組 $\{\boldsymbol{b}_1, \boldsymbol{b}_2, \cdots, \boldsymbol{b}_s\}$ に対しても，$s \leqq r$ が成り立つ．

定理 5.4　(**基底の補充**)　$W \neq \{\boldsymbol{0}\}$ を $\mathbb{R}^n$ の部分空間，$\{\boldsymbol{a}_1, \boldsymbol{a}_2, \cdots, \boldsymbol{a}_s\}$ を W の 1 次独立なベクトルの組とする．このとき，W のベクトル $\boldsymbol{a}_{s+1}, \boldsymbol{a}_{s+2}, \cdots, \boldsymbol{a}_r$ をつけ加えて，$\{\boldsymbol{a}_1, \boldsymbol{a}_2, \cdots, \boldsymbol{a}_s, \boldsymbol{a}_{s+1}, \cdots, \boldsymbol{a}_r\}$ を W の基底とすることができる．

定理 5.5　(**基底を構成するベクトルの個数**)　W を $\mathbb{R}^n$ の部分空間とする．W の基底を構成するベクトルの個数は基底のとり方によらず，常に一定である．

◆ **次元**　定理 5.5 より，部分空間の基底を構成するベクトルの個数は一定である．そのベクトルの個数を次元といい，$\dim W$ と書く．$\dim\{\boldsymbol{0}\} = 0$ と定める．

定理 5.6　(**次元と 1 次独立なベクトルの最大個数**)　$\dim W$ は W に含まれる 1 次独立なベクトルの最大個数である．

定理 5.7　(**生成された部分空間の次元と行列の階数**)

$$\dim L\{\boldsymbol{a}_1, \boldsymbol{a}_2, \cdots, \boldsymbol{a}_r\} = \operatorname{rank}\begin{bmatrix}\boldsymbol{a}_1 & \boldsymbol{a}_2 & \cdots & \boldsymbol{a}_r\end{bmatrix}$$

定理 5.8　(**同次連立 1 次方程式の解空間**)　A を $m \times n$ 行列とし，未知数が n 個の同次連立 1 次方程式 $A\boldsymbol{x} = \boldsymbol{0}$ の解空間 (➪ p.98) を W とする．

$\Rightarrow$　$\dim W = n - \operatorname{rank} A$ であり，基本解は 1 組の基底である．

定理 5.9　(**次元の等しい部分空間**)　$\mathbb{R}^n$ の 2 つの部分空間 W_1, W_2 が

$$W_1 \subset W_2 \text{ かつ } \dim W_1 = \dim W_2 \Rightarrow W_1 = W_2$$

より理解を深めるために

例題 5.6 標準的な基底

$\mathbb{R}^n$ の基本ベクトル $\boldsymbol{e}_1 = \begin{bmatrix} 1 \\ 0 \\ \vdots \\ 0 \end{bmatrix}, \boldsymbol{e}_2 = \begin{bmatrix} 0 \\ 1 \\ \vdots \\ 0 \end{bmatrix}, \cdots, \boldsymbol{e}_n = \begin{bmatrix} 0 \\ \vdots \\ 0 \\ 1 \end{bmatrix}$ は $\mathbb{R}^n$ の基底であることを示せ (この基底を**標準的な基底**という).

【解】 定理 5.2 (1) (⇨ p.92) により行列式

$$\left|\boldsymbol{e}_1 \ \boldsymbol{e}_2 \ \cdots \ \boldsymbol{e}_n\right| = \begin{vmatrix} 1 & 0 & \cdots & 0 \\ 0 & 1 & \cdots & 0 \\ \vdots & \vdots & \ddots & \vdots \\ 0 & 0 & \cdots & 1 \end{vmatrix} = 1 \neq 0$$

だから，$\boldsymbol{e}_1, \boldsymbol{e}_2, \cdots, \boldsymbol{e}_n$ は 1 次独立である．

次に任意のベクトル $\boldsymbol{x} = \begin{bmatrix} x_1 \\ x_2 \\ \vdots \\ x_n \end{bmatrix}$ は $\boldsymbol{e}_1, \boldsymbol{e}_2, \cdots, \boldsymbol{e}_n$ の 1 次結合

$\boldsymbol{x} = x_1\boldsymbol{e}_1 + x_2\boldsymbol{e}_2 + \cdots + x_n\boldsymbol{e}_n$ として表される．

以上のことから $\boldsymbol{e}_1, \boldsymbol{e}_2, \cdots, \boldsymbol{e}_n$ は $\mathbb{R}^n$ の基底である．

例題 5.7 基底の条件

W を $\mathbb{R}^n$ の部分空間とする．$\dim W = n$ のとき，n 個のベクトルが W の基底となるためには，次のいずれか一方が成り立てばよいことを示せ．

(1) $\boldsymbol{a}_1, \boldsymbol{a}_2, \cdots, \boldsymbol{a}_n$ は 1 次独立である．

(2) $\boldsymbol{a}_1, \boldsymbol{a}_2, \cdots, \boldsymbol{a}_n$ は W を生成する．

【解】 まず (1) ⇒ (2) を示す．$\boldsymbol{a}$ を W の任意のベクトルとする．p.100 の定理 5.6 により，

$$\dim W = W \text{ のベクトルの 1 次独立な最大個数}$$

であるから，$\boldsymbol{a}, \boldsymbol{a}_1, \boldsymbol{a}_2, \cdots, \boldsymbol{a}_n$ は 1 次従属である．よって，$\boldsymbol{a}$ は $\boldsymbol{a}_1, \boldsymbol{a}_2, \cdots, \boldsymbol{a}_n$ の 1 次結合で書けることがわかる．つまり (2) が示された．

次に (2) ⇒ (1) を示す．$\boldsymbol{a}_1, \boldsymbol{a}_2, \cdots, \boldsymbol{a}_n$ は W を生成するから，

$$W = L\{\boldsymbol{a}_1, \boldsymbol{a}_2, \cdots, \boldsymbol{a}_n\}$$

である．よって，

$$n = \dim W = \boldsymbol{a}_1, \boldsymbol{a}_2, \cdots, \boldsymbol{a}_n \text{ の 1 次独立な最大個数}$$

であるから，$\boldsymbol{a}_1, \boldsymbol{a}_2, \cdots, \boldsymbol{a}_n$ は 1 次独立であることが示された．

より理解を深めるために

例題 5.8　　**次元と基底**

$\boldsymbol{a}_1 = (-1, 0, 2)$, $\boldsymbol{a}_2 = (3, 1, -1)$, $\boldsymbol{a}_3 = (1, 1, 3)$, $\boldsymbol{a}_4 = (7, 2, -4)$ で張られる $\mathbb{R}^3$ の部分空間を $W = L\{\boldsymbol{a}_1, \boldsymbol{a}_2, \boldsymbol{a}_3, \boldsymbol{a}_4\}$ とする．このとき

(1)　W の次元と 1 組の基底を求めよ．

(2)　$\boldsymbol{b}_1 = (5, 2, 0)$, $\boldsymbol{b}_2 = (1, 1, 3)$, $\boldsymbol{b}_3 = (-9, -2, 8)$ は W を生成することを示せ．

$\boldsymbol{a}_1$	$\boldsymbol{a}_2$	$\boldsymbol{a}_3$	$\boldsymbol{a}_4$	$\boldsymbol{b}_1$	$\boldsymbol{b}_2$	$\boldsymbol{b}_3$	
−1	3	1	7	5	1	−9	
0	1	1	2	2	1	−2	
2	−1	3	−4	0	3	8	
1	−3	−1	−7	−5	−1	9	① × (−1)
0	1	1	2	2	1	−2	
2	−1	3	−4	0	3	8	
1	−3	−1	−7	−5	−1	9	
0	1	1	2	2	1	−2	
0	5	5	10	10	5	−10	③ − ① × 2
1	−3	−1	−7	−5	−1	9	
0	1	1	2	2	1	−2	
0	0	0	0	0	0	0	③ − ② × 5

【解】　(1)　右の表から

$$\operatorname{rank}\begin{bmatrix}\boldsymbol{a}_1 & \boldsymbol{a}_2 & \boldsymbol{a}_3 & \boldsymbol{a}_4\end{bmatrix} = 2$$

よって，

$$\dim W = 2.$$

また右の表で $\operatorname{rank}\begin{bmatrix}\boldsymbol{a}_1 & \boldsymbol{a}_2\end{bmatrix} = 2$ であるから，1 組の基底として $\{\boldsymbol{a}_1, \boldsymbol{a}_2\}$ をとることができる．

(2)　右の表から $i = 1, 2, 3$ について

$$\operatorname{rank}\begin{bmatrix}\boldsymbol{a}_1 & \boldsymbol{a}_2\end{bmatrix} = \operatorname{rank}\begin{bmatrix}\boldsymbol{a}_1 & \boldsymbol{a}_2 & \boldsymbol{b}_i\end{bmatrix} = 2$$

だから $\boldsymbol{b}_i \in W$ (⇨ p.98 の①)．

したがって，$L\{\boldsymbol{b}_1, \boldsymbol{b}_2, \boldsymbol{b}_3\} \subset W$．ところが，

$$\dim W = 2$$

$$\dim L\{\boldsymbol{b}_1, \boldsymbol{b}_2, \boldsymbol{b}_3\} = \operatorname{rank}\begin{bmatrix}\boldsymbol{b}_1 & \boldsymbol{b}_2 & \boldsymbol{b}_3\end{bmatrix} = 2$$

$$\therefore \quad L\{\boldsymbol{b}_1, \boldsymbol{b}_2, \boldsymbol{b}_3\} = W.$$

問 5.8　$\mathbb{R}^3$ において次の 4 つのベクトルの生成する部分空間の次元と 1 組の基底を求めよ．

$$(3, 2, 4), \quad (-5, -8, -2), \quad (1, 3, -1), \quad (4, 12, -4)$$

問 5.9　$\mathbb{R}^4$ において，次の 4 つのベクトルの生成する部分空間の次元と 1 組の基底を求めよ．

$$(1, -1, 0, 1), \quad (0, 1, 2-1), \quad (-1, 0, 1, 0), \quad (1, -1, 3, 1)$$

より理解を深めるために

追記 5.1　**基底に関する成分 (座標)**　W を $\mathbb{R}^n$ の部分空間とする．x を W の任意のベクトルとし，$\{\boldsymbol{a}_1, \boldsymbol{a}_2, \cdots, \boldsymbol{a}_r\}$ を W の基底とする．x は基底の条件 (2) (⇨ p.100) により，

$$\boldsymbol{x} = \lambda_1 \boldsymbol{a}_1 + \lambda_2 \boldsymbol{a}_2 + \cdots + \lambda_r \boldsymbol{a}_r$$

とただ 1 通りに表される．このとき，スカラーを並べてできる r 次元のベクトル $\begin{bmatrix} \lambda_1 \\ \lambda_2 \\ \vdots \\ \lambda_r \end{bmatrix}$ を，基底 $\{\boldsymbol{a}_1, \boldsymbol{a}_2, \cdots, \boldsymbol{a}_r\}$ に関する W のベクトル $\boldsymbol{x}$ の成分 (座標) という．

例題 5.9　　**基底と成分**

$\mathbb{R}^3$ において，次の問に答えよ．

(1)　$\boldsymbol{a}_1 = (-1, -1, 0)$，$\boldsymbol{a}_2 = (-1, 0, 1)$，$\boldsymbol{a}_3 = (0, 1, -1)$ は基底をなすことを示せ．

(2)　$\boldsymbol{x} = (-5, -2, 1)$ の基底 $\{\boldsymbol{a}_1, \boldsymbol{a}_2, \boldsymbol{a}_3\}$ に関する成分を求めよ．

【解】　(1)　右の表から $\mathrm{rank}\begin{bmatrix} \boldsymbol{a}_1 & \boldsymbol{a}_2 & \boldsymbol{a}_3 \end{bmatrix} = 3$ だから，$\boldsymbol{a}_1, \boldsymbol{a}_2, \boldsymbol{a}_3$ は 1 次独立である．$\dim \mathbb{R}^3 = 3$ であるので，p.101 の例題 5.7 より $\boldsymbol{a}_1, \boldsymbol{a}_2, \boldsymbol{a}_3$ は基底である．

(2)　$A = \begin{bmatrix} \boldsymbol{a}_1 & \boldsymbol{a}_2 & \boldsymbol{a}_3 \end{bmatrix}$ として

$$\begin{bmatrix} -5 \\ -2 \\ 1 \end{bmatrix} = \lambda_1 \boldsymbol{a}_1 + \lambda_2 \boldsymbol{a}_2 + \lambda_3 \boldsymbol{a}_3 = A \begin{bmatrix} \lambda_1 \\ \lambda_2 \\ \lambda_3 \end{bmatrix}$$

を解けばよい．表から $\lambda_1 = 3$，$\lambda_2 = 2$，$\lambda_3 = 1$ を得るから，$\boldsymbol{x}$ の $\{\boldsymbol{a}_1, \boldsymbol{a}_2, \boldsymbol{a}_3\}$ に関する成分は $\begin{bmatrix} 3 \\ 2 \\ 1 \end{bmatrix}$ である．

$\boldsymbol{a}_1$	$\boldsymbol{a}_2$	$\boldsymbol{a}_3$	$\boldsymbol{x}$	
−1	−1	0	−5	
−1	0	1	−2	
0	1	−1	1	
1	1	0	5	① × (−1)
0	1	1	3	② − ①
0	1	−1	1	
1	0	−1	2	① − ②
0	1	1	3	
0	0	−2	−2	③ − ②
1	0	0	3	① − ③ × 1/2
0	1	0	2	② + ③ × 1/2
0	0	1	1	③ × (−1/2)

問 5.10　$\mathbb{R}^3$ の基底 $\{\boldsymbol{a}_1, \boldsymbol{a}_2, \boldsymbol{a}_3\}$ に関するベクトル $\boldsymbol{x}$ の成分を求めよ．ただし

$$\boldsymbol{a}_1 = \begin{bmatrix} 0 \\ 1 \\ 1 \end{bmatrix}, \boldsymbol{a}_2 = \begin{bmatrix} 1 \\ -1 \\ 2 \end{bmatrix}, \boldsymbol{a}_3 = \begin{bmatrix} 1 \\ -1 \\ -1 \end{bmatrix}, \boldsymbol{x} = \begin{bmatrix} 3 \\ 1 \\ 1 \end{bmatrix}$$

とする．

より理解を深めるために

例題 5.10 解空間

次の同次連立 1 次方程式

$$\begin{cases} x - y + z + 2u = 0 \\ 2x + y + 5z - 5u = 0 \\ -x + 2y - 5u = 0 \\ 3x - 2y + 4z + 3u = 0 \end{cases}$$

の解空間 W の次元と基底を求めよ．

【解】 右の表から係数行列の階数は 2 だから $\dim W = 4 - 2 = 2$ である．解は (⇨ p.105),

$$\begin{bmatrix} x \\ y \\ z \\ u \end{bmatrix} = \lambda \begin{bmatrix} -2 \\ -1 \\ 1 \\ 0 \end{bmatrix} + \mu \begin{bmatrix} 1 \\ 3 \\ 0 \\ 1 \end{bmatrix} = \lambda \boldsymbol{x}_1 + \mu \boldsymbol{x}_2$$

と表され，$\boldsymbol{x}_1, \boldsymbol{x}_2$ は基本解である．よって，

$$(-2, -1, 1, 0),$$
$$(1, 3, 0, 1)$$

がこの同次連立 1 次方程式の解空間 W の 1 組の基底である．

x	y	z	u	
1	−1	1	2	
2	1	5	−5	
−1	2	0	−5	
3	−2	4	3	
1	−1	1	2	
0	3	3	−9	② − ① × 2
0	1	1	−3	③ + ①
0	1	1	−3	④ − ① × 3
1	−1	1	2	
0	1	1	−3	② × 1/3
0	1	1	−3	
0	1	1	−3	
1	0	2	−1	① + ②
0	1	1	−3	
0	0	0	0	③ − ②
0	0	0	0	④ − ②

問 5.11 次の同次連立 1 次方程式の解空間 W の次元と基底を求めよ．

(1) $$\begin{cases} x + y + 3z + 3u = 0 \\ y + z + 2u = 0 \\ x + 2z + u = 0 \\ x + 3y + 5z + 7u = 0 \end{cases}$$

(2) $$\begin{cases} x - y - z + 2u = 0 \\ -x + 3y + 2z - 2u = 0 \\ -x + 3y + 4z - u = 0 \\ 2x + 6y - 5z + 4u = 0 \end{cases}$$

(3) $$\begin{cases} x - 2y + 3z - u = 0 \\ x - y - z + 2u - v = 0 \end{cases}$$

より理解を深めるために

連立 1 次方程式の解についてまとめておく．

連立 1 次方程式の解　(➪ p.38 の定理 2.9)　連立 1 次方程式 $A\boldsymbol{x} = \boldsymbol{b}$ が解をもつとき，その 1 つの解を $\boldsymbol{x}_0$ とする．このとき $A\boldsymbol{x} = \boldsymbol{b}$ の任意の解

⇒　$A\boldsymbol{x} = \boldsymbol{0}$ の解と $\boldsymbol{x}_0$ との和で表される．

同次連立 1 次方程式の解　(➪ p.38, p.98)　未知数が n 個の同次連立 1 次方程式 $A\boldsymbol{x} = \boldsymbol{0}$ において，$\operatorname{rank} A = r$

⇒　$A\boldsymbol{x} = \boldsymbol{0}$ の解全体は，n 次元列ベクトル空間の $n-r$ 個のベクトルによって生成される部分空間である．

この $n-r$ 個のベクトルによって生成される部分空間を**解空間**という．解空間の基底を $A\boldsymbol{x} = \boldsymbol{0}$ の基本解 (p.38) という．

行基本操作 (➪ p.26) によって，

$$A \to \begin{bmatrix} 1 & 0 & \cdots & 0 & c_{1\,r+1} & \cdots & c_{1\,n} \\ 0 & 1 & \cdots & 0 & c_{2\,r+1} & \cdots & c_{2\,n} \\ & & \cdots & & & \cdots & \\ 0 & 0 & \cdots & 1 & c_{r\,r+1} & \cdots & c_{r\,n} \\ & & & O & & & \end{bmatrix}$$

となったとき

$$x_{r+1} = \begin{bmatrix} -c_{1\,r+1} \\ \vdots \\ -c_{r\,r+1} \\ 1 \\ 0 \\ \vdots \\ 0 \end{bmatrix}, \quad x_{r+2} = \begin{bmatrix} -c_{1\,r+2} \\ \vdots \\ -c_{r\,r+2} \\ 0 \\ 1 \\ \vdots \\ 0 \end{bmatrix}, \quad \cdots, \quad x_n = \begin{bmatrix} -c_{1\,n} \\ \vdots \\ -c_{r\,n} \\ 0 \\ 0 \\ \vdots \\ 1 \end{bmatrix}$$

は 1 組の基本解である (➪ 坂田・曽布川共著『基本線形代数』(サイエンス社) p.46).

$A\boldsymbol{x} = \boldsymbol{b}$ の特殊解を $\boldsymbol{x}_0$，$A\boldsymbol{x} = \boldsymbol{0}$ の 1 組の基本解を $\boldsymbol{x}_{r+1}, \boldsymbol{x}_{r+2}, \cdots, \boldsymbol{x}_n$ とするとき，$A\boldsymbol{x} = \boldsymbol{b}$ の任意の解は

$$\boldsymbol{x} = \boldsymbol{x}_0 + \lambda_{r+1}\boldsymbol{x}_{r+1} + \cdots + \lambda_n \boldsymbol{x}_n$$

の形に表される．

5.4 線形写像と表現行列

◆ **線形写像**　n 次元ベクトル空間 $\mathbb{R}^n$ から，m 次元ベクトル空間 $\mathbb{R}^m$ への写像 f が

(1)　$\mathbb{R}^n$ の任意のベクトル $\boldsymbol{a}, \boldsymbol{b}$ に対し，$f(\boldsymbol{a}+\boldsymbol{b}) = f(\boldsymbol{a}) + f(\boldsymbol{b})$

(2)　$\mathbb{R}^n$ の任意のベクトル $\boldsymbol{a}$ と任意の実数 λ に対して $f(\lambda\boldsymbol{a}) = \lambda f(\boldsymbol{a})$

を満たすとき，f を $\mathbb{R}^n$ から $\mathbb{R}^m$ への**線形写像 (1 次写像)** という．(1), (2) は次の (3) と同値である．

(3)　$\mathbb{R}^n$ の任意のベクトル $\boldsymbol{a}, \boldsymbol{b}$ と任意の実数 λ, μ に対して

$$f(\lambda\boldsymbol{a} + \mu\boldsymbol{b}) = \lambda f(\boldsymbol{a}) + \mu f(\boldsymbol{b})$$

さらに f が線形写像のとき，$\boldsymbol{a}_1, \boldsymbol{a}_2, \cdots, \boldsymbol{a}_r$ を $\mathbb{R}^n$ のベクトル，$\lambda_1, \lambda_2, \cdots, \lambda_r$ を任意の実数とすると，次が成り立つ．

$$f(\lambda_1\boldsymbol{a}_1 + \lambda_2\boldsymbol{a}_2 + \cdots + \lambda_r\boldsymbol{a}_r) = \lambda_1 f(\boldsymbol{a}_1) + \lambda_2 f(\boldsymbol{a}_2) + \cdots + \lambda_r f(\boldsymbol{a}_r)$$

また，$f(\boldsymbol{0}) = \boldsymbol{0}$，$f(-\boldsymbol{a}) = -f(\boldsymbol{a})$ である（(2) で $\lambda = 0$，$\lambda = -1$ とせよ）．

◆ **線形写像の表現行列**　いま $\mathbb{R}^n$ から $\mathbb{R}^m$ への線形写像を f とし，$\boldsymbol{e}_1, \boldsymbol{e}_2, \cdots, \boldsymbol{e}_n$ を $\mathbb{R}^n$ の標準的な基底とする．

$$f(\boldsymbol{e}_j) = \boldsymbol{a}_j = (a_{1j}, a_{2j}, \cdots, a_{mj}) \quad (j = 1, 2, \cdots, n)$$

のときこれらを列ベクトルとみなして，$m \times n$ 行列

$$A = \begin{bmatrix} f(\boldsymbol{e}_1) & f(\boldsymbol{e}_2) & \cdots & f(\boldsymbol{e}_n) \end{bmatrix} = \begin{bmatrix} \boldsymbol{a}_1 & \boldsymbol{a}_2 & \cdots & \boldsymbol{a}_n \end{bmatrix} = \begin{bmatrix} a_{11} & a_{12} & \cdots & a_{1n} \\ a_{21} & a_{22} & \cdots & a_{2n} \\ \vdots & \vdots & & \vdots \\ a_{m1} & a_{m2} & \cdots & a_{mn} \end{bmatrix}$$

を f の**(標準的な基底に関する) 表現行列**という．

$\boldsymbol{y} = f(\boldsymbol{x})$，$\boldsymbol{x} = (x_1, x_2, \cdots, x_n) \in \mathbb{R}^n$，$\boldsymbol{y} = (y_1, y_2, \cdots, y_m) \in \mathbb{R}^m$ のとき，

$$\begin{bmatrix} y_1 \\ y_2 \\ \vdots \\ y_m \end{bmatrix} = A \begin{bmatrix} x_1 \\ x_2 \\ \vdots \\ x_n \end{bmatrix} \qquad \cdots ①$$

である．

逆に，$m \times n$ 行列 $A = \begin{bmatrix} a_{ij} \end{bmatrix}$ が与えられたとき，$\mathbb{R}^n$ から $\mathbb{R}^m$ への写像

$$(x_1, x_2, \cdots, x_n) \mapsto (y_1, y_2, \cdots, y_m)$$

を ① で定義すれば，表現行列が A の線形写像である．すなわち，$\boldsymbol{x} \in \mathbb{R}^n$ を列ベクトルとみなせば

$$f(\boldsymbol{x}) = A\boldsymbol{x}$$

が成り立つ．

より理解を深めるために

例題 5.11　線形写像・表現行列

写像 $f:\mathbb{R}^4\to\mathbb{R}^3$, $f\left(\begin{bmatrix}x_1\\x_2\\x_3\\x_4\end{bmatrix}\right)=\begin{bmatrix}x_2\\x_3\\-x_1\end{bmatrix}$ は線形写像であることを示し，(標準的な基底に関する) 表現行列を求めよ．

【解】　$\boldsymbol{x}=\begin{bmatrix}x_1\\x_2\\x_3\\x_4\end{bmatrix}$, $\boldsymbol{y}=\begin{bmatrix}y_1\\y_2\\y_3\\y_4\end{bmatrix}$ のとき

$$f(\boldsymbol{x}+\boldsymbol{y})=\begin{bmatrix}x_2+y_2\\x_3+y_3\\-x_1-y_1\end{bmatrix}=\begin{bmatrix}x_2\\x_3\\-x_1\end{bmatrix}+\begin{bmatrix}y_2\\y_3\\-y_1\end{bmatrix}=f(\boldsymbol{x})+f(\boldsymbol{y})$$

$$f(\lambda\boldsymbol{x})=\begin{bmatrix}\lambda x_2\\\lambda x_3\\-\lambda x_1\end{bmatrix}=\lambda\begin{bmatrix}x_2\\x_3\\-x_1\end{bmatrix}=\lambda f(\boldsymbol{x})$$

よって，線形写像である．次に $\mathbb{R}^4$ の標準的な基底に対して，

$$f(\boldsymbol{e}_1)=f\left(\begin{bmatrix}1\\0\\0\\0\end{bmatrix}\right)=\begin{bmatrix}0\\0\\-1\end{bmatrix},\quad f(\boldsymbol{e}_2)=f\left(\begin{bmatrix}0\\1\\0\\0\end{bmatrix}\right)=\begin{bmatrix}1\\0\\0\end{bmatrix}$$

$$f(\boldsymbol{e}_3)=f\left(\begin{bmatrix}0\\0\\1\\0\end{bmatrix}\right)=\begin{bmatrix}0\\1\\0\end{bmatrix},\quad f(\boldsymbol{e}_4)=f\left(\begin{bmatrix}0\\0\\0\\1\end{bmatrix}\right)=\begin{bmatrix}0\\0\\0\end{bmatrix}$$

ゆえに (標準的な基底に関する) 表現行列は $A=\begin{bmatrix}0&1&0&0\\0&0&1&0\\-1&0&0&0\end{bmatrix}$ である．

問 5.12　次の写像は線形写像かどうか調べ，線形写像ならば対応する (標準的な基底に関する) 表現行列を求めよ．

(1)　$f:\mathbb{R}^2\to\mathbb{R}$,　$(x_1,x_2)\mapsto x_1x_2$

(2)　$f:\mathbb{R}^3\to\mathbb{R}$,　$(x_1,x_2,x_3)\mapsto 2x_1-3x_2+4x_3$

(3)　$f:\mathbb{R}^3\to\mathbb{R}^2$,　$(x_1,x_2,x_3)\mapsto(x_1^2,x_2^2)$

◆ **線形写像の和・実数倍** f, g を $\mathbb{R}^n$ から $\mathbb{R}^m$ への線形写像とし，(標準的な基底に関する) 表現行列をそれぞれ A, B とする．$\boldsymbol{x} \in \mathbb{R}^n, \lambda \in \mathbb{R}$ に対して，f と g の**和**を $(f+g)(\boldsymbol{x}) = f(\boldsymbol{x}) + g(\boldsymbol{x})$，$f$ の λ **倍**を $(\lambda f)(\boldsymbol{x}) = \lambda f(\boldsymbol{x})$ で定義する．

定理 5.10 (線形写像の和，実数倍と表現行列) $f+g, \lambda f$ はともに $\mathbb{R}^n$ から $\mathbb{R}^m$ への線形写像であり，表現行列はそれぞれ，$A+B, \lambda A$ である．

◆ **合成写像** f を $\mathbb{R}^n$ から $\mathbb{R}^m$ へ，g を $\mathbb{R}^m$ から $\mathbb{R}^l$ への線形写像とし，(標準的な基底に関する) 表現行列をそれぞれ A, B とするとき，f と g の**合成写像**または**積** $g \circ f$ を $(g \circ f)(\boldsymbol{x}) = g(f(\boldsymbol{x}))$ で定義する．

定理 5.11 (合成写像と表現行列) $g \circ f$ は $\mathbb{R}^n$ から $\mathbb{R}^l$ への線形写像であって，表現行列は BA である．

◆ **像と核** $f : \mathbb{R}^n \to \mathbb{R}^m$ を線形写像とし，(標準的な基底に関する) 表現行列を A とする．

像 $\operatorname{Im} f = \{f(\boldsymbol{x}) \,;\, \boldsymbol{x} \in \mathbb{R}^n\}$ を $\mathbb{R}^m$ の**像**という (➪ 図 5.4).

定理 5.12 (像) (1) $\operatorname{Im} f$ は $\mathbb{R}^m$ の部分空間である．

(2) $\operatorname{Im} f = L\{\boldsymbol{a}_1, \boldsymbol{a}_2, \cdots, \boldsymbol{a}_n\}$ ($\boldsymbol{a}_1, \boldsymbol{a}_2, \cdots, \boldsymbol{a}_n$ で生成される部分空間)

(3) $\dim(\operatorname{Im} f) = \operatorname{rank} A$ (f の**階数**)

核 $\operatorname{Ker} f = \{\boldsymbol{x} \in \mathbb{R}^n ; f(\boldsymbol{x}) = \boldsymbol{0}\}$ を $\mathbb{R}^n$ の**核**という (➪ 図 5.4).

定理 5.13 (核) (1) $\operatorname{Ker} f$ は $\mathbb{R}^n$ の部分空間である．

(2) $\operatorname{Ker} f = \{\boldsymbol{x} \,;\, A\boldsymbol{x} = \boldsymbol{0}\}$ は同次連立 1 次方程式 $A\boldsymbol{x} = \boldsymbol{0}$ の解空間である．

(3) $\dim(\operatorname{Ker} f) = n - \operatorname{rank} A$ (f の**退化次数**)

◆ **線形変換** $\mathbb{R}^n$ から $\mathbb{R}^n$ への線形写像 f を $\mathbb{R}^n$ (上) の**線形変換**という．この f の (標準的な基底に関する) 表現行列を A とすると，A は n 次正方行列である．

◆ **正則線形変換，逆変換** $f : \mathbb{R}^n \to \mathbb{R}^n$ は線形変換で，(標準的な基底に関する) 表現行列が正則のとき，f を**正則線形変換**または**同型写像**(どうけい)という．このとき，任意の $\boldsymbol{y} \in \mathbb{R}^n$ に対して $\boldsymbol{y} = f(\boldsymbol{x})$ となる $\boldsymbol{x}$ を対応させる写像は $\mathbb{R}^n$ 上の線形変換であり，この f の**逆変換**といい f^{-1} と書く．f^{-1} の表現行列は A^{-1} である (➪ 図 5.5).

線形変換 f に対して，$\boldsymbol{x} = \boldsymbol{0}$ のとき常に $f(\boldsymbol{x}) = \boldsymbol{0}$ である．一方，f が正則ならば，$f(\boldsymbol{x}) = \boldsymbol{0}$ となる $\boldsymbol{x}$ は $\boldsymbol{0}$ しかない．

より理解を深めるために

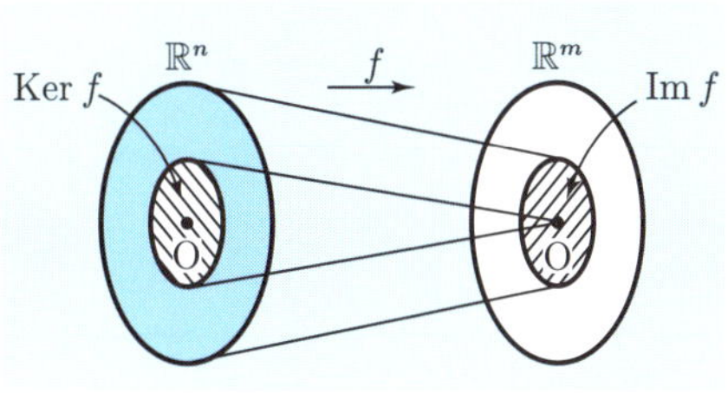

図 5.4　像，核

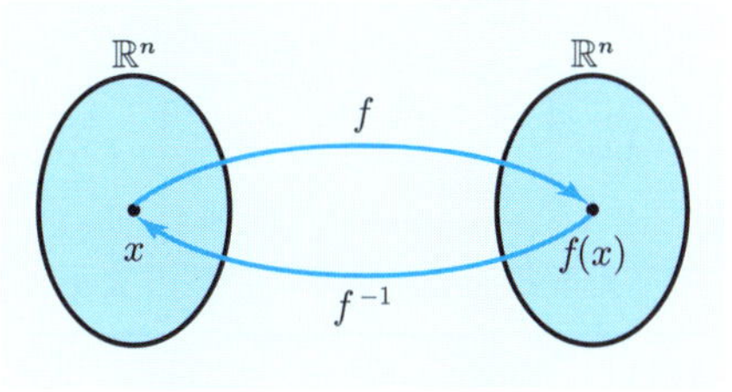

図 5.5　変換，逆変換

例題 5.12　　　**線形写像の和・合成**

平面において，直交座標系 $\{\mathbf{0}\,;\,\boldsymbol{e}_1, \boldsymbol{e}_2\}$ が定められているとする．f を y 軸への正射影，g を $y=x$ に関する対称移動を表す線形変換とする．このとき，$f+g, g\circ f$ および $f\circ g$ によってベクトル $\boldsymbol{a}=\begin{bmatrix}2\\1\end{bmatrix}$ はどこに写像されるか．

【解】　$f(\boldsymbol{e}_1)=\mathbf{0}=\begin{bmatrix}0\\0\end{bmatrix}$，$f(\boldsymbol{e}_2)=\boldsymbol{e}_2=\begin{bmatrix}0\\1\end{bmatrix}$ より f の表現行列 $A=\begin{bmatrix}0&0\\0&1\end{bmatrix}$．$g(\boldsymbol{e}_1)=\boldsymbol{e}_2=\begin{bmatrix}0\\1\end{bmatrix}$，$g(\boldsymbol{e}_2)=\boldsymbol{e}_1=\begin{bmatrix}1\\0\end{bmatrix}$ より g の表現行列 $B=\begin{bmatrix}0&1\\1&0\end{bmatrix}$ である．$f+g, g\circ f, f\circ g$ の表現行列はそれぞれ次のようになる．

$$A+B=\begin{bmatrix}0&0\\0&1\end{bmatrix}+\begin{bmatrix}0&1\\1&0\end{bmatrix}=\begin{bmatrix}0&1\\1&1\end{bmatrix}$$

$$BA=\begin{bmatrix}0&1\\1&0\end{bmatrix}\begin{bmatrix}0&0\\0&1\end{bmatrix}=\begin{bmatrix}0&1\\0&0\end{bmatrix},\quad AB=\begin{bmatrix}0&0\\0&1\end{bmatrix}\begin{bmatrix}0&1\\1&0\end{bmatrix}=\begin{bmatrix}0&0\\1&0\end{bmatrix}$$

だから $f+g$ によって，$\boldsymbol{a}=\begin{bmatrix}2\\1\end{bmatrix}$ は $\begin{bmatrix}0&1\\1&1\end{bmatrix}\begin{bmatrix}2\\1\end{bmatrix}=\begin{bmatrix}1\\3\end{bmatrix}$ に写像され，$g\circ f$ によって，$\begin{bmatrix}0&1\\0&0\end{bmatrix}\begin{bmatrix}2\\1\end{bmatrix}=\begin{bmatrix}1\\0\end{bmatrix}$ に，$f\circ g$ によって $\begin{bmatrix}0&0\\1&0\end{bmatrix}\begin{bmatrix}2\\1\end{bmatrix}=\begin{bmatrix}0\\2\end{bmatrix}$ に写像される．

問 5.13　$\mathbb{R}^n$ から $\mathbb{R}^m$ への線形写像を f とするとき次のことがらを示せ．

(1)　V を $\mathbb{R}^n$ の部分空間とすると，V の像 $f(V)=\{f(\boldsymbol{x})\,;\,\boldsymbol{x}\in\mathbb{R}^n\}$ は $\mathbb{R}^m$ の部分空間となることを証明せよ．

(2)　W を $\mathbb{R}^m$ の部分空間とすると，$f^{-1}(W)=\{\boldsymbol{x}\in\mathbb{R}^n\,;\,f(\boldsymbol{x})\in W\}$ は $\mathbb{R}^n$ の部分空間である（$f^{-1}(W)$ を W の f による**逆像**という）．

より理解を深めるために

例題 5.13　　　**像と核**

$$A = \begin{bmatrix} 1 & 0 & -1 & -2 \\ -1 & 1 & 2 & 3 \\ 2 & 1 & -1 & -3 \end{bmatrix}$$ とする．$\mathbb{R}^4$ から $\mathbb{R}^3$ への線形写像 f を $f(\boldsymbol{x}) = A\boldsymbol{x}$ で与えるとき f の像および核の次元と 1 組の基底を求めよ．

【解】　右の表から $\dim(\mathrm{Im}\, f) = \mathrm{rank}\, A = 2$．$\mathrm{Im}\, f$ は A の 4 個の列ベクトルで生成されるから，このうち 2 個の 1 次独立なベクトルが $\mathrm{Im}\, f$ の基底である．

A				
1	0	−1	−2	
−1	1	2	3	
2	1	−1	−3	
1	0	−1	−2	
0	1	1	1	②＋①
0	1	1	1	③－①×2
1	0	−1	−2	
0	1	1	1	
0	0	0	0	③－②

右の表から A の第 1 列と第 2 列が 1 次独立だから，$\mathrm{Im}\, f$ の 1 組の基底は，

$$\begin{bmatrix} 1 \\ -1 \\ 2 \end{bmatrix}, \begin{bmatrix} 0 \\ 1 \\ 1 \end{bmatrix}$$

$\mathrm{Ker}\, f$ は同次連立 1 次方程式 $A\boldsymbol{x} = \boldsymbol{0}$ の解空間だから上の表から $\dim(\mathrm{Ker}\, f) = 4 - \mathrm{rank}\, A = 4 - 2 = 2$ より解は

$$\begin{bmatrix} x_1 \\ x_2 \\ x_3 \\ x_4 \end{bmatrix} = \lambda \begin{bmatrix} 1 \\ -1 \\ 1 \\ 0 \end{bmatrix} + \mu \begin{bmatrix} 2 \\ -1 \\ 0 \\ 1 \end{bmatrix}．$$ ゆえに 1 組の基底は $$\begin{bmatrix} 1 \\ -1 \\ 1 \\ 0 \end{bmatrix}, \begin{bmatrix} 2 \\ -1 \\ 0 \\ 1 \end{bmatrix}$$

追記 5.2　種々の平面上の線形変換

線形変換	定　義	表　現　行　列
回　転	点 P を原点 O のまわりに θ だけ回転した点 P′ に写像するもの	$\begin{bmatrix} \cos\theta & -\sin\theta \\ \sin\theta & \cos\theta \end{bmatrix}$
折り返し（対称移動）	点 P を $y = mx$ に関する対称点 P′ に写像するもの $(\tan\theta/2 = m)$	$\begin{bmatrix} \cos\theta & \sin\theta \\ \sin\theta & -\cos\theta \end{bmatrix} = \begin{bmatrix} -\dfrac{m^2-1}{m^2+1} & \dfrac{2m}{m^2+1} \\ \dfrac{2m}{m^2+1} & \dfrac{m^2-1}{m^2+1} \end{bmatrix}$
相似変換	原点 O を相似の中心とする相似比 k	$kE = \begin{bmatrix} k & 0 \\ 0 & k \end{bmatrix}$

問 5.14　表現行列 $A = \begin{bmatrix} -1 & 3 & 0 & 2 \\ 1 & 7 & 2 & 12 \\ 2 & -1 & 1 & 3 \end{bmatrix}$ をもつ線形写像 f の像と核を求めよ．

より理解を深めるために

例題 5.14　　**線形変換の積，逆変換**

線形変換 f, g の表現行列をそれぞれ $A = \begin{bmatrix} 3 & 2 \\ 2 & 6 \end{bmatrix}$, $B = \begin{bmatrix} -2 & 4 \\ -1 & 2 \end{bmatrix}$ とする．

(1)　合成変換 $f \circ g$ および $g \circ f$ の表現行列を求めよ．

(2)　f, g は正則であるか．もし正則ならばその逆変換の表現行列を求めよ．

【解】　(1)　合成変換 $f \circ g$ の表現行列は

$$AB = \begin{bmatrix} 3 & 2 \\ 2 & 6 \end{bmatrix}\begin{bmatrix} -2 & 4 \\ -1 & 2 \end{bmatrix} = \begin{bmatrix} -8 & 16 \\ -12 & 20 \end{bmatrix}$$

$g \circ f$ の表現行列は $BA = \begin{bmatrix} -2 & 4 \\ -1 & 2 \end{bmatrix}\begin{bmatrix} 3 & 2 \\ 2 & 6 \end{bmatrix} = \begin{bmatrix} 2 & 20 \\ 1 & 10 \end{bmatrix}$

(2)　$|A| = \begin{vmatrix} 3 & 2 \\ 2 & 6 \end{vmatrix} = 14 \neq 0$ から f は正則である．よって f は正則線形変換である．ゆえにその逆変換 f^{-1} は存在し，その表現行列は右の表により，

$$A^{-1} = \frac{1}{14}\begin{bmatrix} 6 & -2 \\ -2 & 3 \end{bmatrix}$$

である．$|B| = \begin{vmatrix} -2 & 4 \\ -1 & 2 \end{vmatrix} = 0$ より，$B = \begin{bmatrix} -2 & 4 \\ -1 & 2 \end{bmatrix}$ は正則でない．よって g は正則でなく，g の逆変換はない．

A		E		
3	2	1	0	
2	6	0	1	
1	−4	1	−1	① − ②
2	6	0	1	
1	−4	1	−1	
0	14	−2	3	② − ① × 2
1	0	3/7	−1/7	① + ② × 2/7
0	14	−2	3	
1	0	3/7	−1/7	
0	1	−1/7	3/14	② × 1/14

問 5.15　f, g を次のような平面上の線形変換とするとき，$f + g$, $g \circ f$ および $f \circ g$ の表現行列を求めよ (⇨ p.110 の追記 5.2).

(1)　f：原点のまわりの $\pi/6$ の回転
　　g：相似比 2 の相似変換

(2)　f：$y = -3x$ に関する対称移動
　　g：原点のまわりの $-\pi/4$ の回転

問 5.16　次の線形変換 f の表現行列の逆変換があればその表現行列を求めよ．

(1)　$\begin{bmatrix} 1 & -1 \\ 1 & 3 \end{bmatrix}$　　(2)　$\begin{bmatrix} -4 & 2 \\ 2 & -1 \end{bmatrix}$

5.5　基底の変換と表現行列

◆ **任意の基底に関する表現行列**　線形写像 f に対して，

$$y = f(x), \quad x \in \mathbb{R}^n, \quad y \in \mathbb{R}^m$$

とし，f の (標準的な基底に関する) 表現行列を A とする (⇨ p.106)．$\mathbb{R}^n$ の基底を $\{\boldsymbol{p}_1, \boldsymbol{p}_2, \cdots, \boldsymbol{p}_n\}$，$\mathbb{R}^m$ の基底を $\{\boldsymbol{q}_1, \boldsymbol{q}_2, \cdots, \boldsymbol{q}_m\}$ とすると，$P = \begin{bmatrix} \boldsymbol{p}_1 & \boldsymbol{p}_2 & \cdots & \boldsymbol{p}_n \end{bmatrix}$，$Q = \begin{bmatrix} \boldsymbol{q}_1 & \boldsymbol{q}_2 & \cdots & \boldsymbol{q}_m \end{bmatrix}$ はそれぞれ n 次，m 次の正則行列である．

次に $\mathbb{R}^n$ の基底を構成するベクトル $\{\boldsymbol{p}_1, \boldsymbol{p}_2, \cdots, \boldsymbol{p}_n\}$ を f によって写してできるベクトル $f(\boldsymbol{p}_1), f(\boldsymbol{p}_2), \cdots, f(\boldsymbol{p}_n)$ は $\mathbb{R}^m$ のベクトルであるから，$\mathbb{R}^m$ を構成するベクトル $\boldsymbol{q}_1, \boldsymbol{q}_2, \cdots, \boldsymbol{q}_m$ を用いて，次のように1次結合の形に書ける．

$$\begin{cases} f(\boldsymbol{p}_1) = b_{11}\boldsymbol{q}_1 + b_{21}\boldsymbol{q}_2 + \cdots + b_{m1}\boldsymbol{q}_m \\ f(\boldsymbol{p}_2) = b_{12}\boldsymbol{q}_1 + b_{22}\boldsymbol{q}_2 + \cdots + b_{m2}\boldsymbol{q}_m \\ \qquad\qquad\cdots \\ f(\boldsymbol{p}_n) = b_{1n}\boldsymbol{q}_1 + b_{2n}\boldsymbol{q}_2 + \cdots + b_{mn}\boldsymbol{q}_m \end{cases}$$

このとき得られる係数を集めてできる行列 (添字の数の順番に注意せよ)，

$$B = \begin{bmatrix} b_{11} & b_{12} & \cdots & b_{1n} \\ b_{21} & b_{22} & \cdots & b_{2n} \\ & & \cdots & \\ b_{m1} & b_{m2} & \cdots & b_{mn} \end{bmatrix}$$

を基底 $\{\boldsymbol{p}_1, \boldsymbol{p}_2, \cdots, \boldsymbol{p}_n\}$ と $\{\boldsymbol{q}_1, \boldsymbol{q}_2, \cdots, \boldsymbol{q}_m\}$ に関する f の**表現行列**という．

定理 5.14　(基底の変換と表現行列)　f をベクトル空間 $\mathbb{R}^n$ から $\mathbb{R}^m$ への線形写像とし，f の標準的な基底に関する表現行列を A とする．

$\mathbb{R}^n$ の基底を $\{\boldsymbol{p}_1, \boldsymbol{p}_2, \cdots, \boldsymbol{p}_n\}$，$\mathbb{R}^m$ の基底を $\{\boldsymbol{q}_1, \boldsymbol{q}_2, \cdots, \boldsymbol{q}_m\}$ とし，$P = \begin{bmatrix} \boldsymbol{p}_1 & \boldsymbol{p}_2 & \cdots & \boldsymbol{p}_n \end{bmatrix}$，$Q = \begin{bmatrix} \boldsymbol{q}_1 & \boldsymbol{q}_2 & \cdots & \boldsymbol{q}_m \end{bmatrix}$ とする．次に上記のように，基底 $\{\boldsymbol{p}_1, \cdots, \boldsymbol{p}_n\}$ と $\{\boldsymbol{q}_1, \cdots, \boldsymbol{q}_m\}$ に関する表現行列を B とすると，次が成り立つ．

$$B = Q^{-1}AP$$

◆ **相似な行列**　A, B を $m \times n$ 行列とする．m 次正則行列 Q と n 次正則行列 P に対して

$$B = Q^{-1}AP$$

のとき，B は A に**相似である**といい，$B \sim A$ と書く．このとき，

(1)　$A \sim A$　　(2)　$A \sim B \Rightarrow B \sim A$　　(3)　$A \sim B,\ B \sim C \Rightarrow A \sim C$

が成り立つ (⇨ p.114 の問題 5.1)．

より理解を深めるために

例題 5.15　　　　基底の変換と表現行列

$\mathbb{R}^3$ から $\mathbb{R}^2$ への線形写像 f の標準的な基底に関する表現行列を

$$A = \begin{bmatrix} 1 & 0 & 2 \\ 3 & -1 & 1 \end{bmatrix}$$

とする．

$\mathbb{R}^3$ の基底 $\{(1,-1,0),\ (0,1,-1),\ (-2,-5,1)\}$ および $\mathbb{R}^2$ の基底 $\{(1,4),\ (-2,-2)\}$ に関する表現行列を求めよ．

【解】　$P = \begin{bmatrix} 1 & 0 & -2 \\ -1 & 1 & -5 \\ 0 & -1 & 1 \end{bmatrix}$, $Q = \begin{bmatrix} 1 & -2 \\ 4 & -2 \end{bmatrix}$

とおくと，求める行列は前ページの定理 5.14 より，

$$Q^{-1}AP = \begin{bmatrix} 1 & -2 \\ 4 & -2 \end{bmatrix}^{-1} \begin{bmatrix} 1 & 0 & 2 \\ 3 & -1 & 1 \end{bmatrix} \begin{bmatrix} 1 & 0 & -2 \\ -1 & 1 & -5 \\ 0 & -1 & 1 \end{bmatrix}$$

p.12 の定理 1.3 より，$\begin{bmatrix} 1 & -2 \\ 4 & -2 \end{bmatrix}^{-1} = \dfrac{1}{6}\begin{bmatrix} -2 & 2 \\ -4 & 1 \end{bmatrix}$

$$\therefore \quad Q^{-1}AP = \frac{1}{6}\begin{bmatrix} -2 & 2 \\ -4 & 1 \end{bmatrix} \begin{bmatrix} 1 & 0 & 2 \\ 3 & -1 & 1 \end{bmatrix} \begin{bmatrix} 1 & 0 & -2 \\ -1 & 1 & -5 \\ 0 & -1 & 1 \end{bmatrix}$$

$$= \frac{1}{6}\begin{bmatrix} 4 & -2 & -2 \\ -1 & -1 & -7 \end{bmatrix} \begin{bmatrix} 1 & 0 & -2 \\ -1 & 1 & -5 \\ 0 & -1 & 1 \end{bmatrix}$$

$$= \frac{1}{6}\begin{bmatrix} 6 & 0 & 0 \\ 0 & 6 & 0 \end{bmatrix} = \begin{bmatrix} 1 & 0 & 0 \\ 0 & 1 & 0 \end{bmatrix}$$

問 5.17　$\mathbb{R}^4$ から $\mathbb{R}^3$ への線形写像 f の標準的な基底に関する表現行列を

$$A = \begin{bmatrix} 1 & -2 & 0 & -5 \\ 0 & 1 & 0 & 7 \\ 1 & -1 & 0 & 2 \end{bmatrix}$$

とする．$\mathbb{R}^4$ の基底 $\{(1,0,0,0),\ (0,1,0,0),\ (0,0,1,0),\ (-9,-7,0,1)\}$, $\mathbb{R}^3$ の基底 $\{(1,0,1),\ (-2,1,-1),\ (0,0,1)\}$ に関する表現行列を求めよ．

演 習 問 題

問題 5.1 **相似な行列**

A, B を $m \times n$ 行列とする．m 次正則行列 Q と n 次正則行列 P に対して

$$B = Q^{-1}AP$$

のとき，B は A に**相似である**といい，$B \sim A$ と書く．このとき

(1)　$A \sim A$　　(2)　$A \sim B \Rightarrow B \sim A$

(3)　$A \sim B, B \sim C \Rightarrow A \sim C$

が成り立つことを示せ．

【証明】　(1)　$A = E^{-1}AE$ である．

(2)　P, Q を正則とし，$A = Q^{-1}BP$ とすると，$B = (Q^{-1})^{-1}AP^{-1}$ で Q^{-1}, P^{-1} は正則である．

(3)　P, Q, R, S を正則とし，$A = Q^{-1}BP, B = S^{-1}CR$ とすると，

$$A = Q^{-1}S^{-1}CRP = (SQ)^{-1}C(RP)$$

が成り立つ．いま，SQ も RP も正則である．

問題 5.2 **1 次独立性**

$\boldsymbol{a}_1, \boldsymbol{a}_2, \cdots, \boldsymbol{a}_n$ が 1 次独立で，$\boldsymbol{a}, \boldsymbol{a}_1, \boldsymbol{a}_2, \cdots, \boldsymbol{a}_n$ が 1 次従属ならば，$\boldsymbol{a}$ は $\boldsymbol{a}_1, \boldsymbol{a}_2, \cdots, \boldsymbol{a}_n$ の 1 次結合で書けることを示せ．

【証明】　仮定より，少なくとも 1 個は 0 でない $n+1$ 個の実数 $c, c_1, \cdots, c_n$ で

$$c\boldsymbol{a} + c_1\boldsymbol{a}_1 + \cdots + c_n\boldsymbol{a}_n = \boldsymbol{0}$$

を満すものがある．もし $c = 0$ ならば，$c_1, c_2, \cdots, c_n$ の中少なくとも 1 つは 0 でなく，

$$c_1\boldsymbol{a}_1 + c_2\boldsymbol{a}_2 + \cdots + c_n\boldsymbol{a}_n = \boldsymbol{0}$$

となる．ゆえに $\boldsymbol{a}_1, \boldsymbol{a}_2, \cdots, \boldsymbol{a}_n$ が 1 次独立であることに矛盾する．よって，$c \neq 0$ であり，

$$\boldsymbol{a} = -\frac{c_1}{c}\boldsymbol{a}_1 - \frac{c_2}{c}\boldsymbol{a}_2 - \cdots - \frac{c_n}{c}\boldsymbol{a}_n$$

となるから $\boldsymbol{a}$ は $\boldsymbol{a}_1, \boldsymbol{a}_2, \cdots, \boldsymbol{a}_n$ の 1 次結合で書ける．

(解答は章末の p.123 に掲載されています.)

演習 5.1　A を $m \times n$ 行列とする．このとき，$\{\boldsymbol{x} \in \mathbb{R}^n \ ; \ A\boldsymbol{x} = \boldsymbol{b} \ (\neq \boldsymbol{0})\}$ つまり連立 1 次方程式 $A\boldsymbol{x} = \boldsymbol{b} \ (\neq \boldsymbol{0})$ の解全体は $\mathbb{R}^n$ の部分空間となるか．

問題 5.3 　　表現行列

$\mathbb{R}^3$ から $\mathbb{R}^2$ への線形写像 f によって，

$$\boldsymbol{a}_1 = (1,0,-1) \mapsto (0,1) = \boldsymbol{b}_1$$
$$\boldsymbol{a}_2 = (-1,1,1) \mapsto (2,0) = \boldsymbol{b}_2$$
$$\boldsymbol{a}_3 = (0,-1,1) \mapsto (-3,1) = \boldsymbol{b}_3$$

に写像されるとき，f の表現行列を求めよ．また $\boldsymbol{x} = (1,-1,2)$ のとき，$\boldsymbol{x}$ の像 $f(\boldsymbol{x})$ を求めよ．

【解】 A を f の表現行列とし，数ベクトルを列ベクトルとみなすと，

$$A\begin{bmatrix}\boldsymbol{a}_1 & \boldsymbol{a}_2 & \boldsymbol{a}_3\end{bmatrix} = \begin{bmatrix}\boldsymbol{b}_1 & \boldsymbol{b}_2 & \boldsymbol{b}_3\end{bmatrix}$$

である．つまり，

$$A\begin{bmatrix} 1 & -1 & 0 \\ 0 & 1 & -1 \\ -1 & 1 & 1 \end{bmatrix} = \begin{bmatrix} 0 & 2 & -3 \\ 1 & 0 & 1 \end{bmatrix}$$

となる．ゆえに逆行列は右の表より求めて，

a_1	a_2	a_3	E			
1	−1	0	1	0	0	
0	1	−1	0	1	0	
−1	1	1	0	0	1	
1	−1	0	1	0	0	
0	1	−1	0	1	0	
0	0	1	1	0	1	③ + ①
1	−1	0	1	0	0	
0	1	0	1	1	1	② + ③
0	0	1	1	0	1	
1	0	0	2	1	1	① + ②
0	1	0	1	1	1	
0	0	1	1	0	1	

$$A = \begin{bmatrix} 0 & 2 & -3 \\ 1 & 0 & 1 \end{bmatrix}\begin{bmatrix} 1 & -1 & 0 \\ 0 & 1 & -1 \\ -1 & 1 & 1 \end{bmatrix}^{-1}$$
$$= \begin{bmatrix} 0 & 2 & -3 \\ 1 & 0 & 1 \end{bmatrix}\begin{bmatrix} 2 & 1 & 1 \\ 1 & 1 & 1 \\ 1 & 0 & 1 \end{bmatrix} = \begin{bmatrix} -1 & 2 & -1 \\ 3 & 1 & 2 \end{bmatrix}$$

また，

$$A\boldsymbol{x} = \begin{bmatrix} -1 & 2 & -1 \\ 3 & 1 & 2 \end{bmatrix}\begin{bmatrix} 1 \\ -1 \\ 2 \end{bmatrix} = \begin{bmatrix} -5 \\ 6 \end{bmatrix}$$
$$\therefore \quad f(\boldsymbol{x}) = (-5,\ 6)$$

演習 5.2 　$f : \mathbb{R}^3 \to \mathbb{R}^3$ によって，

$$(-1,0,2) \mapsto (-5,0,3), \quad (0,1,1) \mapsto (0,1,6)$$
$$(3,-1,0) \mapsto (-5,-1,9)$$

に写像されるとき，f の表現行列を求めよ．

問題 5.4　　**線形写像と1次独立性**

次の (1), (2) を証明せよ．

(1)　f が線形写像で $f(\boldsymbol{x}_1), f(\boldsymbol{x}_2), \cdots, f(\boldsymbol{x}_k)$ が1次独立ならば $\boldsymbol{x}_1, \boldsymbol{x}_2, \cdots, \boldsymbol{x}_k$ も1次独立である．

(2)　f を線形写像で1対1の写像とする．$\boldsymbol{x}_1, \boldsymbol{x}_2, \cdots, \boldsymbol{x}_k$ が1次独立ならば $f(\boldsymbol{x}_1), f(\boldsymbol{x}_2), \cdots, f(\boldsymbol{x}_k)$ は1次独立である．

【証明】　(1)　$\lambda_1\boldsymbol{x}_1 + \lambda_2\boldsymbol{x}_2 + \cdots + \lambda_k\boldsymbol{x}_k = \boldsymbol{0}$ とおくと，

$$f(\lambda_1\boldsymbol{x}_1 + \lambda_2\boldsymbol{x}_2 + \cdots + \lambda_k\boldsymbol{x}_k) = \boldsymbol{0}$$

から，

$$\lambda_1 f(\boldsymbol{x}_1) + \lambda_2 f(\boldsymbol{x}_2) + \cdots + \lambda_k f(\boldsymbol{x}_k) = f(\boldsymbol{0}) = \boldsymbol{0}$$

を得る．また，

$$f(\boldsymbol{x}_1), f(\boldsymbol{x}_2), \cdots, f(\boldsymbol{x}_k)$$

が1次独立であるので，

$$\lambda_1 = \lambda_2 = \cdots = \lambda_k = 0$$

である．ゆえに $\boldsymbol{x}_1, \boldsymbol{x}_2, \cdots, \boldsymbol{x}_k$ は1次独立である．

(2)　$\lambda_1 f(\boldsymbol{x}_1) + \lambda_2 f(\boldsymbol{x}_2) + \cdots + \lambda_k f(\boldsymbol{x}_k) = \boldsymbol{0}$ とおくと，

$$f(\lambda_1\boldsymbol{x}_1 + \lambda_2\boldsymbol{x}_2 + \cdots + \lambda_k\boldsymbol{x}_k) = \boldsymbol{0}$$

となる．f が1対1の写像だから，$\mathrm{Ker}\, f = \{\boldsymbol{0}\}$，すなわち，零ベクトル $\boldsymbol{0}$ に写像されるベクトルは零ベクトルに限るから，

$$\lambda_1\boldsymbol{x}_1 + \lambda_2\boldsymbol{x}_2 + \cdots + \lambda_k\boldsymbol{x}_k = \boldsymbol{0}$$

である．仮定によって，$\boldsymbol{x}_1, \boldsymbol{x}_2, \cdots, \boldsymbol{x}_k$ は1次独立だから，

$$\lambda_1 = \lambda_2 = \cdots = \lambda_k$$

である．すなわち

$$f(\boldsymbol{x}_1), f(\boldsymbol{x}_2), \cdots, f(\boldsymbol{x}_k)$$

は1次独立である．

注意 5.8　$\boldsymbol{x}_1, \boldsymbol{x}_2, \cdots, \boldsymbol{x}_k$ が1次独立という条件だけでは，$f(\boldsymbol{x}_1), f(\boldsymbol{x}_2), \cdots, f(\boldsymbol{x}_k)$ は1次独立とは限らない．1対1の写像という条件をつけると1次独立となる．

演習 5.3　$\boldsymbol{a}_1, \boldsymbol{a}_2, \cdots, \boldsymbol{a}_n$ を $\mathbb{R}^n$ の基底とし，$\boldsymbol{b}_1, \boldsymbol{b}_2, \cdots, \boldsymbol{b}_n$ を $\mathbb{R}^m$ の任意のベクトルとする．このとき，

$$f(\lambda_1\boldsymbol{a}_1 + \lambda_2\boldsymbol{a}_2 + \cdots + \lambda_n\boldsymbol{a}_n) = \lambda_1\boldsymbol{b}_1 + \lambda_2\boldsymbol{b}_2 + \cdots + \lambda_n\boldsymbol{b}_n$$

で定めると，$\mathbb{R}^n$ から $\mathbb{R}^m$ への線形写像 f が得られることを示せ．

問題 5.5 次元定理

$\mathbb{R}^n$ の部分空間 U, V に対して，次式が成り立つことを証明せよ．

$$\dim(U+V) = \dim U + \dim V - \dim(U \cap V)$$

【証明】 $\dim U = s$, $\dim V = t$, $\dim U \cap V = r$ とする．また，$\boldsymbol{a}_1, \cdots, \boldsymbol{a}_r$ を $U \cap V$ の基底とする．

$\boldsymbol{a}_1, \cdots, \boldsymbol{a}_r$ は 1 次独立であるから，定理 5.4 (基底の補充) (⇨ p.100) により，$\boldsymbol{a}_1, \cdots, \boldsymbol{a}_r, \boldsymbol{b}_{r+1}, \cdots, \boldsymbol{b}_s$ を U の基底，$\boldsymbol{a}_1, \cdots, \boldsymbol{a}_r, \boldsymbol{c}_{r+1}, \cdots, \boldsymbol{c}_t$ を V の基底とする．このとき $s+t-r$ 個のベクトル

$$\boldsymbol{a}_1, \cdots, \boldsymbol{a}_r, \boldsymbol{b}_{r+1}, \cdots, \boldsymbol{b}_s, \boldsymbol{c}_{r+1}, \cdots, \boldsymbol{c}_t \qquad \cdots ①$$

が $U+V$ の基底となることを示す．

まず，① が $U+V$ を生成することを示そう．

$\boldsymbol{x} = \boldsymbol{x}_1 + \boldsymbol{x}_2$, $\boldsymbol{x}_1 \in U$, $\boldsymbol{x}_2 \in V$ とすると，$\boldsymbol{x}_1$ は $\boldsymbol{a}_1, \cdots, \boldsymbol{a}_r, \boldsymbol{b}_{r+1}, \cdots, \boldsymbol{b}_s$ の 1 次結合であり，$\boldsymbol{x}_2$ は $\boldsymbol{a}_1, \cdots, \boldsymbol{a}_r, \boldsymbol{c}_{r+1} \cdots, \boldsymbol{c}_t$ の 1 次結合だから，$\boldsymbol{x}_1 + \boldsymbol{x}_2$ は ① の 1 次結合として表されることが示された．

次に 1 次独立であることを示そう．

$$\lambda_1 \boldsymbol{a}_1 + \cdots + \lambda_r \boldsymbol{a}_r + \mu_{r+1} \boldsymbol{b}_{r+1} + \cdots + \mu_s \boldsymbol{b}_s + \nu_{r+1} \boldsymbol{c}_{r+1} + \cdots + \nu_t \boldsymbol{c}_t = \boldsymbol{0} \qquad \cdots ②$$

とおく．移項して，

$$\lambda_1 \boldsymbol{a}_1 + \cdots + \lambda_r \boldsymbol{a}_r + \mu_{r+1} \boldsymbol{b}_{r+1} + \cdots + \mu_s \boldsymbol{b}_s = -\nu_{r+1} \boldsymbol{c}_{r+1} - \cdots - \nu_t \boldsymbol{c}_t \qquad \cdots ③$$

となる．③ の左辺は U に属し，右辺は V に属すから，両辺とも $U \cap V$ に属す．よって $U \cap V$ の基底 $\boldsymbol{a}_1, \cdots, \boldsymbol{a}_r$ の 1 次結合で表すことができる．いま右辺を表してみると，

$$-\nu_{r+1} \boldsymbol{c}_{r+1} - \cdots - \nu_t \boldsymbol{c}_t = \eta_1 \boldsymbol{a}_1 + \cdots + \eta_r \boldsymbol{a}_r$$

のようになる．これを移項すれば

$$\eta_1 \boldsymbol{a}_1 + \cdots + \eta_r \boldsymbol{a}_r + \nu_{r+1} \boldsymbol{c}_{r+1} + \cdots + \nu_t \boldsymbol{c}_t = \boldsymbol{0}. \qquad \cdots ④$$

$\boldsymbol{a}_1, \cdots, \boldsymbol{a}_r, \boldsymbol{c}_{r+1}, \cdots, \boldsymbol{c}_t$ は V の基底であるから 1 次独立である．よって ④ の左辺の係数はすべて 0 である．特に $\quad \nu_{r+1} = \cdots = \nu_t = 0. \qquad \cdots ⑤$

⑤ を ② に代入すると，

$$\lambda_1 \boldsymbol{a}_1 + \cdots + \lambda_r \boldsymbol{a}_r + \mu_{r+1} \boldsymbol{b}_{r+1} + \cdots + \mu_s \boldsymbol{b}_s = \boldsymbol{0} \qquad \cdots ⑥$$

いま，$\boldsymbol{a}_1, \cdots, \boldsymbol{a}_r, \boldsymbol{b}_{r+1}, \cdots, \boldsymbol{b}_s$ は U の基底であるので 1 次独立であり，よって

$$\lambda_1 = \cdots = \lambda_r = \mu_{r+1} = \cdots = \mu_s = 0 \qquad \cdots ⑦$$

⑤ と ⑦ を合わせて，② の係数がすべて 0 であることがいえたので，1 次独立性は証明された．ゆえに

$$\begin{aligned} \dim(U+V) &= r+s+t = (r+s)+(r+t)-r \\ &= \dim U + \dim V - \dim(U \cap V) \end{aligned}$$

問の解答（第5章）

問 5.1　$\begin{bmatrix} \boldsymbol{a}_1 & \boldsymbol{a}_2 & \cdots & \boldsymbol{a}_{n+1} \end{bmatrix}$ は $n\times(n+1)$ 行列だから $\operatorname{rank}\begin{bmatrix} \boldsymbol{a}_1 & \boldsymbol{a}_2 & \cdots & \boldsymbol{a}_{n+1} \end{bmatrix} \leqq n < n+1$. よって $\boldsymbol{a}_1, \boldsymbol{a}_2, \cdots, \boldsymbol{a}_{n+1}$ は 1 次従属.

問 5.2
$$\begin{vmatrix} 1 & 3 & -2 & 2 \\ -1 & -1 & 1 & -1 \\ -3 & -5 & 4 & -4 \\ -1 & 3 & 1 & 2 \end{vmatrix} \underset{\substack{②+①,\ ④+① \\ (③+①\times 3)\times 1/2}}{=} \begin{vmatrix} 1 & 3 & -2 & 2 \\ 0 & 2 & -1 & 1 \\ 0 & 2 & -1 & 1 \\ 0 & 6 & -1 & 4 \end{vmatrix} = 0$$
定理 5.2 より 1 次従属.

問 5.3　$\lambda_1\boldsymbol{a}_1 + \lambda_2\boldsymbol{a}_2 + \cdots + \lambda_r\boldsymbol{a}_r + \lambda_{r+1}\boldsymbol{a}_{r+1} = \boldsymbol{0}$　$\cdots$①

とする．いま，$\lambda_{r+1} \fallingdotseq\!\!\!\!/\ 0$ とすると，① を $\boldsymbol{a}_{r+1}$ について解くことができて，
$$\boldsymbol{a}_{r+1} = -\frac{\lambda_1}{\lambda_{r+1}}\boldsymbol{a}_1 - \frac{\lambda_2}{\lambda_{r+1}}\boldsymbol{a}_2 - \cdots - \frac{\lambda_r}{\lambda_{r+1}}\boldsymbol{a}_r$$
となるが，これは $\boldsymbol{a}_{r+1}$ が $\boldsymbol{a}_1, \boldsymbol{a}_2, \cdots, \boldsymbol{a}_r$ の 1 次結合として表せないという仮定に反する.

よって
$$\lambda_{r+1} = 0. \qquad \cdots ②$$
これを ① に代入すると，
$$\lambda_1\boldsymbol{a}_1 + \lambda_2\boldsymbol{a}_2 + \cdots + \lambda_r\boldsymbol{a}_r = \boldsymbol{0} \qquad \cdots ③$$
ところが仮定から $\boldsymbol{a}_1, \cdots, \boldsymbol{a}_r$ は 1 次独立．ゆえに
$$\lambda_1 = \lambda_2 = \cdots = \lambda_r = 0 \qquad \cdots ④$$
③, ④ より $\lambda_1 = \lambda_2 = \cdots = \lambda_r = \lambda_{r+1} = 0$ となるので，$\boldsymbol{a}_1, \cdots, \boldsymbol{a}_r, \boldsymbol{a}_{r+1}$ は 1 次独立である.

問 5.4　(1)　$\boldsymbol{a}_1\ \ \boldsymbol{a}_2\ \ \boldsymbol{a}_3\ \ \boldsymbol{a}_4$
$$\begin{vmatrix} 1 & 1 & 0 & 0 \\ 0 & 1 & 1 & 0 \\ 0 & 0 & 1 & 1 \\ 1 & 0 & 0 & 1 \end{vmatrix} \underset{④-①}{=} \begin{vmatrix} 1 & 1 & 0 & 0 \\ 0 & 1 & 1 & 0 \\ 0 & 0 & 1 & 1 \\ 0 & -1 & 0 & 1 \end{vmatrix} = \begin{vmatrix} 1 & 1 & 0 \\ 0 & 1 & 1 \\ -1 & 0 & 1 \end{vmatrix}$$
$$\underset{③+①}{=} \begin{vmatrix} 1 & 1 & 0 \\ 0 & 1 & 1 \\ 0 & 1 & 1 \end{vmatrix} = 0.$$
ゆえに 1 次従属である.

(2)　$\boldsymbol{a}_1\ \ \boldsymbol{a}_2\ \ \boldsymbol{a}_3$
$$\begin{vmatrix} 1 & 1 & 0 \\ 0 & 1 & 1 \\ 1 & 0 & 1 \end{vmatrix} \underset{③-①}{=} \begin{vmatrix} 1 & 1 & 0 \\ 0 & 1 & 1 \\ 0 & -1 & 1 \end{vmatrix} = \begin{vmatrix} 1 & 1 \\ -1 & 1 \end{vmatrix} = 2 \neq 0.$$
ゆえに 1 次独立である.

問 5.5　$\lambda\boldsymbol{a}+\mu\boldsymbol{b}+\nu\boldsymbol{c}=\boldsymbol{0}$ とおいて，両辺の成分を比較すると，

$$\begin{cases} \lambda + \mu = 0 \\ 4\lambda + 2\mu + \nu = 0 \\ -\lambda + 3\mu - 2\nu = 0 \\ \lambda - \mu + \nu = 0 \end{cases}$$

この同次連立 1 次方程式を解いて，次の解を得る．

$$\lambda = -\frac{c}{2}, \quad \mu = \frac{c}{2}, \quad \nu = c \quad (c \text{ は任意定数}).$$

c が 0 でない限り非自明な解となるから，$\boldsymbol{a},\boldsymbol{b},\boldsymbol{c}$ は 1 次従属である．例えば $c=-2$ とおくと，非自明な 1 次関係式

$$\boldsymbol{a}-\boldsymbol{b}-2\boldsymbol{c}=\boldsymbol{0}$$

を得る．

問 5.6　(1)　例えば $(1,0,0)\in W$ だから $W \neq \emptyset$ (空集合)．$\boldsymbol{a},\boldsymbol{b}\in W$ とすると，

$$a_1+a_2+a_3=1, \quad b_1+b_2+b_3=1.$$

したがって，

$$(a_1+b_1)+(a_2+b_2)+(a_3+b_3)=(a_1+a_2+a_3)+(b_1+b_2+b_3)=2 \neq 1$$

ゆえに $\boldsymbol{a}+\boldsymbol{b}\notin W$．つまり和に関して閉じていないから部分空間でない．

(2)　$(0,0,0)\in W$ であるから $W \neq \emptyset$ (空集合)．

$$(0,a_2,a_3)+(0,b_2,b_3)=(0,a_2+b_2,a_3+b_3)\in W.$$

$\lambda(0,a_2,a_3)=(0,\lambda a_2 \lambda a_3)\in W$ だから部分空間である．

(3)　$(1,0,0),(0,1,1)\in W$ であるがそれらの和の $(1,1,1)\notin W$ だから部分空間でない．

(4)　$(1,0,0),(0,1,0)\in W$ であるが，

$$a_1^2+a_2^2+a_3^2+b_1^2+b_2^2+b_3^2=2 \lneq 1$$

となるので部分空間でない．

問 5.7　$\begin{bmatrix} 1 \\ 0 \end{bmatrix}\in W, \begin{bmatrix} 0 \\ 1 \end{bmatrix}\in W$ であるが

$$\begin{bmatrix} 1 \\ 0 \end{bmatrix}+\begin{bmatrix} 0 \\ 1 \end{bmatrix}=\begin{bmatrix} 1 \\ 1 \end{bmatrix}\notin W.$$

よって部分空間でない．

問 5.8

3	−5	1	4	
2	−8	3	12	
4	−2	−1	−4	
1	3	−2	−8	① − ②
2	−8	3	12	
4	−2	−1	−4	
1	3	−2	−8	
0	−14	7	28	② − ① × 2
0	−14	7	28	③ − ① × 4
1	3	−2	−8	
0	1	−1/2	−2	② × (−1/14)
0	0	0	0	③ − ②

2 次元，基底は $\boldsymbol{a}_1, \boldsymbol{a}_2$

問 5.9

1	0	−1	1	
−1	1	0	−1	
0	2	1	3	
1	−1	0	1	
1	0	−1	1	② + ①
0	1	−1	0	
0	2	1	3	
0	−1	1	0	④ − ①
1	0	−1	1	
0	1	−1	0	
0	0	3	3	③ − ② × 2
0	0	0	0	④ + ②
1	0	−1	1	
0	1	−1	0	
0	0	1	1	③ × 1/3
0	0	0	0	

3 次元，基底は $\boldsymbol{a}_1, \boldsymbol{a}_2, \boldsymbol{a}_3$

問 5.10　$\begin{bmatrix} 4 \\ 0 \\ 3 \end{bmatrix}$

問 5.11　(1)　右の表から係数行列の階数は 2 だから，

$$\dim W = 4 - 2 = 2$$

である．解は

$$\begin{bmatrix} x \\ y \\ z \\ u \end{bmatrix} = \lambda \begin{bmatrix} -2 \\ -1 \\ 1 \\ 0 \end{bmatrix} + \mu \begin{bmatrix} -1 \\ -2 \\ 0 \\ 1 \end{bmatrix} = \lambda \boldsymbol{x}_1 + \mu \boldsymbol{x}_2$$

と表され，$\boldsymbol{x}_1, \boldsymbol{x}_2$ は基本解である．よって，

$$(-2, -1, 1, 0),$$
$$(-1, -2, 0, 1)$$

がこの連立方程式の解空間の 1 組の基底である．

1	1	3	3	
0	1	1	2	
1	0	2	1	
1	3	5	7	
1	1	3	3	
0	1	1	2	
0	−1	−1	−2	③ − ①
0	2	2	4	④ − ①
1	0	2	1	① − ②
0	1	1	2	
0	0	0	0	③ + ②
0	0	0	0	④ − ② × 2

(2)

1	−1	−1	2	
−1	3	2	−2	
−1	3	4	−1	
2	6	−5	4	
1	−1	−1	2	
0	2	1	0	② + ①
0	2	3	1	③ + ①
0	8	−3	0	④ − ① × 2
1	−1	−1	2	
0	2	1	0	
0	0	2	1	③ − ②
0	0	1	0	(④ − ② × 4) × (−1/7)

→

1	−1	0	2	① + ④
0	1	0	0	(② − ④) × $\frac{1}{2}$
0	0	0	1	③ − ④ × 2
0	0	1	0	
1	0	0	2	① + ②
0	1	0	0	
0	0	1	0	③ ⇄ ④
0	0	0	1	
1	0	0	0	① − ④ × 2
0	1	0	0	
0	0	1	0	
0	0	0	1	

$\therefore \quad \dim W = 0$

(3)

1	−2	3	−1	0	
1	−1	−1	2	−1	
1	−2	3	−1	0	
0	1	−4	3	−1	② − ①
1	0	−5	5	−2	① + ② × 2
0	1	−4	3	−1	

$\dim W = 5 - 2 = 3$ (次元)

基底は

$(5, 4, 1, 0, 0)$

$(-5, -3, 0, 1, 0)$

$(2, 1, 0, 0, 1)$

問 5.12 (1) $\boldsymbol{x} = (x_1, x_2)$, $\boldsymbol{y} = (y_1, y_2)$ とすると,

$$\begin{aligned} f(\boldsymbol{x}+\boldsymbol{y}) &= f(x_1+y_1, x_2+y_2) = (x_1+y_1)(x_2+y_2) \\ &\fallingdotseq x_1x_2 + y_1y_2 = f(\boldsymbol{x}) + f(\boldsymbol{y}) \end{aligned}$$

ゆえに線形写像でない.

(2) $\boldsymbol{x} = (x_1, x_2, x_3)$, $\boldsymbol{y} = (y_1, y_2, y_3)$ とすると,

$$\begin{aligned} f(\boldsymbol{x}+\boldsymbol{y}) &= f(x_1+y_1, x_2+y_2, x_3+y_3) = 2(x_1+y_1) - 3(x_2+y_2) + 4(x_3+y_3) \\ &= 2x_1 - 3x_2 + 4x_3 + 2y_1 - 3y_2 + 4y_3 = f(\boldsymbol{x}) + f(\boldsymbol{y}) \\ f(\lambda\boldsymbol{x}) &= f(\lambda x_1, \lambda x_2, \lambda x_3) = 2\lambda x_1 - 3\lambda x_2 + 4\lambda x_3 = \lambda(2x_1 - 3x_2 + 4x_3) \\ &= \lambda f(\boldsymbol{x}). \end{aligned}$$

ゆえに線形写像である.

表現行列は $f(\boldsymbol{e}_1) = 2$, $f(\boldsymbol{e}_2) = -3$, $f(\boldsymbol{e}_3) = 4$ から $\begin{bmatrix} 2 & -3 & 4 \end{bmatrix}$.

(3) $\boldsymbol{x} = (x_1, x_2, x_3)$, $\boldsymbol{y} = (y_1, y_2, y_3)$ とすると,

$$\begin{aligned} f(\boldsymbol{x}+\boldsymbol{y}) &= f(x_1+y_1, x_2+y_2, x_3+y_3) = ((x_1+y_1)^2, (x_2+y_2)^2) \\ &\fallingdotseq (x_1^2+y_1^2, x_2^2+y_2^2) = f(\boldsymbol{x}) + f(\boldsymbol{y}) \end{aligned}$$

ゆえに線形写像でない.

問 5.13　(1) まず $f(\mathbf{0})=\mathbf{0}$ だから $\mathbf{0}\in f(V)$，$\boldsymbol{y}_1,\boldsymbol{y}_2\in f(V)$ をとる．このとき，$\boldsymbol{y}_1=f(\boldsymbol{x}_1),\boldsymbol{y}_2=f(\boldsymbol{x}_2)$ となるベクトル $\boldsymbol{x}_1,\boldsymbol{x}_2\in V$ を探すことができる．どんな実数 λ,μ に対しても，$\lambda\boldsymbol{x}_1+\mu\boldsymbol{x}_2\in V$ であり，f が線形だから

$$f(\lambda\boldsymbol{x}_1+\mu\boldsymbol{x}_2)=\lambda f(\boldsymbol{x}_1)+\mu f(\boldsymbol{x}_2)=\lambda\boldsymbol{y}_1+\mu\boldsymbol{y}_2$$

となる．これは $\lambda\boldsymbol{y}_1+\mu\boldsymbol{y}_2\in f(V)$ であることにほかならない．よって $f(V)$ は $\mathbb{R}^m$ の部分空間である．

(2)　(1) と同様に $f(\mathbf{0})=\mathbf{0}$ から $\mathbf{0}\in f^{-1}(W)$．$\boldsymbol{x}_1,\boldsymbol{x}_2\in f^{-1}(W)$ とすると $f(\boldsymbol{x}_1),f(\boldsymbol{x}_2)\in W$ だから実数 λ,μ に対して $f(\lambda\boldsymbol{x}_1+\mu\boldsymbol{x}_2)=\lambda f(\boldsymbol{x}_1)+\mu f(\boldsymbol{x}_2)\in W$．　$\therefore$　$\lambda\boldsymbol{x}_1+\mu\boldsymbol{x}_2\in f^{-1}(W)$ よって，$f^{-1}(W)$ は $\mathbb{R}^n$ の部分空間である．

問 5.14　右の表により，

$$\operatorname{Im} f=L\{(-1,1,2),\ (3,7,-1)\}$$
$$\operatorname{Ker} f=L\{(-11,-7,0,5),\ (-3,-1,5,0)\}$$

-1	3	0	2	
1	7	2	12	
2	-1	1	3	
1	-3	0	-2	① × (−1)
1	7	2	12	
2	-1	1	3	
1	-3	0	-2	
0	10	2	14	② − ①
0	5	1	7	③ − ① × 2
1	-3	0	-2	
0	10	2	14	
0	0	0	0	③ − ② × 1/2
1	-3	0	-2	
0	5	1	7	② × 1/2
0	0	0	0	
1	0	3/5	11/5	① + ② × 3/5
0	1	1/5	7/5	② × 1/5
0	0	0	0	

問 5.15　f,g の表現行列をそれぞれ A,B とする．$f+g$，$g\circ f$，$f\circ g$ に対応する表現行列はそれぞれ $A+B$，BA，AB である．

(1)　$A=\begin{bmatrix}\sqrt{3}/2 & -1/2\\ 1/2 & \sqrt{3}/2\end{bmatrix}$，　$B=\begin{bmatrix}2 & 0\\ 0 & 2\end{bmatrix}$，　$A+B=\begin{bmatrix}2+\sqrt{3}/2 & -1/2\\ 1/2 & 2+\sqrt{3}/2\end{bmatrix}$

$BA=AB=\begin{bmatrix}\sqrt{3} & -1\\ 1 & \sqrt{3}\end{bmatrix}$

(2)　$A=\begin{bmatrix}-4/5 & -3/5\\ -3/5 & 4/5\end{bmatrix}$，　$B=\begin{bmatrix}\sqrt{2}/2 & \sqrt{2}/2\\ -\sqrt{2}/2 & \sqrt{2}/2\end{bmatrix}$，　$AB=\dfrac{\sqrt{2}}{10}\begin{bmatrix}-1 & -7\\ -7 & -1\end{bmatrix}$

$BA=\dfrac{\sqrt{2}}{10}\begin{bmatrix}-7 & 1\\ 1 & 7\end{bmatrix}$，　$A+B=\begin{bmatrix}-4/5+\sqrt{2}/2 & -3/5+\sqrt{2}/2\\ -3/5-\sqrt{2}/2 & 4/5+\sqrt{2}/2\end{bmatrix}$

問 5.16　(1)　$\begin{bmatrix}1 & -1\\ 1 & 3\end{bmatrix}^{-1}=\dfrac{1}{4}\begin{bmatrix}3 & 1\\ -1 & 1\end{bmatrix}$

(2) $\begin{vmatrix} -4 & 2 \\ 2 & -1 \end{vmatrix} = 0$ より $\begin{bmatrix} -4 & 2 \\ 2 & -1 \end{bmatrix}$ は正則でないので逆行列はない.

問 5.17 $P = \begin{bmatrix} 1 & 0 & 0 & -9 \\ 0 & 1 & 0 & -7 \\ 0 & 0 & 1 & 0 \\ 0 & 0 & 0 & 1 \end{bmatrix}$, $Q = \begin{bmatrix} 1 & -2 & 0 \\ 0 & 1 & 0 \\ 1 & -1 & 1 \end{bmatrix}$ とすると，p.112 の定理 5.14 より

$$Q^{-1}AP = \begin{bmatrix} 1 & 2 & 0 \\ 0 & 1 & 0 \\ -1 & -1 & 1 \end{bmatrix} \begin{bmatrix} 1 & -2 & 0 & -5 \\ 0 & 1 & 0 & 7 \\ 1 & -1 & 0 & 2 \end{bmatrix} \begin{bmatrix} 1 & 0 & 0 & -9 \\ 0 & 1 & 0 & -7 \\ 0 & 0 & 1 & 0 \\ 0 & 0 & 0 & 1 \end{bmatrix}$$

$$= \begin{bmatrix} 1 & 0 & 0 & 0 \\ 0 & 1 & 0 & 0 \\ 0 & 0 & 0 & 0 \end{bmatrix}$$

演習問題解答（第 5 章）

演習 5.1 $\boldsymbol{x}\ (\fallingdotseq \boldsymbol{0}) \in V = \{\boldsymbol{x} \in \mathbb{R}^n\ ;\ A\boldsymbol{x} = \boldsymbol{b}\}$ とすると，$2\boldsymbol{x} \notin V$ だから，部分空間をなさない.

演習 5.2 表現行列を A とすると，

$$A \begin{bmatrix} -1 & 0 & 3 \\ 0 & 1 & -1 \\ 2 & 1 & 0 \end{bmatrix} = \begin{bmatrix} -5 & 0 & -5 \\ 0 & 1 & -1 \\ 3 & 6 & 9 \end{bmatrix}$$

$$A = \begin{bmatrix} -5 & 0 & -5 \\ 0 & 1 & -1 \\ 3 & 6 & 9 \end{bmatrix} \begin{bmatrix} -1 & 0 & 3 \\ 0 & 1 & -1 \\ 2 & 1 & 0 \end{bmatrix}^{-1} = \begin{bmatrix} -5 & 0 & -5 \\ 0 & 1 & -1 \\ 3 & 6 & 9 \end{bmatrix} \frac{1}{7} \begin{bmatrix} -1 & -3 & 3 \\ 2 & 6 & 1 \\ 2 & -1 & 1 \end{bmatrix}$$

$$= \frac{1}{7} \begin{bmatrix} -5 & 20 & -20 \\ 0 & 7 & 0 \\ 27 & 18 & 24 \end{bmatrix}$$

演習 5.3 $\boldsymbol{x}, \boldsymbol{y} \in \mathbb{R}^n$, $\begin{cases} \boldsymbol{x} = \lambda_1 \boldsymbol{a}_1 + \lambda_2 \boldsymbol{a}_2 + \cdots + \lambda_n \boldsymbol{a}_n \\ \boldsymbol{y} = \mu_1 \boldsymbol{a}_1 + \mu_2 \boldsymbol{a}_2 + \cdots + \mu_n \boldsymbol{a}_n \end{cases}$ に対し，

$$\begin{aligned} & f(\alpha \boldsymbol{x} + \beta \boldsymbol{y}) \\ &= f((\alpha\lambda_1 + \beta\mu_1)\boldsymbol{a}_1 + (\alpha\lambda_2 + \beta\mu_2)\boldsymbol{a}_2 + \cdots + (\alpha\lambda_n + \beta\mu_n)\boldsymbol{a}_n) \\ &= (\alpha\lambda_1 + \beta\mu_1)\boldsymbol{b}_1 + (\alpha\lambda_2 + \beta\mu_2)\boldsymbol{b}_2 + \cdots + (\alpha\lambda_n + \beta\mu_n)\boldsymbol{b}_n \\ &= \alpha(\lambda_1 \boldsymbol{b}_1 + \lambda_2 \boldsymbol{b}_2 + \cdots + \lambda_n \boldsymbol{b}_n) + \beta(\mu_1 \boldsymbol{b}_1 + \mu_2 \boldsymbol{b}_2 + \cdots + \mu_n \boldsymbol{b}_n) \\ &= \alpha f(\boldsymbol{x}) + \beta f(\boldsymbol{y}) \end{aligned}$$

6 計量ベクトル空間

6.1 計量ベクトル空間

第 4 章では平面および空間のベクトル (p.92 では図形的ベクトルといった) を取り扱ったが，この章では第 5 章と同様に n 次元数ベクトル空間で考える．

◆ **内積，計量ベクトル空間**　V を実数上の n 次元数ベクトル空間 $\mathbb{R}^n$ またはその部分空間とする．V のベクトル $\boldsymbol{a}, \boldsymbol{b}$ に対して，実数 $\boldsymbol{a} \cdot \boldsymbol{b}$ が定まり，次の (1)~(4) を満たすとき，$\boldsymbol{a} \cdot \boldsymbol{b}$ を $\boldsymbol{a}, \boldsymbol{b}$ の**内積**という．内積を考えているとき V を**計量ベクトル空間**または**内積空間**という．

(1)　$\boldsymbol{a} \cdot \boldsymbol{b} = \boldsymbol{b} \cdot \boldsymbol{a}$

(2)　$(\boldsymbol{a}_1 + \boldsymbol{a}_2) \cdot \boldsymbol{b} = \boldsymbol{a}_1 \cdot \boldsymbol{b} + \boldsymbol{a}_2 \cdot \boldsymbol{b}$

(3)　$(\lambda \boldsymbol{a}) \cdot \boldsymbol{b} = \lambda(\boldsymbol{a} \cdot \boldsymbol{b})$　(λ は実数)

(4)　$\boldsymbol{a} \cdot \boldsymbol{a} \geqq 0$　(等号は $\boldsymbol{a} = \boldsymbol{0}$ のときに限る)

◆ **自然な内積**　V のベクトル $\boldsymbol{a} = (a_1, \cdots, a_n)$, $\boldsymbol{b} = (b_1, \cdots, b_n)$ に対して

$$\boldsymbol{a} \cdot \boldsymbol{b} = a_1 b_1 + a_2 b_2 + \cdots + a_n b_n$$

と定めるとこれも内積である．これを V の**自然な (標準的) 内積**という．V で特に断らない限り自然な内積を考える．このとき $\boldsymbol{a}, \boldsymbol{b}$ を列ベクトルとみなすと，

$$\boldsymbol{a} \cdot \boldsymbol{b} = {}^t\boldsymbol{a}\boldsymbol{b}$$

である．

◆ **ベクトルの大きさ (長さ)**　計量ベクトル空間 V のベクトル $\boldsymbol{a}$ に対し

$$|\boldsymbol{a}| = \sqrt{\boldsymbol{a} \cdot \boldsymbol{a}}$$

を $\boldsymbol{a}$ の**大きさ**または**長さ**という．ベクトルの大きさについて次のことが成立する．

定理 6.1　(大きさの性質)　(1)　$|\boldsymbol{a}| \geqq 0$　(等号は $\boldsymbol{a} = \boldsymbol{0}$ のときに限る)

(2)　どんな実数 λ に対しても $|\lambda \boldsymbol{a}| = |\lambda||\boldsymbol{a}|$

(3)　$|\boldsymbol{a} \cdot \boldsymbol{b}| \leqq |\boldsymbol{a}||\boldsymbol{b}|$　　(シュヴァルツの不等式)

(4)　$|\boldsymbol{a} + \boldsymbol{b}| \leqq |\boldsymbol{a}| + |\boldsymbol{b}|$　　(三角不等式)

(3), (4) の証明は p.86 の問題 4.1 参照．

◆ **単位ベクトル，正規化**　$|\boldsymbol{e}| = 1$ となるベクトル $\boldsymbol{e}$ を**単位ベクトル**という．零ベクトルでないベクトル $\boldsymbol{a}$ に対し $\pm\dfrac{\boldsymbol{a}}{|\boldsymbol{a}|}$ は単位ベクトルで $\boldsymbol{a}$ からこの単位ベクトルを作ることを**正規化する**という．

より理解を深めるために

追記 6.1 複素ベクトル空間 $\mathbb{C}^n$ に対しても内積が定義できる．すなわち，任意 $\boldsymbol{a}, \boldsymbol{b} \in \mathbb{C}^n$ に対して，複素数 $\boldsymbol{a} \cdot \boldsymbol{b}$ が定義されて，

(1)′　$\boldsymbol{a} \cdot \boldsymbol{b} = \overline{\boldsymbol{b} \cdot \boldsymbol{a}}$　(記号 $\overline{}$ は共役複素数の意)

(2)′　$(\boldsymbol{a}_1 + \boldsymbol{a}_2) \cdot \boldsymbol{b} = \boldsymbol{a}_1 \cdot \boldsymbol{b} + \boldsymbol{a}_2 \cdot \boldsymbol{b}$

(3)′　$(\lambda \boldsymbol{a}) \cdot \boldsymbol{b} = \lambda(\boldsymbol{a} \cdot \boldsymbol{b})$　$(\lambda \in \mathbb{C})$

(4)′　$\boldsymbol{a} \cdot \boldsymbol{a} \geqq 0$　(等号は $\boldsymbol{a} = \boldsymbol{0}$ のときに限る)

が成り立つとき，$\boldsymbol{a} \cdot \boldsymbol{b}$ を $\boldsymbol{a}$ と $\boldsymbol{b}$ の**内積**といい，$\mathbb{C}^n$ を**複素計量ベクトル空間**または**複素内積空間**という．

例題 6.1　　　　自然な内積

自然な内積を考えた $\mathbb{R}^4$ において，

$$\boldsymbol{a} = (3, 1, 2, -2),$$
$$\boldsymbol{b} = (-1, 3, 1, 1)$$

に対して $|\boldsymbol{a}|$, $|\boldsymbol{b}|$, $\boldsymbol{a} \cdot \boldsymbol{b}$ を求めよ．

【解】

$$|\boldsymbol{a}| = 3\sqrt{2}, \quad |\boldsymbol{b}| = 2\sqrt{3}$$

$$\boldsymbol{a} \cdot \boldsymbol{b} = -3 + 3 + 2 - 2 = 0$$

(解答は章末の p.131 にあります.)

問 6.1　$\mathbb{R}^2$ のベクトル $\boldsymbol{a} = (a_1, a_2)$, $\boldsymbol{b} = (b_1, b_2)$ に対して，

$$\boldsymbol{a} \cdot \boldsymbol{b} = 3a_1b_1 - a_1b_2 - a_2b_1 + 3a_2b_2$$

と定義する．このとき

(1)　$\boldsymbol{a} \cdot \boldsymbol{b}$ は内積であることを示せ．

(2)　$\boldsymbol{a} = (2, 3)$, $\boldsymbol{b} = (1, -2)$ に対し $|\boldsymbol{a}|$, $|\boldsymbol{b}|$, $\boldsymbol{a} \cdot \boldsymbol{b}$ を求めよ．

(3)　シュヴァルツの不等式を具体的に書き表せ．

6.2　正規直交基底

◆ **なす角 (交角)**　零ベクトルでない 2 つのベクトル $\boldsymbol{a}, \boldsymbol{b}$ に対して

$$\cos\theta = \frac{\boldsymbol{a}\cdot\boldsymbol{b}}{|\boldsymbol{a}||\boldsymbol{b}|} \quad (0 \leqq \theta \leqq \pi)$$

を満たす角 θ が 1 つ定まる．これを $\boldsymbol{a}, \boldsymbol{b}$ の**なす角** (**交角**) という．$\boldsymbol{a}\cdot\boldsymbol{b} = 0$ のとき，$\boldsymbol{a}, \boldsymbol{b}$ は互いに**直交** (**垂直**) であるといって，$\boldsymbol{a} \perp \boldsymbol{b}$ と書く．

◆ **正規直交系**　m 個のベクトル $\boldsymbol{a}_1, \boldsymbol{a}_2, \cdots, \boldsymbol{a}_m$ が

$\boldsymbol{a}_i\cdot\boldsymbol{a}_j = \delta_{ij}$ ($i = j$ のとき $\delta_{ij} = 1$, $i \neq j$ のとき $\delta_{ij} = 0$，クロネッカーのデルタ)

を満たすとき，$\boldsymbol{a}_1, \boldsymbol{a}_2, \cdots, \boldsymbol{a}_m$ を**正規直交系**であるという．標準的な基底 $\boldsymbol{e}_1, \boldsymbol{e}_2, \cdots, \boldsymbol{e}_m$ は正規直交系である．

◆ **正規直交基底**　基底が正規直交系のとき**正規直交基底**という．

定理 6.2　(**正規直交基底の存在**)　n 次元計量ベクトル空間 $V \neq \{\boldsymbol{0}\}$ は，常に正規直交基底をもつ．

◆ **グラム-シュミットの直交化法**　n 次元計量ベクトル空間 V の基底 $\boldsymbol{x}_1, \boldsymbol{x}_2, \cdots, \boldsymbol{x}_m$ ($m = \dim V$) から次の手順によって，正規直交基底 $\boldsymbol{a}_1, \boldsymbol{a}_2, \cdots, \boldsymbol{a}_m$ を作る方法を**グラム-シュミットの直交化法**という．

$$\begin{aligned}
&\boldsymbol{y}_1 = \boldsymbol{x}_1 && \boldsymbol{a}_1 = \frac{\boldsymbol{y}_1}{|\boldsymbol{y}_1|}\\
&\boldsymbol{y}_2 = \boldsymbol{x}_2 - (\boldsymbol{x}_2\cdot\boldsymbol{a}_1)\boldsymbol{a}_1 && \boldsymbol{a}_2 = \frac{\boldsymbol{y}_2}{|\boldsymbol{y}_2|}\\
&\cdots && \cdots\\
&\boldsymbol{y}_m = \boldsymbol{x}_m - (\boldsymbol{x}_m\cdot\boldsymbol{a}_1)\boldsymbol{a}_1 - (\boldsymbol{x}_m\cdot\boldsymbol{a}_2)\boldsymbol{a}_2 - \cdots - (\boldsymbol{x}_m\cdot\boldsymbol{a}_{m-1})\boldsymbol{a}_{m-1} && \boldsymbol{a}_m = \frac{\boldsymbol{y}_m}{|\boldsymbol{y}_m|}
\end{aligned}$$

◆ **直交行列**　正方行列 P が ${}^tPP = P\,{}^tP = E$ を満たすとき，すなわち ${}^tP$ が P の逆行列であるとき，P を**直交行列**という (⇨ p.12).

◆ **直交変換**　計量ベクトル空間 V の線形変換の中で V の内積を変えないもの，すなわち，V の任意のベクトル $\boldsymbol{a}, \boldsymbol{b}$ に対して

$$f(\boldsymbol{a})\cdot f(\boldsymbol{b}) = \boldsymbol{a}\cdot\boldsymbol{b}$$

を満たす線形変換 f を**直交変換**という．

定理 6.3　(**直交変換の条件**)　計量ベクトル空間 V の線形変換 f に関する次の 3 つは同値である．

(1)　f は直交変換.　　(2)　$\mathbb{R}^n$ の任意のベクトル $\boldsymbol{a}$ に対して $|f(\boldsymbol{a})| = |\boldsymbol{a}|$.

(3)　V の正規直交基底に関する f の表現行列は直交行列.

より理解を深めるために

例題 6.2 正規直交系の 1 次独立性

正規直交系をなすベクトルは，1 次独立であることを示せ．

【証明】 $\boldsymbol{a}_1, \boldsymbol{a}_2, \cdots, \boldsymbol{a}_m$ を正規直交系とし，

$$\lambda_1 \boldsymbol{a}_1 + \lambda_2 \boldsymbol{a}_2 + \cdots + \lambda_m \boldsymbol{a}_m = \boldsymbol{0}$$

とおく．両辺と各 $\boldsymbol{a}_i$ との内積をつくれば，$\boldsymbol{a}_i \cdot \boldsymbol{a}_j = \delta_{ij}$ だから

$$\lambda_1 \boldsymbol{a}_1 \cdot \boldsymbol{a}_i + \cdots + \lambda_i \boldsymbol{a}_i \cdot \boldsymbol{a}_i + \cdots + \lambda_m \boldsymbol{a}_m \cdot \boldsymbol{a}_i = \lambda_i = 0 \quad (i = 1, \cdots, m)$$

を得る．よって，$\boldsymbol{a}_1, \boldsymbol{a}_2, \cdots, \boldsymbol{a}_m$ は 1 次独立である．

例題 6.3 グラム-シュミットの直交化法

$\mathbb{R}^3$ において，$\boldsymbol{x}_1 = (1, 0, 1)$，$\boldsymbol{x}_2 = (1, 1, 1)$，$\boldsymbol{x}_3 = (1, -1, 0)$ からグラム-シュミットの直交化法によって正規直交基底 $\boldsymbol{a}_1, \boldsymbol{a}_2, \boldsymbol{a}_3$ を作れ．

【解】

$$\boldsymbol{a}_1 = \frac{\boldsymbol{y}_1}{|\boldsymbol{y}_1|} = \frac{\boldsymbol{x}_1}{|\boldsymbol{x}_1|} = \frac{1}{\sqrt{2}}(1, 0, 1)$$

$$\begin{aligned}\boldsymbol{y}_2 &= \boldsymbol{x}_2 - (\boldsymbol{x}_2 \cdot \boldsymbol{a}_1)\boldsymbol{a}_1 \\ &= (1, 1, 1) - \frac{2}{\sqrt{2}} \cdot \frac{1}{\sqrt{2}}(1, 0, 1) = (0, 1, 0)\end{aligned}$$

$$\boldsymbol{a}_2 = \frac{\boldsymbol{y}_2}{|\boldsymbol{y}_2|} = (0, 1, 0)$$

$$\begin{aligned}\boldsymbol{y}_3 &= \boldsymbol{x}_3 - (\boldsymbol{x}_3 \cdot \boldsymbol{a}_1)\boldsymbol{a}_1 - (\boldsymbol{x}_3 \cdot \boldsymbol{a}_2)\boldsymbol{a}_2 \\ &= (1, -1, 0) - \frac{1}{\sqrt{2}} \cdot \frac{1}{\sqrt{2}}(1, 0, 1) - (-1)(0, 1, 0) = \left(\frac{1}{2}, 0, -\frac{1}{2}\right)\end{aligned}$$

$$\boldsymbol{a}_3 = \frac{\boldsymbol{y}_3}{|\boldsymbol{y}_3|} = \sqrt{2}\left(\frac{1}{2}, 0, -\frac{1}{2}\right) = \frac{1}{\sqrt{2}}(1, 0, -1)$$

ゆえに求める正規直交基底は，

$$\boldsymbol{a}_1 = \frac{1}{\sqrt{2}}(1, 0, 1), \quad \boldsymbol{a}_2 = (0, 1, 0), \quad \boldsymbol{a}_3 = \frac{1}{\sqrt{2}}(1, 0, -1)$$

問 6.2 グラム-シュミットの直交化法により，次のベクトルから $\mathbb{R}^3$ の正規直交基底を作れ．

(1) $\boldsymbol{x}_1 = (-2, 1, 0)$，$\boldsymbol{x}_2 = (-1, 0, 1)$，$\boldsymbol{x}_3 = (1, 1, 1)$

(2) $\boldsymbol{x}_1 = (1, 1, 0)$，$\boldsymbol{x}_2 = (1, 0, 1)$，$\boldsymbol{x}_3 = (0, 1, 1)$

より理解を深めるために

例題 6.4　　ベクトルの内積

(1)　$\mathbb{R}^3$ のベクトル $\boldsymbol{a}=(1,-3,2)$, $\boldsymbol{b}=(-2,-1,3)$ のとき，次の(i), (ii), (iii)を求めよ．

(i)　$|\boldsymbol{a}|$, $|\boldsymbol{b}|$, $|\boldsymbol{a}+\boldsymbol{b}|$

(ii)　内積 $\boldsymbol{a}\cdot\boldsymbol{b}$ と，$\boldsymbol{a}$, $\boldsymbol{b}$ の交角

(iii)　$\boldsymbol{a},\boldsymbol{b}$ の両方に垂直なベクトル

(2)　互いに直交する 3 つのベクトル $\boldsymbol{a}=(2,a,2)$, $\boldsymbol{b}=(b,1,-2)$, $\boldsymbol{c}=(3,-3,c)$ を正規化せよ．

【解】　(1)　特に断らない限り数ベクトル空間では自然な内積 (⇨ p.124) を用いる．

(i)　$|\boldsymbol{a}|=\sqrt{1^2+(-3)^2+2^2}=\sqrt{14}$,　$|\boldsymbol{b}|=\sqrt{(-2)^2+(-1)^2+3^2}=\sqrt{14}$

$|\boldsymbol{a}+\boldsymbol{b}|=\sqrt{(-1)^2+(-4)^2+5^2}=\sqrt{42}$

(ii)　$\boldsymbol{a}\cdot\boldsymbol{b}=1\times(-2)+(-3)\times(-1)+2\times 3=7$

交角を θ とすると，$\theta=\cos^{-1}\dfrac{\boldsymbol{a}\cdot\boldsymbol{b}}{|\boldsymbol{a}||\boldsymbol{b}|}=\cos^{-1}\dfrac{1}{2}=\dfrac{\pi}{3}$

(iii)　求めるベクトルを $\boldsymbol{x}=(x_1,x_2,x_3)$ とすると，

$$\boldsymbol{a}\cdot\boldsymbol{x}=x_1-3x_2+2x_3=0$$
$$\boldsymbol{b}\cdot\boldsymbol{x}=-2x_1-x_2+3x_3=0$$

となる．これを解くと，右の表から

$$x_1=x_2=x_3=\lambda\quad(\text{任意})$$

を得る．$\lambda=1$ とすると，$(1,1,1)$ となる．これを正規化して，

$$\boldsymbol{x}=\pm\frac{1}{\sqrt{3}}(1,1,1)$$

x_1	x_2	x_3	
1	−3	2	
−2	−1	3	
1	−3	2	
0	−7	7	②＋①×2
1	−3	2	
0	1	−1	②×(−1/7)
1	0	−1	①＋②×3
0	1	−1	

(2)　$\boldsymbol{a}\cdot\boldsymbol{b}=2b+a-4=0$,　$\boldsymbol{b}\cdot\boldsymbol{c}=3b-3-2c=0$,　$\boldsymbol{c}\cdot\boldsymbol{a}=6-3a+2c=0$

$$\therefore\quad a=2,\ b=1,\ c=0$$

ゆえに $\boldsymbol{a}=(2,2,2)$, $\boldsymbol{b}=(1,1,-2)$, $\boldsymbol{c}=(3,-3,0)$ となる．よって正規化して，

$$\frac{\boldsymbol{a}}{|\boldsymbol{a}|}=\frac{1}{\sqrt{2}}(1,1,1),\quad \frac{\boldsymbol{b}}{|\boldsymbol{b}|}=\frac{1}{\sqrt{6}}(1,1,-2),\quad \frac{\boldsymbol{c}}{|\boldsymbol{c}|}=\frac{1}{\sqrt{2}}(1,-1,0)$$

問 6.3　次の等式を証明せよ．

$$|\boldsymbol{a}+\boldsymbol{b}|^2+|\boldsymbol{a}-\boldsymbol{b}|^2=2(|\boldsymbol{a}|^2+|\boldsymbol{b}|^2)$$

演　習　問　題

問題 6.1　　　直交行列の性質

直行行列 $A=\left[a_{ij}\right]=\left[\boldsymbol{a}_1 \ \cdots \ \boldsymbol{a}_n\right]$ について，次が成り立つことを示せ．

(1)　$|A|=\pm 1$　　　(2)　${}^tA=A^{-1}$

(3)　A の列ベクトル $\boldsymbol{a}_1,\cdots,\boldsymbol{a}_n$ は $\mathbb{R}^n$ の正規直交基底をなす．

【証明】　(1)　正方行列 A が

$$ {}^tAA=E \qquad \cdots ① $$

を満たすとき，A を直交行列という．この ① の両辺の行列式をとれば

$$ 左辺=|{}^tAA|=|{}^tA||A|=|A|^2, \quad 右辺=|E|=1 \qquad \therefore \quad |A|=\pm 1 $$

(2)　(1) より $|A|\fallingdotseq 0$ であるから，定理 3.8 (⇨ p.54) により A は正則である．そこで上記 ① の両辺に右から A^{-1} をかけると，${}^tA=A^{-1}$ となる．

(3)
$$ {}^tAA=\begin{bmatrix} a_{11} & \cdots & a_{n1} \\ \vdots & & \vdots \\ a_{1n} & \cdots & a_{nn} \end{bmatrix}\begin{bmatrix} a_{11} & \cdots & a_{1n} \\ \vdots & & \vdots \\ a_{n1} & \cdots & a_{nn} \end{bmatrix}=\left[\sum_{k=1}^{n} a_{ki}a_{kj}\right]=\left[\boldsymbol{a}_i\cdot\boldsymbol{a}_j\right] $$

一方
$$ E=\left[\delta_{ij}\right]. $$

いま，${}^tAA=E$ であるから，両辺の成分を比較して，

$$ \boldsymbol{a}_i\cdot\boldsymbol{a}_j=\delta_{ij} \quad (i,j=1,\cdots,n) \qquad \cdots ② $$

を得る．よって $\boldsymbol{a}_1,\boldsymbol{a}_2,\cdots,\boldsymbol{a}_n$ は $\mathbb{R}^n$ の正規直交基底である．

問題 6.2　　　直交行列

$\begin{bmatrix} a & -1/2 \\ 1/2 & b \end{bmatrix}$ が直交行列であるとき，a,b を求めよ．

【解】　問題 6.1 の (3) を $n=2$ として用いる．上記 ② より

$$ a^2+(1/2)^2=1, \quad -a/2+b/2=0, \quad (-1/2)^2+b^2=1. $$

$$ \therefore \quad a=b=\pm\sqrt{3}/2. $$

(解答は章末の p.131 に掲載されています.)

演習 6.1　2 次の直交行列 P は次のようになることを示せ．

$$ P=\begin{bmatrix} \cos\theta & -\sin\theta \\ \sin\theta & \cos\theta \end{bmatrix} \quad または \quad P=\begin{bmatrix} \cos\theta & \sin\theta \\ \sin\theta & -\cos\theta \end{bmatrix} \quad (0\leqq\theta<2\pi) $$

注意 6.2　$|P|=1$ のとき P を**回転**，$|P|=-1$ のとき**折り返し**という．

問題 6.3　　**内積の計算**

(1)　$\boldsymbol{a}+\boldsymbol{b}+\boldsymbol{c}=\boldsymbol{0}$, $\boldsymbol{a}\cdot\boldsymbol{b}=\boldsymbol{b}\cdot\boldsymbol{c}=\boldsymbol{c}\cdot\boldsymbol{a}=-1$ のとき，$|\boldsymbol{a}|$, $|\boldsymbol{b}|$, $|\boldsymbol{c}|$ および $\boldsymbol{a}$ と $\boldsymbol{b}$, $\boldsymbol{b}$ と $\boldsymbol{c}$, $\boldsymbol{c}$ と $\boldsymbol{a}$ の交角を求めよ．

(2)　$\boldsymbol{a}+\boldsymbol{b}+\boldsymbol{c}=\boldsymbol{0}$, $|\boldsymbol{a}|=1$, $|\boldsymbol{b}|=2$, $|\boldsymbol{c}|=3$ のとき，内積 $\boldsymbol{a}\cdot\boldsymbol{b}$, $\boldsymbol{b}\cdot\boldsymbol{c}$, $\boldsymbol{c}\cdot\boldsymbol{a}$ を求めよ．

【解】　(1)　$|\boldsymbol{a}|^2=|\boldsymbol{b}+\boldsymbol{c}|^2=|\boldsymbol{b}|^2+2\boldsymbol{b}\cdot\boldsymbol{c}+|\boldsymbol{c}|^2=|\boldsymbol{b}|^2+|\boldsymbol{c}|^2-2$

同様に

$$|\boldsymbol{b}|^2=|\boldsymbol{c}|^2+|\boldsymbol{a}|^2-2$$
$$|\boldsymbol{c}|^2=|\boldsymbol{a}|^2+|\boldsymbol{b}|^2-2$$

よって，$|\boldsymbol{a}|^2+|\boldsymbol{b}|^2+|\boldsymbol{c}|^2=6$．これから

$$|\boldsymbol{a}|^2=|\boldsymbol{b}|^2=|\boldsymbol{c}|^2=2$$
$$\therefore\quad |\boldsymbol{a}|=|\boldsymbol{b}|=|\boldsymbol{c}|=\sqrt{2}$$

次に $\boldsymbol{a},\boldsymbol{b}$ の交角を θ_1 とすると，

$$\cos\theta_1=\frac{\boldsymbol{a}\cdot\boldsymbol{b}}{|\boldsymbol{a}||\boldsymbol{b}|}=\frac{-1}{\sqrt{2}\sqrt{2}}=-\frac{1}{2}$$

から，$\theta_1=\dfrac{2}{3}\pi$ である．

同様に，$\boldsymbol{b},\boldsymbol{c}$ の交角を θ_2，$\boldsymbol{c},\boldsymbol{a}$ の交角を θ_3 とすると，

$$\cos\theta_2=-\frac{1}{2},\quad \cos\theta_3=-\frac{1}{2}$$

だから，

$$\theta_2=\theta_3=\frac{2}{3}\pi$$

である．

(2)

$$\begin{aligned}\boldsymbol{a}&=-(\boldsymbol{b}+\boldsymbol{c}).\\ 1&=|\boldsymbol{a}|^2=\boldsymbol{a}\cdot\boldsymbol{a}=(\boldsymbol{b}+\boldsymbol{c})(\boldsymbol{b}+\boldsymbol{c})\\ &=|\boldsymbol{b}|^2+2\boldsymbol{b}\cdot\boldsymbol{c}+|\boldsymbol{c}|^2=2\boldsymbol{b}\cdot\boldsymbol{c}+13\end{aligned}$$

よって，$2\boldsymbol{b}\cdot\boldsymbol{c}=-12$　　$\therefore\quad \boldsymbol{b}\cdot\boldsymbol{c}=-6$.

他も同様にして，$\boldsymbol{a}\cdot\boldsymbol{c}=-3$, $\boldsymbol{a}\cdot\boldsymbol{b}=2$ となる．

演習 6.2　(1)　$|\boldsymbol{a}|=|\boldsymbol{b}|=|\boldsymbol{a}+\boldsymbol{b}|\neq 0$ のとき，$\boldsymbol{a}$ と $\boldsymbol{b}$ の交角を求めよ．

(2)　$|\boldsymbol{a}|=2$, $|\boldsymbol{b}|=3$, $|\boldsymbol{a}-\boldsymbol{b}|=\sqrt{7}$ のとき，内積 $\boldsymbol{a}\cdot\boldsymbol{b}$ および $\boldsymbol{a}$ と $\boldsymbol{b}$ の交角を求めよ．

問の解答（第 6 章）

問 6.1 (1) 内積の条件 (⇨ p.124) の (1), (2), (3) は明らかである．(4) は，

$$\boldsymbol{a}\cdot\boldsymbol{a} = 3a_1^2 - 2a_1a_2 + 3a_2^2 = (a_1+a_2)^2 + 2(a_1-a_2)^2 \geqq 0$$

等号は $a_1 + a_2 = 0$, $a_1 - a_2 = 0$ のときすなわち，$\boldsymbol{a} = \boldsymbol{0}$ のときに限る．

(2) $|\boldsymbol{a}|^2 = \boldsymbol{a}\cdot\boldsymbol{a} = 3\times 2^2 - 2\times 2\times 3 + 3\times 3^2 = 27 \qquad \therefore \quad |\boldsymbol{a}| = 3\sqrt{3}$

(3) 平方した形は

$$(3a_1b_1 - a_1b_2 - a_2b_1 + 3a_2b_2)^2 \leqq (3a_1^2 - 2a_1a_2 + 3a_2^2)(3b_1^2 - 2b_1b_2 + 3b_2^2)$$

問 6.2 (1) $\boldsymbol{a}_1 = \dfrac{1}{\sqrt{5}}(-2,1,0)$

$$\boldsymbol{a}_2 = \frac{1}{\sqrt{30}}(-1,-2,5)$$

$$\boldsymbol{a}_3 = \frac{1}{\sqrt{6}}(1,2,1)$$

(2) $\boldsymbol{a}_1 = \dfrac{1}{\sqrt{2}}(1,1,0)$

$$\boldsymbol{a}_2 = \frac{1}{\sqrt{6}}(1,-1,2)$$

$$\boldsymbol{a}_3 = \frac{1}{\sqrt{3}}(-1,1,1)$$

問 6.3
$$\begin{aligned}|\boldsymbol{a}+\boldsymbol{b}|^2 + |\boldsymbol{a}-\boldsymbol{b}|^2 &= |\boldsymbol{a}|^2 + 2\boldsymbol{a}\cdot\boldsymbol{b} + |\boldsymbol{b}|^2 + |\boldsymbol{a}|^2 - 2\boldsymbol{a}\cdot\boldsymbol{b} + |\boldsymbol{b}|^2 \\ &= 2(|\boldsymbol{a}|^2 + |\boldsymbol{b}|^2)\end{aligned}$$

演習問題解答（第 6 章）

演習 6.1 $P = \begin{bmatrix} a & b \\ c & d \end{bmatrix}$ とおくと，直交行列より ${}^tPP = E$ より，$a^2 + c^2 = 1$ となるから，$a = \cos\theta, c = \sin\theta$ となる θ を選ぶことができる．p.129 問題 6.1 より，$|P| = \pm 1$, ${}^tP = P^{-1}$ より，$|P| = 1$ のとき，$\begin{bmatrix} a & c \\ b & d \end{bmatrix} = \begin{bmatrix} d & -b \\ -c & a \end{bmatrix}$ である．よって，$d = a$, $b = -c$，すなわち $P = \begin{bmatrix} \cos\theta & -\sin\theta \\ \sin\theta & \cos\theta \end{bmatrix}$．また $|P| = -1$ のとき，$\begin{bmatrix} a & c \\ b & d \end{bmatrix} = \begin{bmatrix} -d & b \\ c & -a \end{bmatrix}$．ゆえに $d = -a$, $b = c$ となる．すなわち $P = \begin{bmatrix} \cos\theta & \sin\theta \\ \sin\theta & -\cos\theta \end{bmatrix}$．

演習 6.2 (1) $|\boldsymbol{a}+\boldsymbol{b}|^2 = |\boldsymbol{a}|^2 + 2\boldsymbol{a}\cdot\boldsymbol{b} + |\boldsymbol{b}|^2$ から

$-\dfrac{|\boldsymbol{a}|^2}{2} = \boldsymbol{a}\cdot\boldsymbol{b}$, $\boldsymbol{a}\cdot\boldsymbol{b} = |\boldsymbol{a}||\boldsymbol{b}|\cos\theta = |\boldsymbol{a}|^2\cos\theta \qquad \therefore \quad \cos\theta = -\dfrac{1}{2}$. 　　よって，$\theta = \dfrac{2}{3}\pi$.

(2) $7 = (\boldsymbol{a}-\boldsymbol{b})\cdot(\boldsymbol{a}-\boldsymbol{b}) = |\boldsymbol{a}|^2 - 2\boldsymbol{a}\cdot\boldsymbol{b} + |\boldsymbol{b}|^2 = 13 - 2\boldsymbol{a}\cdot\boldsymbol{b} \qquad \therefore \quad \boldsymbol{a}\cdot\boldsymbol{b} = 3.$

次に $\cos\theta = \dfrac{\boldsymbol{a}\cdot\boldsymbol{b}}{|\boldsymbol{a}||\boldsymbol{b}|} = \dfrac{1}{2} \qquad \therefore \quad \theta = \dfrac{\pi}{3}.$

7 固有値とその応用

7.1 固有値・固有ベクトル

この章では行列やベクトルの成分は複素数でも構わないことにする．

◆ **固有値と固有ベクトル**　$A = \left[a_{ij}\right]$ を n 次正方行列とする．いま，

$$A\boldsymbol{x} = \lambda\boldsymbol{x} \quad (\boldsymbol{x} \neq \boldsymbol{0})$$

を満たす n 次元列ベクトル $\boldsymbol{x}$ と，スカラー λ が存在するとき，λ を A の**固有値**，$\boldsymbol{x}$ を λ に対する**固有ベクトル**という．

◆ **固有多項式・固有方程式**　n 次多項式

$$\varphi_A(t) = |A - tE| = \begin{vmatrix} a_{11}-t & a_{12} & \cdots & a_{1n} \\ a_{21} & a_{22}-t & \cdots & a_{2n} \\ \vdots & & \ddots & \vdots \\ a_{n1} & a_{n2} & \cdots & a_{nn}-t \end{vmatrix}$$

を A の**固有多項式**，$\varphi_A(t) = 0$ を**固有方程式**という．

> λ が A の固有値 $\Leftrightarrow$ λ が t に関する n 次方程式 $\varphi_A(t) = 0$ の解．

◆ **固有値の重複度**　代数学の基本定理により，固有方程式 $\varphi_A(t) = 0$ は (一般には複素数の範囲で)，n 個の解をもつ．いま $\varphi_A(t) = 0$ の異なる解を $\lambda_1, \lambda_2, \cdots, \lambda_r$ とすれば，固有多項式 $\varphi_A(t)$ は次のように表される．

$$\varphi_A(t) = (-1)^n (t-\lambda_1)^{n_1} (t-\lambda_2)^{n_2} \cdots (t-\lambda_r)^{n_r}$$

ここで，$n_1 + n_2 + \cdots + n_r = n$ である．このとき，n_i を固有値 λ_i の**重複度**という．

◆ **固有空間**　λ を n 次正方行列 A の固有値とするとき，集合

$$V_\lambda = \{\boldsymbol{x}\ ;\ A\boldsymbol{x} = \lambda\boldsymbol{x}\}$$

を λ に対する A の**固有空間**という．これは $(A - \lambda E)\boldsymbol{x} = \boldsymbol{0}$ と書けるから，

> 固有空間 V_λ とは，同次連立 1 次方程式 $(A - \lambda E)\boldsymbol{x} = \boldsymbol{0}$ の解空間である．

◆ **同値な行列**　n 次正方行列 A, B が**同値**とは $B = P^{-1}AP$ となる正則行列が P が存在することである．このとき，A と B の固有多項式は等しい (⇨ p.135 の例題 7.3 (1))．したがって，固有値，行列式は一致する．

より理解を深めるために

例題 7.1　　**固有値・固有ベクトル**

行列 $A = \begin{bmatrix} 3 & -5 & -5 \\ -1 & 7 & 5 \\ 1 & -9 & -7 \end{bmatrix}$ の固有値と固有ベクトルを求めよ．

【解】
$$\varphi_A(t) = \begin{vmatrix} 3-t & -5 & -5 \\ -1 & 7-t & 5 \\ 1 & -9 & -7-t \end{vmatrix} = \begin{vmatrix} 2-t & 2-t & 0 \\ -1 & 7-t & 5 \\ 1 & -9 & -7-t \end{vmatrix}$$
$$= (2-t)\begin{vmatrix} 1 & 1 & 0 \\ -1 & 7-t & 5 \\ 1 & -9 & -7-t \end{vmatrix} = (2-t)\begin{vmatrix} 1 & 0 & 0 \\ -1 & 8-t & 5 \\ 1 & -10 & -7-t \end{vmatrix}$$
$$= (2-t)\begin{vmatrix} 8-t & 5 \\ -10 & -7-t \end{vmatrix}$$
$$= -(t-2)(t+2)(t-3) = 0$$

ゆえに固有値は $-2, 2, 3$．固有値 -2 に対する固有ベクトルは，

$$(A+2E)\boldsymbol{x} = \begin{bmatrix} 5 & -5 & -5 \\ -1 & 9 & 5 \\ 1 & -9 & -5 \end{bmatrix}\begin{bmatrix} x \\ y \\ z \end{bmatrix} = \begin{bmatrix} 0 \\ 0 \\ 0 \end{bmatrix} \text{ より } \begin{cases} x - y - z = 0 \\ x - 9y - 5z = 0 \\ x - 9y - 5z = 0 \end{cases}$$

$$\therefore \quad \boldsymbol{x}_1 = k_1 \begin{bmatrix} 1 \\ -1 \\ 2 \end{bmatrix} \quad (k_1 \fallingdotseq 0,\ \text{任意定数})$$

同様に，固有値 $2, 3$ に対する固有ベクトルは，それぞれ，$(A-2E)\boldsymbol{x} = \boldsymbol{0}, (A-3E)\boldsymbol{x} = \boldsymbol{0}$ より $\boldsymbol{x}_2 = k_2 \begin{bmatrix} 0 \\ -1 \\ 1 \end{bmatrix}$, $\boldsymbol{x}_3 = k_3 \begin{bmatrix} 1 \\ -1 \\ 1 \end{bmatrix}$ $(k_2 \fallingdotseq 0, k_3 \fallingdotseq 0,$ 任意定数$)$ を得る．

（解答は章末の p.152 以降に掲載されています．）

問 7.1　次の行列の固有値と，そのおのおのに対する固有ベクトルを求めよ．

(1) $\begin{bmatrix} 7 & 10 \\ -3 & -4 \end{bmatrix}$　(2) $\begin{bmatrix} 1 & 2 & 3 \\ 0 & 1 & -3 \\ 0 & -3 & 1 \end{bmatrix}$　(3) $\begin{bmatrix} 2 & 0 & 0 \\ 0 & -1 & 0 \\ 0 & 0 & 3 \end{bmatrix}$

問 7.2　次の各行列の固有値を求めよ．ただし $i = \sqrt{-1}$ である．

(1) $\begin{bmatrix} 1 & 2 \\ 4 & 3 \end{bmatrix}$　(2) $\begin{bmatrix} 0 & 1 \\ -1 & 0 \end{bmatrix}$　(3) $\begin{bmatrix} 1 & -i \\ i & 1 \end{bmatrix}$　(4) $\begin{bmatrix} 0 & 1 & -1 \\ 1 & 0 & 1 \\ -1 & 1 & 0 \end{bmatrix}$

より理解を深めるために

例題 7.2　**固有値の和と積，固有値による正則性の判定**

次のことがらを示せ．

(1)　**固有値の和と積**　$\lambda_1, \lambda_2, \cdots, \lambda_n$ を n 次正方行列 $A = \left[a_{ij}\right]$ の固有値とすると，

$$\lambda_1 + \lambda_2 + \cdots + \lambda_n = a_{11} + a_{22} + \cdots + a_{nn} (= \operatorname{tr} A)$$
$$\lambda_1 \lambda_2 \cdots \lambda_n = |A|$$

(2)　**固有値による正則性の判定**　行列 A が正則であるための必要十分条件は，0 を固有値としてもたないことである．

注意 7.1　n 次正方行列 $A = \left[a_{ij}\right]$ に対して，$\operatorname{tr} A = a_{11} + a_{22} + \cdots + a_{nn}$ とおき，A のトレースという．

【証明】　(1)　A の固有多項式 $\varphi_A(t) = |A - tE| = \begin{vmatrix} a_{11}-t & a_{12} & \cdots & a_{1n} \\ a_{21} & a_{22}-t & \cdots & a_{2n} \\ \vdots & \vdots & \ddots & \vdots \\ a_{n1} & a_{n2} & \cdots & a_{nn}-t \end{vmatrix}$

を行列式の定義にしたがって展開すると，

$$\begin{aligned} \varphi_A(t) &= (a_{11}-t)(a_{22}-t)\cdots(a_{nn}-t) + \{t \text{ に関する } n-2 \text{ 次以下の項}\} \\ &= (-t)^n + \left\{\sum_{i=1}^{n} a_{ii}\right\}(-t)^{n-1} + \{t \text{ に関する } n-2 \text{ 次以下の項}\} \quad \cdots ① \end{aligned}$$

一方，$\lambda_1, \lambda_2, \cdots, \lambda_n$ は固有方程式 $\varphi_A(t) = 0$ の解であるから，

$$\begin{aligned} \varphi_A(t) = |A - tE| &= (\lambda_1 - t)(\lambda_2 - t)\cdots(\lambda_n - t) \\ &= (-t)^n + \left\{\sum_{i=1}^{n} \lambda_i\right\}(-t)^{n-1} + \cdots + \lambda_1\lambda_2\cdots\lambda_n \quad \cdots ② \end{aligned}$$

と書ける．上記①, ②の右辺の t^{n-1} の係数を比較して，

$$\lambda_1 + \lambda_2 + \cdots + \lambda_n = a_{11} + a_{12} + \cdots + a_{nn} = \operatorname{tr} A$$

また，②において，$t = 0$ とおけば，$|A| = \lambda_1\lambda_2\cdots\lambda_n$ が得られる．

(2)　行列 A が 0 を固有値としてもつ．$\Leftrightarrow$ $A\boldsymbol{x} = 0\boldsymbol{x}$ となる $\boldsymbol{x} \neq \boldsymbol{0}$ が存在する．$\Leftrightarrow$ 同次連立 1 次方程式 $A\boldsymbol{x} = \boldsymbol{0}$ が非自明な解 $\boldsymbol{x} \neq \boldsymbol{0}$ をもつ．$\Leftrightarrow$ A は正則でない．

よって，この対偶をとれば

$$A \text{ が正則} \Leftrightarrow 0 \text{ は } A \text{ の固有値でない．}$$

問 7.3　(1)　n次正方行列Aとその転置行列${}^tA$の固有多項式は一致することを示せ．

(2)　n 次正方行列 A が正則であるための必要十分条件は A の固有多項式の定数項が 0 でないことである．

より理解を深めるために

例題 7.3 ———— **同値な行列の固有多項式，固有ベクトルの 1 次独立性**

n 次正方行列 A に対して，次のことがらを示せ．

(1)　**同値な行列の固有多項式**　P が正則行列ならば，A と $P^{-1}AP$ の固有多項式は等しい．

(2)　**固有ベクトルの 1 次独立性**　A の異なる固有値に対する固有ベクトルは 1 次独立である．

【証明】　(1)　$|P^{-1}| = |P|^{-1}$ に注意して，

$$\begin{aligned}\varphi_{P^{-1}AP}(t) &= |P^{-1}AP - tE| = |P^{-1}(A - tE)P| \\ &= |P^{-1}||A - tE||P| = |A - tE| = \varphi_A(t)\end{aligned}$$

注意 7.2　(1) は A の固有値と $P^{-1}AP$ の固有値が重複度まで込めて一致することを示している．しかし，対応する固有ベクトルまでが一致するとは限らない．

(2)　$\lambda_1, \lambda_2, \cdots, \lambda_r$ を A の異なる固有値，各 λ_i に対する A の固有ベクトルを $\boldsymbol{x}_i$ とするとき，「$\boldsymbol{x}_1, \boldsymbol{x}_2, \cdots, \boldsymbol{x}_r$ が 1 次独立」であることを r に関する帰納法で示す．

$r = 1$ のときは $\boldsymbol{x}_1 \neq 0$ より明らかである．

次に $\boldsymbol{x}_1, \boldsymbol{x}_2, \cdots, \boldsymbol{x}_{r-1}$ が 1 次独立であると仮定する．

$$c_1\boldsymbol{x}_1 + c_2\boldsymbol{x}_2 + \cdots + c_r\boldsymbol{x}_r = \boldsymbol{0} \qquad \cdots ①$$

とし，この両辺の左から A をかけると，$A\boldsymbol{x}_i = \lambda_i\boldsymbol{x}_i$ であるから，

$$c_1\lambda_1\boldsymbol{x}_1 + c_2\lambda_2\boldsymbol{x}_2 + \cdots + c_r\lambda_r\boldsymbol{x}_r = \boldsymbol{0} \qquad \cdots ②$$

また，上記 ① の両辺に λ_r をかけると，

$$c_1\lambda_r\boldsymbol{x}_1 + c_2\lambda_r\boldsymbol{x}_2 + \cdots + c_r\lambda_r\boldsymbol{x}_r = \boldsymbol{0} \qquad \cdots ③$$

② − ③　$c_1(\lambda_1 - \lambda_r)\boldsymbol{x}_1 + c_2(\lambda_2 - \lambda_r)\boldsymbol{x}_2 + \cdots + c_{r-1}(\lambda_{r-1} - \lambda_r)\boldsymbol{x}_{r-1} = \boldsymbol{0}$

帰納法の仮定から $\boldsymbol{x}_1, \boldsymbol{x}_2, \cdots, \boldsymbol{x}_{r-1}$ は 1 次独立であるから，

$$c_1(\lambda_1 - \lambda_r) = c_2(\lambda_2 - \lambda_r) = \cdots = c_{r-1}(\lambda_{r-1} - \lambda_r) = 0$$

ここで λ_i はすべて異なることより，

$$c_1 = c_2 = \cdots = c_{r-1} = 0$$

が得られる．これを ① に代入して，$c_r = 0$．よって $\boldsymbol{x}_1, \boldsymbol{x}_2, \cdots, \boldsymbol{x}_r$ は 1 次独立．

問 7.4　べき等行列 A (⇨ p.12) の固有値は 0 か 1 であることを示せ．

問 7.5　A を n 次正方行列，λ を A の固有値，$\boldsymbol{x}$ を λ に対する固有ベクトルとするとき，次のことがらを示せ．

(1)　λ^k は A^k の固有値である．

(2)　A がべき零行列 (⇨ p.12) ならば，固有値は 0 だけである．

より理解を深めるために

例題 7.4　　**固有空間の基底**

次の行列の固有空間の基底を求めよ．

(1)　$A=\begin{bmatrix} 0 & 1 \\ -1 & 0 \end{bmatrix}$　　(2)　$B=\begin{bmatrix} 0 & 1 & -1 \\ 1 & 0 & 1 \\ -1 & 1 & 0 \end{bmatrix}$

【解】　(1)　行列 A の固有値は問 7.2 (2) (➪ p.133) より $i, -i$ である．よって，$i, -i$ に対する固有空間 V_i, V_{-i} を求める．$(A-iE)\boldsymbol{x}=\boldsymbol{0}$ すなわち，

$$\begin{cases} -ix+y=0 \\ -x+-iy=0 \end{cases} \text{を解くと } \boldsymbol{x}=k_1\begin{bmatrix} -i \\ 1 \end{bmatrix}\ (k_1 \fallingdotseq 0)\quad \therefore\ V_i \text{ の基底 } =\left\{\begin{bmatrix} -i \\ 1 \end{bmatrix}\right\}.$$

次に，$(A+iE)\boldsymbol{x}=\boldsymbol{0}$ より $\begin{cases} ix+\ \ y=0 \\ -x+iy=0 \end{cases}$.

$$\text{これを解いて} \boldsymbol{x}=k_2\begin{bmatrix} i \\ 1 \end{bmatrix}\ (k_2 \fallingdotseq 0)\qquad \therefore\ V_{-i} \text{ の基底} =\left\{\begin{bmatrix} i \\ 1 \end{bmatrix}\right\}.$$

注意 7.3　A は実行列だが固有値が実数でないから，その固有空間は $\mathbb{C}^2$ の部分空間である．

(2)　行列 B は実行列で，その固有値は問 7.2 (4) (➪ p.133) より -2 と 1 (重複度 2) の実数である．その固有空間は $\mathbb{R}^3$ の部分空間である．まず固有値 -2 に対する固有空間 V_{-2} を求める．$(A+2E)\boldsymbol{x}=\boldsymbol{0}$ すなわち，

$$\begin{cases} 2x+\ \ y-\ \ z=0 \\ \ \ x+2y+\ \ z=0 \\ -x+\ \ y+2z=0 \end{cases} \text{を解くと } \boldsymbol{x}=k_1\begin{bmatrix} 1 \\ -1 \\ 1 \end{bmatrix}\ (k_1 \fallingdotseq 0)\ \therefore\ V_{-2} \text{ の基底} =\left\{\begin{bmatrix} 1 \\ -1 \\ 1 \end{bmatrix}\right\}.$$

同様にして，固有値 1 に対する固有空間 V_1 は，

$$(A-E)\boldsymbol{x}=\boldsymbol{0} \text{ すなわち } \begin{cases} -x+y-z=0 \\ \ \ x-y+z=0 \\ -x+y-z=0 \end{cases} \text{ を解いて}$$

$$\boldsymbol{x}=k_2\begin{bmatrix} 1 \\ 1 \\ 0 \end{bmatrix}+k_3\begin{bmatrix} -1 \\ 0 \\ 1 \end{bmatrix}(k_2 \fallingdotseq 0,\ k_3 \fallingdotseq 0)\quad \therefore\ V_1 \text{ の基底 } =\left\{\begin{bmatrix} 1 \\ 1 \\ 0 \end{bmatrix}, \begin{bmatrix} -1 \\ 0 \\ 1 \end{bmatrix}\right\}.$$

問 7.6　$\begin{bmatrix} 1 & -3 & 2 \\ 0 & -2 & -1 \\ -1 & 1 & -3 \end{bmatrix}$ の固有空間の基底を求めよ．

より理解を深めるために

例題 7.5 同値な行列

$A = \begin{bmatrix} 3 & -5 & -5 \\ -1 & 7 & 5 \\ 1 & -9 & -7 \end{bmatrix}$ とする（A は p.133 の例題 7.1 の行列である）．A の固有ベクトルで，$k_1 = k_2 = k_3 = 1$ とし，$P = \begin{bmatrix} \boldsymbol{x}_3 & \boldsymbol{x}_2 & \boldsymbol{x}_1 \end{bmatrix} = \begin{bmatrix} 1 & 0 & 1 \\ -1 & -1 & -1 \\ 1 & 1 & 2 \end{bmatrix}$ とおくとき，$P^{-1}AP$ を求めよ．

【解】 P の逆行列 P^{-1} を求める．右の表より，

$$P^{-1} = \begin{bmatrix} 1 & -1 & -1 \\ -1 & -1 & 0 \\ 0 & 1 & 1 \end{bmatrix}$$ である．

A			E			
1	0	1	1	0	0	
−1	−1	−1	0	1	0	
1	1	2	0	0	1	
1	0	1	1	0	0	
0	1	0	−1	−1	0	(② + ①)
1	1	2	0	0	1	×(−1)
1	0	1	1	0	0	
0	1	0	−1	−1	0	
0	1	1	−1	0	1	③ − ①
1	0	1	1	0	0	
0	1	0	−1	−1	0	
0	0	1	0	1	1	③ − ②
1	0	0	1	−1	−1	① − ③
0	1	0	−1	−1	0	
0	0	1	0	1	1	

$P^{-1}AP = P^{-1}(AP)$ より

$$AP = \begin{bmatrix} 3 & -5 & -5 \\ -1 & 7 & 5 \\ 1 & -9 & -7 \end{bmatrix}\begin{bmatrix} 1 & 0 & 1 \\ -1 & -1 & -1 \\ 1 & 1 & 2 \end{bmatrix} = \begin{bmatrix} 3 & 0 & -2 \\ -3 & -2 & 2 \\ 3 & 2 & -4 \end{bmatrix}$$

よって

$$P^{-1}AP = \begin{bmatrix} 1 & -1 & -1 \\ -1 & -1 & 0 \\ 0 & 1 & 1 \end{bmatrix}\begin{bmatrix} 3 & 0 & -2 \\ -3 & -2 & 2 \\ 3 & 2 & -4 \end{bmatrix} = \begin{bmatrix} 3 & 0 & 0 \\ 0 & 2 & 0 \\ 0 & 0 & -2 \end{bmatrix}$$

（$\boldsymbol{x}_3, \boldsymbol{x}_2, \boldsymbol{x}_1$ の固有値はそれぞれ $3, 2, -2$ である）

注意 7.4 行列 P の固有ベクトルを他の順に並べた場合，その順に固有値が対角線上に並ぶ．

問 7.7 $A = \begin{bmatrix} 1 & 0 & -1 \\ 1 & 2 & 1 \\ 2 & 2 & 3 \end{bmatrix}$ とする．A の固有値と各固有値に対する固有ベクトル $\boldsymbol{x}_1, \boldsymbol{x}_2, \boldsymbol{x}_3$ を求め，$P = \begin{bmatrix} \boldsymbol{x}_1 & \boldsymbol{x}_2 & \boldsymbol{x}_3 \end{bmatrix}$ とおくとき $B = P^{-1}AP$ を求めよ．

7.2 行列の対角化

◆ **正方行列の正則行列による対角化**　n 次正方行列に対し適当な正則行列 P を選び $P^{-1}AP$ を対角行列 (⇨ p.4) にすることを，A を P によって**対角化**するという．

定理 7.1　(正則行列による対角化)　次の (1), (2) の条件は同値である．

(1)　n 次正方行列 A は次の形に対角化される．

$$P^{-1}AP = \begin{bmatrix} \lambda_1 & & & O \\ & \lambda_2 & & \\ & & \ddots & \\ O & & & \lambda_n \end{bmatrix} \quad (\lambda_1, \lambda_2, \cdots \lambda_n \text{は固有値})$$

(2)　$\boldsymbol{x}_1, \boldsymbol{x}_2, \cdots, \boldsymbol{x}_n$ をそれぞれ固有値 $\lambda_1, \lambda_2, \cdots, \lambda_n$ に対する固有ベクトルとするとき，$P = \begin{bmatrix} \boldsymbol{x}_1 & \boldsymbol{x}_2 & \cdots & \boldsymbol{x}_n \end{bmatrix}$ は正則行列である (すなわち，$\operatorname{rank} P = n$, $|P| \neq 0$).

◆ **実対称行列の直交行列による対角化**　n 次正方行列 $A = \begin{bmatrix} a_{ij} \end{bmatrix}$ が ${}^tA = A$ で a_{ij} が実数のとき，**n 次実対称行列**という．

定理 7.2　(実対称行列の固有値・直交性)　A が n 次実対称行列

$$\Rightarrow \begin{cases} (1) & A \text{の固有値はすべて実数.} \\ (2) & A \text{の異なる固有値に対する固有ベクトルは直交する.} \end{cases}$$

定理 7.3 (実対称行列の対角化) A は n 次実対称行列で，A の固有値が $\lambda_1, \lambda_2, \cdots, \lambda_n$

⇒　A の適当な直交行列 P によって，次の形に対角化することができる．

$$P^{-1}AP = {}^tPAP = \begin{bmatrix} \lambda_1 & & & O \\ & \lambda_2 & & \\ & & \ddots & \\ O & & & \lambda_n \end{bmatrix}$$

◆ **直交行列 P の求め方**　実対称行列 A を対角化する直交行列 P は次の手順で求める．

(1)　固有方程式 $\varphi_A(t) = |A - tE| = 0$ を解いて A の固有値 λ を求める．

(2)　同次連立 1 次方程式 $(A - \lambda E)\boldsymbol{x} = \boldsymbol{0}$ の非自明な解を求める．

(3)　グラム-シュミットの直交化法 (⇨ p.126) を用いて，正規直交基底にする．

(3)′　実対称行列の固有値がすべて異なる場合は，各固有値に対する固有ベクトルは直交している (⇨ 定理 7.2 (2)) から，手順 (3) においては，(2) で求めた各固有ベクトルを正規化するだけでよい．

(4)　(3), (3)′ で求めたすべてのベクトルを列ベクトルにもつ行列が P である．

より理解を深めるために

例題 7.6 ——— 正則行列による対角化

次の正方行列を正則行列により対角化せよ．

(1) $A = \begin{bmatrix} 6 & 6 \\ -2 & -1 \end{bmatrix}$　　(2) $A = \begin{bmatrix} 1 & 2 & -2 \\ 3 & -5 & 3 \\ 3 & 0 & -2 \end{bmatrix}$

【解】 (1) A の固有値は $\varphi_A(t) = |A - tE| = (t-3)(t-2) = 0$ より，$t = 3,\ 2$．

固有値 2 に対する固有ベクトルは

$(A - 2E)\boldsymbol{x} = \begin{bmatrix} 4 & 6 \\ -2 & -3 \end{bmatrix}\begin{bmatrix} x \\ y \end{bmatrix} = \begin{bmatrix} 0 \\ 0 \end{bmatrix}$ から，$\boldsymbol{x}_1 = k_1\begin{bmatrix} 3 \\ -2 \end{bmatrix}$ $(k_1 \neq 0)$ である．

同様に固有値 3 に対する固有ベクトルは $\boldsymbol{x}_2 = k_2\begin{bmatrix} 2 \\ -1 \end{bmatrix}$ $(k_2 \neq 0)$ である．

ゆえに $P = \begin{bmatrix} 3 & 2 \\ -2 & -1 \end{bmatrix}$ とおくと，P は正則で $P^{-1} = \begin{bmatrix} -1 & -2 \\ 2 & 3 \end{bmatrix}$.

$$\therefore\quad P^{-1}AP = \begin{bmatrix} -1 & -2 \\ 2 & 3 \end{bmatrix}\begin{bmatrix} 6 & 6 \\ -2 & -1 \end{bmatrix}\begin{bmatrix} 3 & 2 \\ -2 & -1 \end{bmatrix} = \begin{bmatrix} 2 & 0 \\ 0 & 3 \end{bmatrix}$$

(2) A の固有値は $\varphi_A(t) = |A-tE| = -(t-1)(t+2)(t+5) = 0$ より，$t = 1,\ -2,\ -5$.

固有値 1 に対する固有ベクトルは $(A - E)\boldsymbol{x} = \begin{bmatrix} 0 & 2 & -2 \\ 3 & -6 & 3 \\ 3 & 0 & -3 \end{bmatrix}\begin{bmatrix} x \\ y \\ z \end{bmatrix} = \begin{bmatrix} 0 \\ 0 \\ 0 \end{bmatrix}$

から，$\boldsymbol{x}_1 = k_1\begin{bmatrix} 1 \\ 1 \\ 1 \end{bmatrix}$ $(k_1 \neq 0)$．同様に固有値 $-2, -5$ に対する固有ベクトルはそれぞれ，$\boldsymbol{x}_2 = k_2\begin{bmatrix} 0 \\ 1 \\ 1 \end{bmatrix}$，$\boldsymbol{x}_3 = k_3\begin{bmatrix} -1 \\ 4 \\ 1 \end{bmatrix}$ $(k_2,\ k_3 \neq 0)$．ゆえに $P = \begin{bmatrix} 1 & 0 & -1 \\ 1 & 1 & 4 \\ 1 & 1 & 1 \end{bmatrix}$

とおくと，

P は正則である．ゆえに定理 7.1 (⇨ p.138) により　$P^{-1}AP = \begin{bmatrix} 1 & 0 & 0 \\ 0 & -2 & 0 \\ 0 & 0 & -5 \end{bmatrix}$

問 7.8　$A = \begin{bmatrix} 4 & 3 & -3 \\ -1 & 2 & 1 \\ -1 & 1 & 2 \end{bmatrix}$ を正則行列により対角化せよ．

より理解を深めるために

例題 7.7　　**べき零行列の対角化不可能性**

A をべき零行列 (⇨ p.12) で，$A \neq O$ とすると，A は対角化できないことを示せ．

【証明】　A が対角化可能であるとすると，適当な n 次の正則行列 P に対して

$$P^{-1}AP = \begin{bmatrix} \alpha_1 & & & O \\ & \alpha_2 & & \\ & & \ddots & \\ O & & & \alpha_n \end{bmatrix} \quad (\alpha_1, \alpha_2, \cdots, \alpha_n \text{ は } A \text{ の固有値})$$

となる正則行列 P が存在する．A がべき零行列だから $A^k = O$ として，上式の両辺を k 乗すると

$$(P^{-1}AP)^k = \begin{bmatrix} \alpha_1 & & & O \\ & \alpha_2 & & \\ & & \ddots & \\ O & & & \alpha_n \end{bmatrix}^k = \begin{bmatrix} \alpha_1^k & & & O \\ & \alpha_2^k & & \\ & & \ddots & \\ O & & & \alpha_n^k \end{bmatrix}$$

一方，$(P^{-1}AP)^k = \overbrace{P^{-1}APP^{-1}APP^{-1}AP\cdots P^{-1}AP}^{k \text{ 個}} = P^{-1}A^kP = P^{-1}OP = O \cdots ①$

よって，$\alpha_1, \alpha_2, \cdots, \alpha_n$ のうち，0 でないものがあれば不合理だから，

$$\alpha_1 = \alpha_2 = \cdots = \alpha_n = 0 \quad (\text{⇨ p.135 の問 7.5 (2)}).$$

したがって，$A = POP^{-1} = O$．これは仮定に反する．

参考 7.1　対角化のための必要十分条件　すべての正方行列が正則行列によって対角化されるとは限らないが，対角化されるための必要十分条件が次の形で与えられる．

$\alpha_1, \alpha_2, \cdots, \alpha_r$ を A の異なる固有値とし，

$$\varphi_A(t) = (-1)^n(t-\alpha_1)^{m_1}(t-\alpha_2)^{m_2}\cdots(t-\alpha_r)^{m_r}$$

とする．すなわち m_i は α_i の固有多項式 $\varphi_A(t)$ における重複度とするとき，各固有値 α_i $(i = 1, 2, \cdots, r)$ に対して

$$n - \mathrm{rank}\,(A - \alpha_i E) = m_i$$

が成り立つ．

問 7.9　(1)　n 次正方行列 A が相異なる n 個の正の固有値をもつものとする．このとき，$B^2 = A$ となる n 次正方行列 B が存在することを示せ．

(2)　$A = \begin{bmatrix} -2 & -3 \\ 6 & 7 \end{bmatrix}$ に対し $B^2 = A$ となる B を求めよ．

より理解を深めるために

例題 7.8 行列の n 乗

正方行列 $A=\begin{bmatrix} 1 & -1 & 0 \\ 1 & 2 & 1 \\ -2 & 1 & -1 \end{bmatrix}$ の n 乗を求めよ．

【解】 固有値は $\varphi_A(t)=|A-tE|=-(t-1)(t-2)(t+1)=0$ より $t=-1,1,2$.

固有値 $t=-1$ に対する固有ベクトルは，$(A+tE)\boldsymbol{x}=\boldsymbol{0}$ より $\boldsymbol{x}_1=k_1\begin{bmatrix} 1 \\ 2 \\ -7 \end{bmatrix}$ $(k_1 \neq 0)$

同様にして，固有値 $t=1,2$ に対する固有ベクトルは，それぞれ

$\boldsymbol{x}_2=k_2\begin{bmatrix} -1 \\ 0 \\ 1 \end{bmatrix}$，$\boldsymbol{x}_3=k_3\begin{bmatrix} -1 \\ 1 \\ 1 \end{bmatrix}$，$(k_2 \neq 0,\ k_3 \neq 0)$ である．そこで

$P=\begin{bmatrix} 1 & -1 & -1 \\ 2 & 0 & 1 \\ -7 & 1 & 1 \end{bmatrix}$ とおくと $P^{-1}=\begin{bmatrix} -\frac{1}{6} & 0 & -\frac{1}{6} \\ -\frac{9}{6} & -1 & -\frac{3}{6} \\ \frac{2}{6} & 1 & \frac{2}{6} \end{bmatrix}$，$P^{-1}AP=\begin{bmatrix} -1 & 0 & 0 \\ 0 & 1 & 0 \\ 0 & 0 & 2 \end{bmatrix}$

$$P^{-1}A^nP=(P^{-1}AP)^n=\begin{bmatrix} -1 & 0 & 0 \\ 0 & 1 & 0 \\ 0 & 0 & 2 \end{bmatrix}^n=\begin{bmatrix} (-1)^n & 0 & 0 \\ 0 & 1 & 0 \\ 0 & 0 & 2^n \end{bmatrix}$$

$$\begin{aligned}
\therefore \quad A^n &= P\begin{bmatrix} (-1)^n & 0 & 0 \\ 0 & 1 & 0 \\ 0 & 0 & 2^n \end{bmatrix}P^{-1} \\
&= \begin{bmatrix} 1 & -1 & -1 \\ 2 & 0 & 1 \\ -7 & 1 & 1 \end{bmatrix}\begin{bmatrix} (-1)^n & 0 & 0 \\ 0 & 1 & 0 \\ 0 & 0 & 2^n \end{bmatrix}\begin{bmatrix} -\frac{1}{6} & 0 & -\frac{1}{6} \\ -\frac{9}{6} & -1 & -\frac{3}{6} \\ \frac{2}{6} & 1 & \frac{2}{6} \end{bmatrix} \\
&= \frac{1}{6}\begin{bmatrix} 1 & -1 & -1 \\ 2 & 0 & 1 \\ -7 & 1 & 1 \end{bmatrix}\begin{bmatrix} (-1)^{n+1} & 0 & (-1)^{n+1} \\ -9 & -6 & -3 \\ 2^{n+1} & 6\times 2^n & 2^{n+1} \end{bmatrix} \\
&= \frac{1}{6}\begin{bmatrix} (-1)^{n+1}+9-2^{n+1} & 6\times(1-2^n) & (-1)^{n+1}+3-2^{n+1} \\ 2\times(-1)^{n+1}+2^{n+1} & 6\times 2^n & 2\times(-1)^{n+1}+2^{n+1} \\ -7\times(-1)^{n+1}-9+2^{n+1} & -6+6\times 2^n & 7(-1)^n-3+2^{n+1} \end{bmatrix}
\end{aligned}$$

問 7.10 次の正方行列の n 乗を求めよ．

(1) $A=\begin{bmatrix} 3 & 1 \\ -4 & -2 \end{bmatrix}$ (2) $A=\begin{bmatrix} 5 & -8 \\ 3 & -6 \end{bmatrix}$

より理解を深めるために

例題 7.9　　**実対称行列の直交行列による対角化**

実対称行列 $A = \begin{bmatrix} 1 & 0 & 1 \\ 0 & 1 & -1 \\ 1 & -1 & 0 \end{bmatrix}$ を直交行列によって対角化せよ．

【解】　p.138 の直交行列 P の求め方を用いる．

A の固有値を求める．固有方程式

$$\varphi_A(t) = |A - tE| = -(t+1)(t-1)(t-2) = 0$$

から $t = -1, 1, 2$ を得る．

$t = -1$ に対する固有ベクトルは $(A+E)\boldsymbol{x} = \boldsymbol{0}$ から $\boldsymbol{x}_1 = k_1 \begin{bmatrix} -1 \\ 1 \\ 2 \end{bmatrix}$ $(k_1 \fallingdotseq 0)$．同様にして $t = 1, 2$ に対する固有ベクトルは，それぞれ

$$\boldsymbol{x}_2 = k_2 \begin{bmatrix} 1 \\ 1 \\ 0 \end{bmatrix}, \quad \boldsymbol{x}_3 = k_3 \begin{bmatrix} 1 \\ -1 \\ 1 \end{bmatrix} \quad (k_2 \fallingdotseq 0,\ k_3 \fallingdotseq 0)$$

実対称行列の固有値はすべて異なるので，各固有値に対する固有ベクトルは直交している（⇨ p.138 定理 7.2）から，各固有ベクトルを正規化する（⇨ p.138 直交行列 P の求め方 (3)$'$）．

$|\boldsymbol{x}_1|^2 = (-k_1)^2 + k_1^2 + (2k_1)^2 = 1$ から $k_1 = \pm\dfrac{1}{\sqrt{6}}$，$k_1 > 0$ の方をとって $k_1 = \dfrac{1}{\sqrt{6}}$

$\therefore\quad \boldsymbol{x}_1 = \dfrac{1}{\sqrt{6}} \begin{bmatrix} -1 \\ 1 \\ 2 \end{bmatrix}$，他も同様にして，$\boldsymbol{x}_2 = \dfrac{1}{\sqrt{2}} \begin{bmatrix} 1 \\ 1 \\ 0 \end{bmatrix}$，$\boldsymbol{x}_3 = \dfrac{1}{\sqrt{3}} \begin{bmatrix} 1 \\ -1 \\ 1 \end{bmatrix}$．

よって，$P = \begin{bmatrix} -\frac{1}{\sqrt{6}} & \frac{1}{\sqrt{2}} & \frac{1}{\sqrt{3}} \\ \frac{1}{\sqrt{6}} & \frac{1}{\sqrt{2}} & -\frac{1}{\sqrt{3}} \\ \frac{2}{\sqrt{6}} & 0 & \frac{1}{\sqrt{3}} \end{bmatrix}$ とおくと，P は直交行列で $P^{-1}AP = \begin{bmatrix} -1 & 0 & 0 \\ 0 & 1 & 0 \\ 0 & 0 & 2 \end{bmatrix}$．

注意 7.5　各固有値に対する正規化されたベクトルは 2 通りとれるが，どちらをとってもよい．

問 7.11　次の実対称行列を直交行列によって対角化せよ．

(1)　$A = \begin{bmatrix} 1 & -1 \\ -1 & 1 \end{bmatrix}$　　　(2)　$A = \begin{bmatrix} 2 & -2 & 0 \\ -2 & 2 & 0 \\ 0 & 0 & 1 \end{bmatrix}$

より理解を深めるために

例題 7.10 連立微分方程式の解法

(1) 2 次の正方行列 A が異なる固有値 α, β をもつとする．連立微分方程式 $\dfrac{d\boldsymbol{x}}{dt} = A\boldsymbol{x}$, $\boldsymbol{x} = \begin{bmatrix} x_1 \\ x_2 \end{bmatrix}$, $A = \begin{bmatrix} a & b \\ c & d \end{bmatrix}$, $t = 0$ のとき $\boldsymbol{x} = \boldsymbol{x}_0 = \begin{bmatrix} u \\ v \end{bmatrix}$ の解は $\boldsymbol{x} = P\begin{bmatrix} e^{\alpha t} & 0 \\ 0 & e^{\beta t} \end{bmatrix} P^{-1}\boldsymbol{x}_0$ $\left(P^{-1}AP = \begin{bmatrix} \alpha & 0 \\ 0 & \beta \end{bmatrix}\right)$ であることを示せ．

(2) 連立微分方程式 $\begin{cases} \dfrac{dx_1}{dt} = x_1 + 4x_2 \\ \dfrac{dx_2}{dt} = 2x_1 + 3x_2 \end{cases}$ を解け $\left(t = 0 \text{ のとき} \begin{cases} x_1 = 1 \\ x_2 = -2 \end{cases}\right)$.

【解】 (1) $\boldsymbol{y} = P^{-1}\begin{bmatrix} x_1 \\ x_2 \end{bmatrix} = \begin{bmatrix} y_1 \\ y_2 \end{bmatrix}$ とおくと，

$$\frac{d\boldsymbol{y}}{dt} = P^{-1}\frac{d\boldsymbol{x}}{dt} = P^{-1}A\boldsymbol{x} = P^{-1}AP\boldsymbol{y} \quad \text{より} \quad \frac{d}{dt}\begin{bmatrix} y_1 \\ y_2 \end{bmatrix} = \begin{bmatrix} \alpha & 0 \\ 0 & \beta \end{bmatrix}\begin{bmatrix} y_1 \\ y_2 \end{bmatrix}$$

$$\frac{dy_1}{dt} = \alpha y_1 \qquad \therefore \quad y_1 = c_1 e^{\alpha t}, \quad \frac{dy_2}{dt} = \beta y_1 \qquad \therefore \quad y_2 = c_2 e^{\beta t}$$

$\therefore\ \boldsymbol{y} = \begin{bmatrix} e^{\alpha t} & 0 \\ 0 & e^{\beta t} \end{bmatrix}\begin{bmatrix} c_1 \\ c_2 \end{bmatrix}$. $t = 0$ のとき，$\begin{bmatrix} c_1 \\ c_2 \end{bmatrix} = P^{-1}\begin{bmatrix} u \\ v \end{bmatrix} = P^{-1}\boldsymbol{x}_0$ だから，

$$\boldsymbol{x} = P\boldsymbol{y} = P\begin{bmatrix} e^{\alpha t} & 0 \\ 0 & e^{\beta t} \end{bmatrix}\begin{bmatrix} c_1 \\ c_2 \end{bmatrix} = P\begin{bmatrix} e^{\alpha t} & 0 \\ 0 & e^{\beta t} \end{bmatrix}P^{-1}\boldsymbol{x}_0.$$

(2) $A = \begin{bmatrix} 1 & 4 \\ 2 & 3 \end{bmatrix}$ とし A を対角化する．

A の固有値は $|A - tE| = (t+1)(t-5) = 0$ より $t = -1, 5$. $t = -1, 5$ に対する固有ベクトルは，それぞれ $\begin{bmatrix} x_1 \\ x_2 \end{bmatrix} = k_1\begin{bmatrix} -2 \\ 1 \end{bmatrix}$, $\begin{bmatrix} x_1 \\ x_2 \end{bmatrix} = k_2\begin{bmatrix} 1 \\ 1 \end{bmatrix}$ $(k_1, k_2 \fallingdotseq 0)$.

そこで $P = \begin{bmatrix} -2 & 1 \\ 1 & 1 \end{bmatrix}$ とおくと，$P^{-1}AP = \begin{bmatrix} -1 & 0 \\ 0 & 5 \end{bmatrix}$ よって，

$$\begin{bmatrix} x_1 \\ x_2 \end{bmatrix} = \begin{bmatrix} -2 & 1 \\ 1 & 1 \end{bmatrix}\begin{bmatrix} e^{-t} & 0 \\ 0 & e^{5t} \end{bmatrix}\left(-\frac{1}{3}\right)\begin{bmatrix} 1 & -1 \\ -1 & -2 \end{bmatrix}\begin{bmatrix} 1 \\ -2 \end{bmatrix} = \begin{bmatrix} 2e^{-t} - e^{5t} \\ -e^{-t} - e^{5t} \end{bmatrix}$$

問 7.12 連立微分方程式 $\begin{cases} \dfrac{dx_1}{dt} = x_1 + x_2 \\ \dfrac{dx_2}{dt} = 5x_1 - 3x_2 \end{cases}$ を解け $\left(t = 0 \text{ のとき}, \begin{cases} x_1 = 1 \\ x_2 = 1 \end{cases}\right)$.

7.3　2　次　形　式

◆ **2 次形式**　n 個の変数 $x_1, x_2, \cdots, x_n$ に関する 2 次の同次式

$$f(x_1, x_2, \cdots, x_n) = \sum_{j=1}^{n} \sum_{i=1}^{n} a_{ij} x_i x_j \qquad \cdots ①$$

を **2 次形式**という．これは行列を用いて，

$$f(x_1, x_2, \cdots, x_n) = \begin{bmatrix} x_1 x_2 \cdots x_n \end{bmatrix} \begin{bmatrix} a_{11} & a_{12} & \cdots & a_{1n} \\ a_{21} & a_{22} & \cdots & a_{2n} \\ & & \cdots & \\ a_{n1} & a_{n2} & \cdots & a_{nn} \end{bmatrix} \begin{bmatrix} x_1 \\ x_2 \\ \vdots \\ x_n \end{bmatrix} \qquad \cdots ②$$

と書ける．ここで，$x_i x_j$ の係数は $a_{ij} + a_{ji}$ であるが，a_{ij} と a_{ji} をともに $(a_{ij} + a_{ji})/2$ で置き換えることで，$a_{ij} = a_{ji}$ としてよい．したがって①は

$$f(x_1, x_2, \cdots, x_n) = \sum_{i=1}^{n} a_{ii} x_i^2 + 2 \sum_{i<j} a_{ij} x_i x_j \qquad \cdots ③$$

と表せる．また②の行列 A は 2 次実対称行列である．A を **2 次形式の行列**という．

$$\boldsymbol{x} = \begin{bmatrix} x_1 \\ x_2 \\ \vdots \\ x_n \end{bmatrix}, \quad f(x_1, x_2, \cdots, x_n) = f(\boldsymbol{x})$$

とおけば，2 次形式は，$\mathbb{R}^n$ の自然な内積 (⇨ p.124) を用いると次のように表すことができる．

$$f(\boldsymbol{x}) = {}^t\boldsymbol{x} A \boldsymbol{x} = \boldsymbol{x} \cdot (A\boldsymbol{x}) = (A\boldsymbol{x}) \cdot \boldsymbol{x}$$

定理 7.4　(**2 次形式の標準形**)　$f(\boldsymbol{x}) = {}^t\boldsymbol{x} A \boldsymbol{x}$ が実 2 次形式で $\lambda_1, \lambda_2, \cdots, \lambda_n$ が A の 0 でない固有値とする．

⇒　適当な直交行列 P をとって，

$$P^{-1}\boldsymbol{x} = \boldsymbol{y} = \begin{bmatrix} y_1 \\ y_2 \\ \vdots \\ y_n \end{bmatrix} \quad \text{すなわち} \quad \boldsymbol{x} = P\boldsymbol{y}$$

とすれば，$f(\boldsymbol{x})$ は

$$f(\boldsymbol{x}) = \lambda_1 y_1^2 + \lambda_2 y_2^2 + \cdots + \lambda_n y_n^2$$

の形に書くことができる．これを $f(\boldsymbol{x})$ の**標準形**という．

より理解を深めるために

例題 7.11　　**2 次形式の標準形**

2 次形式 $f(x_1,x_2,x_3)=3x_1^2+3x_2^2-x_3^2+4x_1x_2-4x_2x_3+4x_1x_3$ の標準形を求めよ．

【解】　一般に
$$\begin{aligned}f(x_1,x_2,x_3)=\ &a_{11}x_1^2+a_{21}x_2x_1+a_{31}x_3x_1\\&+a_{12}x_1x_2+a_{22}x_2^2+a_{32}x_3x_2\\&+a_{13}x_1x_3+a_{23}x_2x_3+a_{33}x_3^2\end{aligned}$$
であるので，問題より
$$a_{11}=3,\ a_{21}=a_{12}=2,\ a_{23}=a_{32}=-2,\ a_{31}=a_{13}=2,\ a_{22}=3,\ a_{33}=-1.$$
よって，f に対応する行列 A は，
$$A=\begin{bmatrix}3&2&2\\2&3&-2\\2&-2&-1\end{bmatrix}$$
固有方程式 $\varphi_A(t)=\begin{vmatrix}3-t&2&2\\2&3-t&-2\\2&-2&-1-t\end{vmatrix}=(5-t)(3-t)(3+t)=0$ より固有値は $5,3,-3$ である．

固有値 5 に対する固有ベクトルを $(A-5E)\boldsymbol{x}=\boldsymbol{0}$ より求めると，
$\boldsymbol{x}_1=k_1\begin{bmatrix}1\\1\\0\end{bmatrix}$．他も同様にして求めると，$\boldsymbol{x}_2=k_2\begin{bmatrix}1\\-1\\1\end{bmatrix}$，$\boldsymbol{x}_3=k_3\begin{bmatrix}-1\\1\\2\end{bmatrix}$
となる．$k_1=k_2=k_3=1$ とおいて，正規化すると，
$$\boldsymbol{x}_1=\begin{bmatrix}1/\sqrt{2}\\1/\sqrt{2}\\0\end{bmatrix},\quad \boldsymbol{x}_2=\begin{bmatrix}1/\sqrt{3}\\-1/\sqrt{3}\\1/\sqrt{3}\end{bmatrix},\quad \boldsymbol{x}_3=\begin{bmatrix}-1/\sqrt{6}\\1/\sqrt{6}\\2/\sqrt{6}\end{bmatrix}.$$
よって，$P=\begin{bmatrix}1/\sqrt{2}&1/\sqrt{3}&-1\sqrt{6}\\1/\sqrt{2}&-1/\sqrt{3}&1/\sqrt{6}\\0&1\sqrt{3}&2\sqrt{6}\end{bmatrix}$ は直交行列で $P^{-1}AP=\begin{bmatrix}5&0&0\\0&3&0\\0&0&-3\end{bmatrix}$

ゆえに変数変換 $\boldsymbol{x}=P\boldsymbol{y}$，$\boldsymbol{y}=\begin{bmatrix}y_1\\y_2\\y_3\end{bmatrix}$ を行えば，
$$f(x_1,x_2,x_3)=5y_1^2+3y_2^2-3y_3^2$$

問 7.13　2 次形式 $f(x_1,x_2)=2x_1^2-4x_1x_2-x_2^2$ の標準形を求めよ．

演 習 問 題

問題 7.1 正則行列による対角化 (固有値が重複解の場合)

行列 $A=\begin{bmatrix}1&-2&-2\\2&-3&-2\\-2&2&1\end{bmatrix}$ を対角化せよ.

【解】 A の固有値は $|A-tE|=-(t+1)^2(t-1)=0$.

$$\therefore \quad t=-1(\text{重複解}),\ t=1$$

固有値 -1 に対する固有ベクトルは $(A+E)\boldsymbol{x}=\boldsymbol{0}$,

$\begin{bmatrix}2&-2&-2\\2&-2&-2\\-2&2&2\end{bmatrix}\begin{bmatrix}x\\y\\z\end{bmatrix}=\begin{bmatrix}0\\0\\0\end{bmatrix}$ を解いて, $\boldsymbol{x}_1=k_1\begin{bmatrix}1\\1\\0\end{bmatrix}+k_2\begin{bmatrix}1\\0\\1\end{bmatrix}$ $(k_1,\ k_2\fallingdotseq 0)$

となる.

次に固有値 1 に対する固有ベクトルは $(A-E)\boldsymbol{x}=\boldsymbol{0}$,

$\begin{bmatrix}0&-2&-2\\2&-4&-2\\-2&2&0\end{bmatrix}\begin{bmatrix}u\\v\\w\end{bmatrix}=\begin{bmatrix}0\\0\\0\end{bmatrix}$ を解いて, $\boldsymbol{x}_2=k_3\begin{bmatrix}-1\\-1\\1\end{bmatrix}$, $(k_3\fallingdotseq 0)$ となる.

ゆえに, $P=\begin{bmatrix}1&1&-1\\1&0&-1\\0&1&1\end{bmatrix}$ とおくと, P は正則で

$$P^{-1}AP=\begin{bmatrix}-1&0&0\\0&-1&0\\0&0&1\end{bmatrix}$$

注意 7.6 **定理 7.1** (2) (⇨ p.138) は「1 次独立な固有ベクトルが n 個存在する」といえる. つまり重複解の場合でも, 1 次独立な固有ベクトルがちょうど個数分だけあればそれを並べればよい.

(解答は章末の p.155 以降に掲載されています.)

演習 7.1 次の正方行列を対角化せよ.

(1) $\begin{bmatrix}2&2&1\\1&3&1\\1&2&2\end{bmatrix}$ (2) $\begin{bmatrix}1&0&0\\1&2&-3\\1&1&-2\end{bmatrix}$

問題 7.2 ——— **実対称行列の対角化 (固有値が重複解の場合)**

実対称行列 $A = \begin{bmatrix} 1 & -2 & 2 \\ -2 & 1 & -2 \\ 2 & -2 & 1 \end{bmatrix}$ を対角化せよ.

【解】　固有方程式 $\varphi_A(t) = |A - tE| = -(t+1)^2(t-5) = 0$ より A の固有値は $5, -1$ (重複解) であるので, 定理 7.3 (⇨ p.138) が使えない. ここではグラム-シュミットの直交化法 (⇨ p.126) を用いる. 固有値 5 に対する固有ベクトルの 1 つは $\boldsymbol{x}_1 = \begin{bmatrix} 1 \\ -1 \\ 1 \end{bmatrix}$.

これを正規化して $\boldsymbol{a}_1 = \dfrac{1}{\sqrt{3}}\begin{bmatrix} 1 \\ -1 \\ 1 \end{bmatrix}$. 次に固有値 -1 に対する固有ベクトルを求めると, $k_1\begin{bmatrix} 1 \\ 1 \\ 0 \end{bmatrix} + k_2\begin{bmatrix} -1 \\ 0 \\ 1 \end{bmatrix}$ となる.

この固有ベクトルに対してグラム-シュミットの直交化法により互いに直交する単位固有ベクトルを求める.

$$\boldsymbol{y}_1 = \begin{bmatrix} 1 \\ 1 \\ 0 \end{bmatrix} \text{とおくと,}\ \boldsymbol{a}_2 = \frac{\boldsymbol{y}_1}{|\boldsymbol{y}_1|} = \frac{1}{\sqrt{2}}\begin{bmatrix} 1 \\ 1 \\ 0 \end{bmatrix}.$$

$$\begin{aligned} \boldsymbol{y}_2 &= \begin{bmatrix} -1 \\ 0 \\ 1 \end{bmatrix} - \left({}^t\!\begin{bmatrix} -1 \\ 0 \\ 1 \end{bmatrix} \frac{1}{\sqrt{2}}\begin{bmatrix} 1 \\ 1 \\ 0 \end{bmatrix}\right) \frac{1}{\sqrt{2}}\begin{bmatrix} 1 \\ 1 \\ 0 \end{bmatrix} \\ &= \begin{bmatrix} -1 \\ 0 \\ 1 \end{bmatrix} - \left(-\frac{1}{\sqrt{2}}\right)\frac{1}{\sqrt{2}}\begin{bmatrix} 1 \\ 1 \\ 0 \end{bmatrix} = \begin{bmatrix} -1/2 \\ 1/2 \\ 1 \end{bmatrix} \end{aligned}$$

$\therefore\quad \boldsymbol{a}_3 = \dfrac{\boldsymbol{y}_2}{|\boldsymbol{y}_2|} = \dfrac{2}{\sqrt{6}}\begin{bmatrix} -1/2 \\ 1/2 \\ 1 \end{bmatrix} = \dfrac{1}{\sqrt{6}}\begin{bmatrix} -1 \\ 1 \\ 2 \end{bmatrix}$. ゆえに $P = \begin{bmatrix} \boldsymbol{a}_1 & \boldsymbol{a}_2 & \boldsymbol{a}_3 \end{bmatrix}$ は直交行列で $P^{-1}AP = \begin{bmatrix} 5 & 0 & 0 \\ 0 & -1 & 0 \\ 0 & 0 & -1 \end{bmatrix}$, ただし $P = \begin{bmatrix} 1/\sqrt{3} & 1/\sqrt{2} & -1/\sqrt{6} \\ -1/\sqrt{3} & 1/\sqrt{2} & 1/\sqrt{6} \\ 1/\sqrt{3} & 0 & 2/\sqrt{6} \end{bmatrix}$

演習 7.2　実対称行列 $A = \begin{bmatrix} 2 & 1 & 1 \\ 1 & 2 & 1 \\ 1 & 1 & 2 \end{bmatrix}$ を対角化せよ.

問題 7.3 　　**行列の n 乗と連立の漸化式**

(1)　$A=\begin{bmatrix} 3 & 2 \\ 1 & 4 \end{bmatrix}$ に対して，A^n を求めよ (n は正の整数).

(2)　2 つの数列 $\{x_n\}$, $\{y_n\}$ の間に $\begin{cases} x_n=3x_{n-1}+2y_{n-1} \\ y_n=\ \ x_{n-1}+4y_{n-1} \end{cases}$ $\left(\text{ただし} \begin{bmatrix} x_0 \\ y_0 \end{bmatrix}=\begin{bmatrix} 1 \\ 1 \end{bmatrix}\right)$ となる関係があるとき，上記 (1) の結果を用いて，x_n, y_n の一般形を求めよ.

【解】　(1)　固有多項式 $\varphi_A(t)=(t-5)(t-2)=0$ より，$t=5,2$.

$t=5$ に対する固有ベクトルは $(A-5E)\boldsymbol{x}=\boldsymbol{0}$ より，$\boldsymbol{x}_1=k_1\begin{bmatrix} 1 \\ 1 \end{bmatrix}$ $(k_1 \fallingdotseq 0)$

$t=2$ に対する固有ベクトルは $(A-2E)\boldsymbol{x}=\boldsymbol{0}$ より，$\boldsymbol{x}_2=k_2\begin{bmatrix} 2 \\ -1 \end{bmatrix}$ $(k_2 \fallingdotseq 0)$

よって，$P=\begin{bmatrix} 2 & 1 \\ -1 & 1 \end{bmatrix}$ にとると，$P^{-1}AP=\begin{bmatrix} 2 & 0 \\ 0 & 5 \end{bmatrix}$ となる.

$\big(P^{-1}A^nP=(P^{-1}AP^n)$ (⇨ p.140 の ①) と$\big)$ $\begin{bmatrix} 2 & 0 \\ 0 & 5 \end{bmatrix}^n=\begin{bmatrix} 2^n & 0 \\ 0 & 5^n \end{bmatrix}$ より $P^{-1}A^nP^n$ $=\begin{bmatrix} 2^n & 0 \\ 0 & 5^n \end{bmatrix}$ となる.

$$\therefore\quad A^n=P\begin{bmatrix} 2^n & 0 \\ 0 & 5^n \end{bmatrix}P^{-1}=\begin{bmatrix} 2 & 1 \\ -1 & 1 \end{bmatrix}\begin{bmatrix} 2^n & 0 \\ 0 & 5^n \end{bmatrix}\frac{1}{3}\begin{bmatrix} 1 & -1 \\ 1 & 2 \end{bmatrix}$$
$$=\frac{1}{3}\begin{bmatrix} 2^{n+1}+5^n & -2^{n+1}+2\cdot 5^n \\ -2^n+5^n & 2^n+2\cdot 5^n \end{bmatrix}$$

(2)　$A=\begin{bmatrix} 3 & 2 \\ 1 & 4 \end{bmatrix}$ とおくと，

$$\begin{bmatrix} x_n \\ y_n \end{bmatrix}=A\begin{bmatrix} x_{n-1} \\ y_{n-1} \end{bmatrix}=A^2\begin{bmatrix} x_{n-2} \\ y_{n-2} \end{bmatrix}=\cdots=A^n\begin{bmatrix} x_0 \\ y_0 \end{bmatrix}$$

であり，(1) で求めた A^n を用いると，

$$\begin{bmatrix} x_n \\ y_n \end{bmatrix}=\frac{1}{3}\begin{bmatrix} 2^{n+1}+5^n & -2^{n+1}+2\cdot 5^n \\ -2^n+5^n & 2^n+2\cdot 5^n \end{bmatrix}\begin{bmatrix} 1 \\ 1 \end{bmatrix}=\begin{bmatrix} 5^n \\ 5^n \end{bmatrix}\quad\therefore\quad\begin{bmatrix} x_n \\ y_n \end{bmatrix}=\begin{bmatrix} 5^n \\ 5^n \end{bmatrix}$$

演習 7.3　次の 2 つの数列 $\{x_n\}$, $\{y_n\}$ の間に次の関係が成り立つとき，x_n, y_n を n で表せ.

$$\begin{cases} x_n=\ \ \ 4x_{n-1}+10y_{n-1} \\ y_n=-3x_{n-1}-\ 7y_{n-1} \end{cases}\qquad\left(n \geqq 1,\ \text{ただし}\begin{bmatrix} x_0 \\ y_0 \end{bmatrix}=\begin{bmatrix} 3 \\ 1 \end{bmatrix}\right)$$

研究I　固有値・固有ベクトルと自然現象

図 7.1 のような振り子を考える．質点 m が長さ l，空気抵抗の無視できる剛体の棒で回転軸 O の回りに摩擦なく回転できるようになっている．質点を鉛直軸から角度 $\theta(0)$ だけ持ち上げ，鉛直軸と，点 O を含む面内に初速度 $v(0)$ で突き放した．その後の任意の時刻 t における力の釣り合いを考えると，方程式

$$\begin{cases} \dfrac{d}{dt}\theta = \dfrac{v}{l} = \varphi \\ \dfrac{d}{dt}\varphi = -\dfrac{g}{l}\sin\theta \end{cases} \qquad \cdots ①$$

を得る．ただし変数 φ は，角速度として新たに定義した．量 g は重力加速度，l は棒の長さである．

角度 θ は十分小さいとき，近似式

$$\sin\theta \fallingdotseq \theta$$

が成り立つので，上記①は

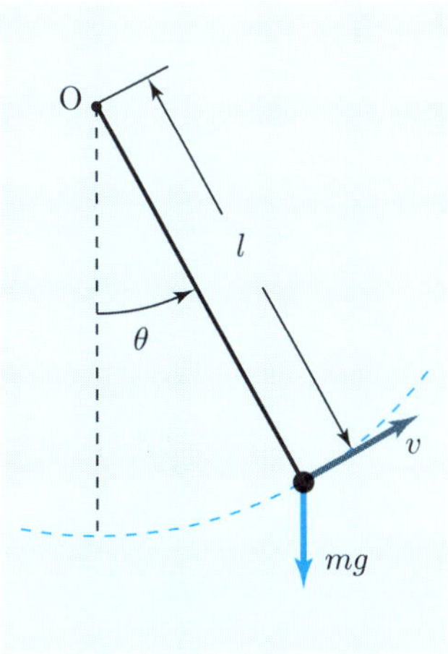

図 7.1　剛体の棒で支えられた振り子

$$\boldsymbol{x} = \begin{bmatrix} \theta \\ \varphi \end{bmatrix}, \quad A = \begin{bmatrix} 0 & 1 \\ -g/l & 0 \end{bmatrix} \quad \text{とおいて,}$$

$$\frac{d\boldsymbol{x}}{dt} = A\boldsymbol{x} \qquad \cdots ②$$

の形に書ける．

この微分方程式を p.143 の例題 7.10 にしたがって解いてみよう．

まず固有値 λ を求める．固有方程式

$$\varphi_A(t) = |A - \lambda E| = \lambda^2 + \frac{g}{l} = 0 \quad \text{より,} \quad \lambda = \pm i\omega \quad \left(\omega = \sqrt{\frac{g}{l}}\text{とおく}\right).$$

次に固有値 $\lambda = \pm i\omega$ に対する固有ベクトルは，それぞれ

$$k_1 \begin{bmatrix} 1 \\ i\omega \end{bmatrix}, \quad k_2 \begin{bmatrix} 1 \\ -i\omega \end{bmatrix} \quad (k_1 \neq 0,\ k_2 \neq 0)$$

となる．そこで

$$P = \begin{bmatrix} 1 & 1 \\ i\omega & -i\omega \end{bmatrix} \quad \text{とおくと,}$$

$$P^{-1}AP = \begin{bmatrix} i\omega & 0 \\ 0 & -i\omega \end{bmatrix} \qquad \cdots ③$$

であり，$P^{-1} = \dfrac{1}{-2i\omega}\begin{bmatrix} -i\omega & -1 \\ -i\omega & 1 \end{bmatrix}$ である．$\boldsymbol{y} = P^{-1}\boldsymbol{x} = P^{-1}\begin{bmatrix} \theta \\ \varphi \end{bmatrix} = \begin{bmatrix} y_1 \\ y_2 \end{bmatrix}$ とおくと，②, ③より

$$\frac{d\boldsymbol{y}}{dt} = P^{-1}\frac{d\boldsymbol{x}}{dt} = P^{-1}A\boldsymbol{x} = P^{-1}AP\boldsymbol{y} = \begin{bmatrix} i\omega & 0 \\ 0 & -i\omega \end{bmatrix}\begin{bmatrix} y_1 \\ y_2 \end{bmatrix}.$$

これは次のような 2 つの 1 階線形微分方程式に帰着される.

$$\frac{dy_1}{dt} = i\omega y_1 \qquad \cdots ④ \qquad\qquad \frac{dy_2}{dt} = -i\omega y_2 \qquad \cdots ⑤$$

これを解くと，④より $y_1 = c_1 e^{i\omega t}$，⑤より $y_2 = c_2 e^{-i\omega t}$

$$\therefore \quad \boldsymbol{y} = \begin{bmatrix} e^{i\omega t} & 0 \\ 0 & e^{-i\omega t} \end{bmatrix}\begin{bmatrix} c_1 \\ c_2 \end{bmatrix}, t = 0 \text{のとき,} \begin{bmatrix} c_1 \\ c_2 \end{bmatrix} = P^{-1}\begin{bmatrix} \theta(0) \\ \varphi(0) \end{bmatrix}$$

$$\begin{aligned} \therefore \quad \boldsymbol{x} &= P\boldsymbol{y} = \begin{bmatrix} 1 & 1 \\ i\omega & -i\omega \end{bmatrix}\begin{bmatrix} e^{i\omega t} & 0 \\ 0 & e^{-i\omega t} \end{bmatrix}\frac{1}{-2i\omega}\begin{bmatrix} -i\omega & -1 \\ -i\omega & 1 \end{bmatrix}\begin{bmatrix} \theta(0) \\ \varphi(0) \end{bmatrix} \\ &= \frac{1}{-2i\omega}\begin{bmatrix} -i\omega(e^{i\omega t} + e^{-i\omega t}) & -e^{i\omega t} + e^{-i\omega t} \\ \omega^2 e^{i\omega t} - \omega^2 e^{-i\omega t} & -i\omega e^{i\omega t} - i\omega e^{-i\omega t} \end{bmatrix}\begin{bmatrix} \theta(0) \\ \varphi(0) \end{bmatrix}^{\dagger} \\ &= \frac{1}{-2i\omega}\begin{bmatrix} -2i\omega\cos\omega t & -2i\sin\omega t \\ 2i\omega^2\sin\omega t & -2i\omega\cos\omega t \end{bmatrix}\begin{bmatrix} \theta(0) \\ \varphi(0) \end{bmatrix} \end{aligned}$$

$$\therefore \quad \begin{bmatrix} \theta(t) \\ \varphi(t) \end{bmatrix} = \begin{bmatrix} \theta(0)\cos\omega t + \varphi(0)\dfrac{1}{\omega}\sin\omega t \\ \theta(0)(-\omega\sin\omega t) + \varphi(0)\cos\omega t \end{bmatrix} \quad \left(\begin{aligned} \varphi(0) &= \frac{v(0)}{l} \\ \varphi(0)\frac{1}{\omega} &= \frac{v(0)}{\sqrt{gl}} \end{aligned} \right)$$

ゆえに

$$\begin{cases} \theta(t) = \theta(0)\cos\omega t + \dfrac{v(0)}{\sqrt{gl}}\sin\omega t. \\ \varphi(t) = \theta(0)(-\omega\sin\omega t) + \dfrac{v(0)}{l}\cos\omega t \end{cases}$$

が得られる．ここで ω は固有値から求まったもので，この振り子の振動数は

$$f = \frac{\omega}{2\pi} = \frac{1}{2\pi}\sqrt{\frac{g}{l}}$$

で与えられる．この結果は高等学校の「物理」で学習したものである．

このように，自然界に存在する単振動の振動数は，その現象を微分方程式で表したときの固有値に一致している．また，高度の物理学あるいは工学的考察においては，複雑な現象を固有値・固有ベクトルで代表させてしまうことがある．固有値・固有ベクトルは現実の世界を説明するのに大切な手段なのである．

この「研究 I」は，岡山大学工学部教授古賀隆治氏の原稿をもとに書いたものです．ここに心からの感謝を捧げます．

---

† **オイラーの公式**　$\cos x = \dfrac{e^{ix} + e^{-ix}}{2}$, $\sin x = \dfrac{e^{ix} - e^{-ix}}{2i}$

研究II　ケーリー-ハミルトンの定理

◆ 行列の多項式　一般に t の多項式　$\varphi(t) = a_0 t^n + a_1 t^{n-1} + \cdots + a_n$　$\cdots$①
に対して行列 $\varphi(A)$ を

$$\varphi(A) = a_0 A^n + a_1 A^{n-1} + \cdots + a_n E \quad \cdots ②$$

と定める．これは①の右辺の t に正方行列 A を代入して得られる行列である．ここで，定数項 a_n は $a_n t^0$ とみて，$a_n A^0 = a_n E$ でおきかえている．

定理 7.5　(正則行列による三角化)　n 次正方行列 A は，A の固有値を $\lambda_1, \lambda_2, \cdots, \lambda_n$ とすると適当な正則行列 P が存在して次のように表せる．

$$P^{-1}AP = \begin{bmatrix} \lambda_1 & & & * \\ & \lambda_2 & & \\ & & \ddots & \\ O & & & \lambda_n \end{bmatrix} \quad \cdots ③$$

定理 7.6　(ケーリー-ハミルトンの定理)　n 次正方行列 A の固有多項式 $\varphi_A(t)$ の展開式を

$$\varphi_A(t) = a_0 t^n + a_1 t^{n-1} + \cdots + a_n$$

とすると，

$$\varphi_A(A) = a_0 A^n + a_1 A^{n-1} + \cdots + a_n E = O$$

【証明】　A を③にように三角化しておく．このとき，$\lambda_1, \lambda_2, \cdots, \lambda_n$ は A の固有値であるから，

$$\varphi_A(t) = (\lambda_1 - t)(\lambda_2 - t)\cdots(\lambda_n - t)$$

と表せる．したがって，$P^{-1}A^kP = (P^{-1}AP)^k$ (⇨ p.140 の①) より，

$$\begin{aligned} &P^{-1}\varphi_A(A)P = \varphi_A(P^{-1}AP) \\ &= (\lambda_1 E - P^{-1}AP)(\lambda_2 E - P^{-1}AP)\cdots(\lambda_n E - P^{-1}AP) \\ &= \begin{bmatrix} 0 & & & * \\ & \lambda_1 - \lambda_2 & & \\ & & \ddots & \\ O & & & \lambda_1 - \lambda_n \end{bmatrix} \begin{bmatrix} \lambda_2 - \lambda_1 & & & * \\ & 0 & & \\ & & \ddots & \\ O & & & \lambda_2 - \lambda_n \end{bmatrix} \cdots \begin{bmatrix} \lambda_n - \lambda_1 & & & * \\ & \ddots & & \\ & & \lambda_n - \lambda_{n-1} & \\ O & & & 0 \end{bmatrix} \\ &= O \end{aligned}$$

よって，$\varphi_A(A) = O$ である．

例 7.1　$A = \begin{bmatrix} 0 & -1 \\ 1 & 1 \end{bmatrix}$ の固有多項式は，$\varphi_A(t) = t^2 - t + 1$ で，

$$\varphi_A(A) = A^2 - A + E = \begin{bmatrix} -1 & -1 \\ 1 & 0 \end{bmatrix} - \begin{bmatrix} 0 & -1 \\ 1 & 1 \end{bmatrix} + \begin{bmatrix} 1 & 0 \\ 0 & 1 \end{bmatrix} = O$$

となり，定理 7.6 は確かに成立する．

問の解答（第7章）

問 7.1 (1) 固有値は 1, 2 で，1 に対する固有ベクトルは $k_1\begin{bmatrix}5\\-3\end{bmatrix}$，2 に対する固有ベクトルは $k_2\begin{bmatrix}2\\-1\end{bmatrix}$ $(k_1,\ k_2 \neq 0)$.

(2) 固有値は $4, 1, -2$ である．4 に対する固有ベクトルは $k_1\begin{bmatrix}1\\-3\\3\end{bmatrix}$，1 に対する固有ベクトルは $k_2\begin{bmatrix}1\\0\\0\end{bmatrix}$，$-2$ に対する固有ベクトルは $k_3\begin{bmatrix}-5\\3\\3\end{bmatrix}$ $(k_1, k_2, k_3 \neq 0)$.

(3) 固有値は $2, -1, 3$ でそれぞれに対する固有ベクトルは，2 に対して $k_1\begin{bmatrix}1\\0\\0\end{bmatrix}$，$-1$ に対して $k_2\begin{bmatrix}0\\1\\0\end{bmatrix}$，3 に対して $k_3\begin{bmatrix}0\\0\\1\end{bmatrix}$ $(k_1, k_2, k_3 \neq 0)$.

問 7.2 (1) 固有値は -1, 5 (2) 固有値は $i, -i$

(3) 固有値は 0, 2. (4) 固有値は -2, 1 (重複度 2)

問 7.3 (1) $|{}^tA - tE| = |{}^t(A - tE)| = |A - tE|$

(2) 固有多項式の定数項は固有値の積であり，これが 0 でないことと，固有値に 0 が含まれないことは同値である．

問 7.4 λ を A の固有値，$\boldsymbol{x}$ を λ に対する固有ベクトルとすると $A\boldsymbol{x} = \lambda\boldsymbol{x}$，$\boldsymbol{x} \neq \boldsymbol{0}$ である．両辺に左から A をかけて $A^2\boldsymbol{x} = \lambda A\boldsymbol{x} = \lambda^2\boldsymbol{x}$.

一方，べき等行列だから $A^2 = A$. $A^2\boldsymbol{x} = A\boldsymbol{x} = \lambda\boldsymbol{x}$. よって $\lambda^2\boldsymbol{x} = \lambda\boldsymbol{x}$.

$\therefore\ (\lambda^2 - \lambda)\boldsymbol{x} = \boldsymbol{0}$. 固有ベクトル $\boldsymbol{x}$ は $\boldsymbol{0}$ でないから $\lambda^2 - \lambda = 0$ $\quad\therefore\ \lambda = 0, 1$.
すなわち A の固有値は $0, 1$ である．

問 7.5 (1) $A^k\boldsymbol{x} = A^{k-1}(\lambda\boldsymbol{x}) = \lambda A^{k-1}\boldsymbol{x} = \lambda^2 A^{k-2}\boldsymbol{x} = \cdots = \lambda^k\boldsymbol{x}$

(2) (1) より $A^k\boldsymbol{x} = \lambda^k\boldsymbol{x}$. 一方 $A^k\boldsymbol{x} = O\boldsymbol{x} = \boldsymbol{0}$ $\quad\therefore\ \lambda^k = 0$ $\quad\therefore\ \lambda = 0$

問 7.6 固有値は $0, -2$ (重複解) である．

$$V_0\text{の基底}\left\{\begin{bmatrix}-7\\-1\\2\end{bmatrix}\right\},\quad V_{-2}\text{の基底}\left\{\begin{bmatrix}1\\1\\0\end{bmatrix}\right\}$$

問 7.7 固有値は $1, 2, 3$ である．それらに対する固有ベクトルをそれぞれ $\boldsymbol{x}_1, \boldsymbol{x}_2, \boldsymbol{x}_3$ とする．

$$\boldsymbol{x}_1 = k_1\begin{bmatrix}1\\-1\\0\end{bmatrix},\quad \boldsymbol{x}_2 = k_2\begin{bmatrix}2\\-1\\-2\end{bmatrix},\quad \boldsymbol{x}_3 = k_3\begin{bmatrix}1\\-1\\-2\end{bmatrix}\quad (k_1, k_2, k_3 \neq 0)$$

$$P=\begin{bmatrix}1&2&1\\-1&-1&-1\\0&-2&-2\end{bmatrix},\quad P^{-1}=\begin{bmatrix}0&-1&1/2\\1&1&0\\-1&-1&-1/2\end{bmatrix},\quad P^{-1}AP=\begin{bmatrix}1&0&0\\0&2&0\\0&0&3\end{bmatrix}$$

問 7.8　固有値は $1,3,4$ である．それらに対する固有ベクトルをそれぞれ $\boldsymbol{x}_1,\boldsymbol{x}_2,\boldsymbol{x}_3$ とする．

$$\boldsymbol{x}_1=k_1\begin{bmatrix}1\\0\\1\end{bmatrix},\quad \boldsymbol{x}_2=k_2\begin{bmatrix}0\\1\\1\end{bmatrix},\quad \boldsymbol{x}_3=k_3\begin{bmatrix}1\\-1\\-1\end{bmatrix}\quad (k_1,k_2,k_3\fallingdotseq 0)$$

$P=\begin{bmatrix}1&0&1\\0&1&-1\\1&1&-1\end{bmatrix}$ とおくと，p.138 の定理 7.1 により $P^{-1}AP=\begin{bmatrix}1&0&0\\0&3&0\\0&0&4\end{bmatrix}$

問 7.9　(1)　p.135 の例題 7.3 (2) により，n 次正方行列 A の異なる正の固有値 $\lambda_1,\lambda_2,\cdots,\lambda_n$ に対する固有ベクトル $\boldsymbol{x}_1,\boldsymbol{x}_2,\cdots,\boldsymbol{x}_n$ は 1 次独立である．$\Rightarrow$ $P\begin{bmatrix}\boldsymbol{x}_1&\boldsymbol{x}_2&\cdots&\boldsymbol{x}_n\end{bmatrix}$ は正則 $\Rightarrow$ A は対角化されて次の形になる．

$$P^{-1}AP=\begin{bmatrix}\lambda_1&&&O\\&\lambda_2&&\\&&\ddots&\\O&&&\lambda_n\end{bmatrix}=\begin{bmatrix}\sqrt{\lambda_1}&&&O\\&\sqrt{\lambda_2}&&\\&&\ddots&\\O&&&\sqrt{\lambda_n}\end{bmatrix}^2=C^2$$

$$C=\begin{bmatrix}\sqrt{\lambda_1}&&&O\\&\sqrt{\lambda_2}&&\\&&\ddots&\\O&&&\sqrt{\lambda_n}\end{bmatrix}$$

そこで，$B=PCP^{-1}$ とおくと，$B^2=PCP^{-1}PCP^{-1}=PC^2P^{-1}=A$ である．

(2)　A の固有値は $1,4$．それらに対する固有ベクトルは

$$k_1\begin{bmatrix}1\\-1\end{bmatrix},\quad k_2\begin{bmatrix}1\\-2\end{bmatrix}\quad (k_1,\,k_2\fallingdotseq 0).$$

$$P=\begin{bmatrix}1&1\\-1&-2\end{bmatrix},\quad P^{-1}=\begin{bmatrix}2&1\\-1&-1\end{bmatrix},\quad P^{-1}AP=\begin{bmatrix}1&0\\0&4\end{bmatrix}$$

$$B=PCP^{-1}=\begin{bmatrix}1&1\\-1&-2\end{bmatrix}\begin{bmatrix}1&0\\0&2\end{bmatrix}\begin{bmatrix}2&1\\-1&-1\end{bmatrix}=\begin{bmatrix}0&-1\\2&3\end{bmatrix}$$

とおくと，$B^2=A$．

問 7.10　(1)　A の固有値は $-1,2$．固有値 $-1,2$ に対する固有ベクトルはそれぞれ，$k_1\begin{bmatrix}-1\\4\end{bmatrix}$，$k_2\begin{bmatrix}-1\\1\end{bmatrix}$　$(k_1,\,k_2\fallingdotseq 0)$ である．そこで $P=\begin{bmatrix}-1&-1\\4&1\end{bmatrix}$ とおくと，$P^{-1}AP=\begin{bmatrix}-1&0\\0&2\end{bmatrix}$ であり，

$$P^{-1}A^nP=(P^{-1}AP)^n=\begin{bmatrix}-1&0\\0&2\end{bmatrix}^n=\begin{bmatrix}(-1)^n&0\\0&2^n\end{bmatrix}.$$

ゆえに

$$A^n = P\begin{bmatrix} (-1)^n & 0 \\ 0 & 2^n \end{bmatrix}P^{-1}$$
$$= \begin{bmatrix} -1 & -1 \\ 4 & 1 \end{bmatrix}\begin{bmatrix} (-1)^n & 0 \\ 0 & 2^n \end{bmatrix}\frac{1}{3}\begin{bmatrix} 1 & 1 \\ -4 & -1 \end{bmatrix}$$
$$= \frac{1}{3}\begin{bmatrix} (-1)^{n+1}+4\times 2^n & (-1)^{n+1}+2^n \\ 4(-1)^n-4\times 2^n & 4(-1)^n-2^n \end{bmatrix}$$

(2)　A の固有値は $2, -3$．固有値 2 に対する固有ベクトルは $k_1\begin{bmatrix} 8 \\ 3 \end{bmatrix}$．固有値 -3 に対する固有ベクトルは $k_2\begin{bmatrix} 1 \\ 1 \end{bmatrix}$ $(k_1, k_2 \fallingdotseq 0)$．$P = \begin{bmatrix} 8 & 1 \\ 3 & 1 \end{bmatrix}$ とおくと，

$$P^{-1}AP = \begin{bmatrix} 2 & 0 \\ 0 & -3 \end{bmatrix},\quad P^{-1} = \frac{1}{5}\begin{bmatrix} 1 & -1 \\ -3 & 8 \end{bmatrix}.$$

$$\therefore\quad A^n = P\begin{bmatrix} 2^n & 0 \\ 0 & (-3)^n \end{bmatrix}P^{-1} = \frac{1}{5}\begin{bmatrix} 8\times 2^n+(-3)\times(-3)^n & (-8)\times 2^n+(-3)^n \\ 3\times 2^n-3\times(-3)^n & (-3)\times 2^n+8\times(-3)^n \end{bmatrix}$$

問 7.11　(1)　p.138 の直交行列の求め方を用いる．固有値は $0, 2$ である．

固有値 0 に対する固有ベクトルの 1 つは $\begin{bmatrix} 1 \\ 1 \end{bmatrix}$，単位固有ベクトルは $\begin{bmatrix} 1/\sqrt{2} \\ 1/\sqrt{2} \end{bmatrix}$．固有値 2 に対する固有ベクトルの 1 つは $\begin{bmatrix} -1 \\ 1 \end{bmatrix}$，単位固有ベクトルは $\begin{bmatrix} -1/\sqrt{2} \\ 1/\sqrt{2} \end{bmatrix}$．

ゆえに $P = \begin{bmatrix} 1/\sqrt{2} & -1/\sqrt{2} \\ 1/\sqrt{2} & 1/\sqrt{2} \end{bmatrix}$ とおくと，P は直交行列で　$P^{-1}AP = \begin{bmatrix} 0 & 0 \\ 0 & 2 \end{bmatrix}$

(2)　p.138 の直交行列の求め方を用いる．固有値は $4, 1, 0$ である．それぞれに対する単位固有ベクトルは，$\begin{bmatrix} -1/\sqrt{2} \\ 1/\sqrt{2} \\ 0 \end{bmatrix}, \begin{bmatrix} 0 \\ 0 \\ 1 \end{bmatrix}, \begin{bmatrix} 1/\sqrt{2} \\ 1/\sqrt{2} \\ 0 \end{bmatrix}$ である．

$P = \begin{bmatrix} -1/\sqrt{2} & 0 & 1/\sqrt{2} \\ 1/\sqrt{2} & 0 & 1/\sqrt{2} \\ 0 & 1 & 0 \end{bmatrix}$ とおくと P は直交行列で，$P^{-1}AP = {}^tPAP = \begin{bmatrix} 4 & 0 & 0 \\ 0 & 1 & 0 \\ 0 & 0 & 0 \end{bmatrix}$

問 7.12　$A = \begin{bmatrix} 1 & 1 \\ 5 & -3 \end{bmatrix}$ として A を対角化する．

固有値は $2, -4$ であり，それに対する固有ベクトルは $k_1\begin{bmatrix} 1 \\ 1 \end{bmatrix}, k_2\begin{bmatrix} 1 \\ -5 \end{bmatrix}$ $(k_1, k_2 \fallingdotseq 0)$ である．$P = \begin{bmatrix} 1 & 1 \\ 1 & -5 \end{bmatrix}$ とおくと，$P^{-1}AP = \begin{bmatrix} 2 & 0 \\ 0 & -4 \end{bmatrix}$．ゆえに，

$$\begin{bmatrix} x_1 \\ x_2 \end{bmatrix} = \begin{bmatrix} 1 & 1 \\ 1 & -5 \end{bmatrix} \begin{bmatrix} e^{2t} & 0 \\ 0 & e^{-4t} \end{bmatrix} \left(-\frac{1}{6}\right) \begin{bmatrix} -5 & -1 \\ -1 & 1 \end{bmatrix} \begin{bmatrix} 1 \\ 1 \end{bmatrix} = \begin{bmatrix} e^{2t} \\ e^{2t} \end{bmatrix}$$

問 7.13　$A = \begin{bmatrix} 2 & -2 \\ -2 & -1 \end{bmatrix}$ とする.

固有値は 3, −2. 固有値に対する固有ベクトルは $k_1 \begin{bmatrix} -2 \\ 1 \end{bmatrix}$, $k_2 \begin{bmatrix} 1 \\ 2 \end{bmatrix}$ $(k_1, k_2 \fallingdotseq 0)$.

$k_1 = k_2 = 1$ として，正規化すると，$\boldsymbol{x}_1 = \begin{bmatrix} -2/\sqrt{5} \\ 1/\sqrt{5} \end{bmatrix}$, $\boldsymbol{x}_2 = \begin{bmatrix} 1/\sqrt{5} \\ 2/\sqrt{5} \end{bmatrix}$ となる.

$$P = \begin{bmatrix} -2/\sqrt{5} & 1/\sqrt{5} \\ 1/\sqrt{5} & 2/\sqrt{5} \end{bmatrix} \text{ とおくと，} P^{-1}AP = \begin{bmatrix} 3 & 0 \\ 0 & -2 \end{bmatrix}$$

変数変換 $\boldsymbol{x} = P\boldsymbol{y}, \boldsymbol{y} = \begin{bmatrix} y_1 \\ y_2 \end{bmatrix}$ によって求める標準形は $f(x_1, x_2) = 3y_1^2 - 2y_2^2$.

演習問題解答（第 7 章）

演習 7.1　(1)　固有多項式 $\begin{vmatrix} 2-t & 2 & 1 \\ 1 & 3-t & 1 \\ 1 & 2 & 2-t \end{vmatrix} = -(t-1)^2(t-5) = 0$. ゆえに固有値は 1 (重複度 2), 5.

$t = 1$ に対する固有ベクトルは $k_1 \begin{bmatrix} -2 \\ 1 \\ 0 \end{bmatrix} + k_2 \begin{bmatrix} -1 \\ 0 \\ 1 \end{bmatrix}$ $(k_1, k_2 \fallingdotseq 0)$.

$t = 5$ に対する固有ベクトルは $k_3 \begin{bmatrix} 1 \\ 1 \\ 1 \end{bmatrix}$ $(k_3 \fallingdotseq 0)$. ゆえに p.146 の注意 7.6 より

$$P = \begin{bmatrix} -2 & -1 & 1 \\ 1 & 0 & 1 \\ 0 & 1 & 1 \end{bmatrix} \quad \text{とおくと，} \quad P^{-1}AP = \begin{bmatrix} 1 & 0 & 0 \\ 0 & 1 & 0 \\ 0 & 0 & 5 \end{bmatrix}$$

(2)　固有方程式は $\begin{vmatrix} 1-t & 0 & 0 \\ 1 & 2-t & -3 \\ 1 & 1 & -2-t \end{vmatrix} = -(t+1)(t-1)^2 = 0$.

したがって固有値は −1, 1 (重複度 2). $t = -1, 1$ に対する固有ベクトルはそれぞれ，

$k_1 \begin{bmatrix} 0 \\ 1 \\ 1 \end{bmatrix}$, $k_2 \begin{bmatrix} -1 \\ 1 \\ 0 \end{bmatrix} + k_3 \begin{bmatrix} -3 \\ 0 \\ 1 \end{bmatrix}$ $(k_1, k_2, k_3 \fallingdotseq 0)$ である.

ゆえに p.146 の注意 7.6 より $P = \begin{bmatrix} 0 & -1 & -3 \\ 1 & 1 & 0 \\ 1 & 0 & 1 \end{bmatrix}$ とおけば，　$P^{-1}AP = \begin{bmatrix} -1 & 0 & 0 \\ 0 & 1 & 0 \\ 0 & 0 & 1 \end{bmatrix}$

演習 7.2　A は実対称行列である．まず固有値を求める．

$\varphi_A(t) = \begin{vmatrix} 2-t & 1 & 1 \\ 1 & 2-t & 1 \\ 1 & 1 & 2-t \end{vmatrix} = -(t-1)^2(t-4) = 0$ より固有値は 1 (重複度 2), 4 である．$t = 1, 4$ に対する固有ベクトルは，それぞれ

$$k_1 \begin{bmatrix} -1 \\ 1 \\ 0 \end{bmatrix} + k_2 \begin{bmatrix} -1 \\ 0 \\ 1 \end{bmatrix}, \quad k_3 \begin{bmatrix} 1 \\ 1 \\ 1 \end{bmatrix} \quad (k_1, k_2, k_3 \fallingdotseq 0)$$

である．ここでグラム-シュミットの直交化法により正規直交基底をつくると

$$\boldsymbol{a}_1 = \frac{1}{\sqrt{2}} \begin{bmatrix} -1 \\ 1 \\ 0 \end{bmatrix}, \quad \boldsymbol{a}_2 = \frac{1}{\sqrt{6}} \begin{bmatrix} -1 \\ -1 \\ 2 \end{bmatrix}, \quad \boldsymbol{a}_3 = \frac{1}{\sqrt{3}} \begin{bmatrix} 1 \\ 1 \\ 1 \end{bmatrix}$$

となる．

$$P = \begin{bmatrix} -1/\sqrt{2} & -1/\sqrt{6} & 1/\sqrt{3} \\ 1/\sqrt{2} & -1/\sqrt{6} & 1/\sqrt{3} \\ 0 & 2/\sqrt{6} & 1/\sqrt{3} \end{bmatrix} \text{とおくと，} P^{-1}AP = {}^tPAP = \begin{bmatrix} 1 & 0 & 0 \\ 0 & 1 & 0 \\ 0 & 0 & 4 \end{bmatrix}$$

演習 7.3　$A = \begin{bmatrix} 4 & 10 \\ -3 & -7 \end{bmatrix}$ とおく．

$\varphi_A(t) = \begin{vmatrix} 4-t & 10 \\ -3 & -7-t \end{vmatrix} = (t+1)(t+2) = 0$ より固有値は $-1, -2$．これらに対する固有ベクトルは，それぞれ

$$k_1 \begin{bmatrix} 2 \\ -1 \end{bmatrix}, \quad k_2 \begin{bmatrix} 5 \\ -3 \end{bmatrix} \quad (k_1, k_2 \fallingdotseq 0)$$

である．$P = \begin{bmatrix} 2 & 5 \\ -1 & -3 \end{bmatrix}$ とおくと，

$$P^{-1}AP = \begin{bmatrix} -1 & 0 \\ 0 & -2 \end{bmatrix}, \quad P^{-1}A^nP = (P^{-1}AP)^n = \begin{bmatrix} (-1)^n & 0 \\ 0 & (-2)^n \end{bmatrix}$$

$$\begin{aligned} \therefore \quad A^n &= P \begin{bmatrix} (-1)^n & 0 \\ 0 & (-2)^n \end{bmatrix} P^{-1} \\ &= \begin{bmatrix} 2 & 5 \\ -1 & -3 \end{bmatrix} \begin{bmatrix} (-1)^n & 0 \\ 0 & (-2)^n \end{bmatrix} \begin{bmatrix} 3 & 5 \\ -1 & -2 \end{bmatrix} \\ &= \begin{bmatrix} 6(-1)^n - 5(-2)^n & 10(-1)^n - 10(-2)^n \\ -3(-1)^n + 3(-2)^n & -5(-1)^n + 6(-2)^n \end{bmatrix} \end{aligned}$$

$$\therefore \quad \begin{bmatrix} x_n \\ y_n \end{bmatrix} = \begin{bmatrix} 28(-1)^n - 25(-2)^n \\ -14(-1)^n + 15(-2)^n \end{bmatrix}$$

索　引

あ 行

か 行

さ 行

た 行

な 行

著者略歴

寺田文行（てらだ ふみゆき）

1948年　東北帝国大学理学部数学科卒業
2016年　逝去
　　　　早稲田大学名誉教授

坂田　浩（さかた ひろし）

1957年　東北大学大学院理学研究科数学専攻 (修士課程) 修了
現　在　岡山大学名誉教授

ライブラリ基本例解テキスト=1

基本例解テキスト 線形代数

2008年6月10日©　　初版発行
2022年2月25日　　初版第6刷発行

著　者　寺田文行　　発行者　森平敏孝
　　　　坂田　浩　　印刷者　篠倉奈緒美
　　　　　　　　　　製本者　松島克幸

発行所　株式会社　サイエンス社

〒151–0051　東京都渋谷区千駄ヶ谷1丁目3番25号
営業　☎(03) 5474–8500 (代)　振替 00170–7–2387
編集　☎(03) 5474–8600 (代)
FAX　☎(03) 5474–8900

印刷　(株) ディグ　　製本　松島製本

ISBN978–4–7819–1203–5

PRINTED IN JAPAN

サイエンス社のホームページのご案内
http://www.saiensu.co.jp
ご意見・ご要望は
rikei@saiensu.co.jp　まで．